本文受江苏高校品牌专业建设工程资助项目（PPZY2015A090）资助
英文标志：Top-notch Academic Programs Project of Jiangsu Hig

云时代的大数据技术与应用实践

朱利华 著

辽宁大学出版社
Liaoning University Press

图书在版编目（CIP）数据

云时代的大数据技术与应用实践/朱利华著．—沈阳：辽宁大学出版社，2018.12
 ISBN 978-7-5610-9340-5

Ⅰ.①云… Ⅱ.①朱… Ⅲ.①云计算－数据处理 Ⅳ.①TP393.027②TP274

中国版本图书馆 CIP 数据核字（2018）第 139722 号

云时代的大数据技术与应用实践
YUNSHIDAI DE DASHUJU JISHU YU YINGYONG SHIJIAN

出 版 者：	辽宁大学出版社有限责任公司
	（地址：沈阳市皇姑区崇山中路 66 号　　邮政编码：110036）
印 刷 者：	沈阳海世达印务有限公司
发 行 者：	辽宁大学出版社有限责任公司
幅面尺寸：	185mm×260mm
印　　张：	17
字　　数：	380 千字
出版时间：	2019 年 3 月第 1 版
印刷时间：	2019 年 3 月第 1 次印刷
责任编辑：	窦重山
封面设计：	徐澄玥
责任校对：	齐　悦

书　　号：ISBN 978-7-5610-9340-5
定　　价：62.00 元

联系电话：024-86864613
邮购热线：024-86830665
网　　址：http://press.lnu.edu.cn
电子邮件：lnupress@vip.163.com

内容简介

云时代是指计算时代,而云计算是分布式处理、并行处理和网格计算的发展。当前,谷歌、亚马逊、阿里巴巴正在采用云计算搭建数据,大数据已发展成为一种新兴技术。尤其互联网、物联网、云计算的快速兴起,数据的爆炸式增长更加超乎人们的想象。据统计,预计到2020年,全球以电子形式存储的数据量将达到35ZB,比2016年全球存储量增长了30倍。总体来看,大数据具有数据体量大、数据类型繁多、要求处理速度快的特征,涵盖了从数据的海量存储、处理到应用等方面的技术,如海量分布式文件系统、并行计算框架、NoSQL数据库、实时流数据处理以及智能分析技术(模式识别、自然语言理解等)。本书以云时代为背景,研究大数据分析、大数据挖掘、大数据算法、大数据链接分析技术、大规模文件系统 MapReduce、HDFS 海量存储数据、HBase 存储百科数据以及数据安全问题,希望为研究大数据的相关人员提供帮助,促进"大数据技术"未来的发展,为社会经济带来更大的利益。

前言

进入21世纪，云时代已经成为热点技术。亚马逊弹性计算云的商业化应用，美国电话电报公司推出的Synaptic Hosting（动态托管）服务，使云计算从节约成本的工具到盈利的推动器，从ISP（网络服务提供商）到电信企业，已经成功地从内置IT系统演变成公共的服务。

随着云时代的来临，大数据吸引了更多的人关注。大数据通常用来形容一个公司创造的大量结构化和半结构化数据，这些数据在下载到关系数据库中用于分析时，会花费过多的时间和金钱。大数据分析常和云计算联系到一起，因为实时的大型数据集分析需要像MapReduce一样的框架来向数百甚至数千台计算机分配工作。

关于"大数据"有许多种定义。多数定义都反映了那种不断增长的捕捉、聚合与处理数据的技术能力。换言之，数据可以更快获取，有着更大的广度和深度，并且包含了以前做不到的新的观测和度量类型。大数据多用来描述为更新网络搜索索引需要同时进行指量处理或分析的大量数据集。随着谷歌MapReduce和Google File System（GFS）的发布，大数据不仅用来描述大量的数据，还涵盖了处理数据的速度。

IT行业中都需要对数据进行分析，而数据分析都需要数据源。互联网公司通过搜索引擎、访问记录、App追踪等技术手段可以获得大量的用户浏览信息，但这些信息的收集、存储、提取、访问等环节不对外公开。而大数据可应用于多个领域，如医疗各种疾病数据、农业上的作物等数据；工业制造的原料、加工流程、设备信息、产品规格等数据；金融行业的客户资料、金融产品等数据；教育领域的学生、学校、教师、教材等数据；国防领域卫星、海域等数据，环境保护中的空气污染物、源质量分析等实时数据，为相关领域的数据分析提供了重要依据，有着极大的现实意义。

目 录

第一章　云时代下的大数据技术研究绪论　/　001

　　第一节　研究背景——云时代　/　001
　　第二节　研究内容——大数据技术　/　005

第二章　大数据存储技术的研究　/　010

　　第一节　大数据存储技术的要求　/　010
　　第二节　大数据存储技术　/　018
　　第三节　云存储技术　/　028

第三章　大数据分析与挖掘技术的研究　/　039

　　第一节　数据分析概述　/　039
　　第二节　数据挖掘概述　/　043
　　第三节　关联技术分析　/　052

第四章　大数据分析工具技术的研究　/　059

　　第一节　Apriori 算法　/　059
　　第二节　聚类分析　/　063
　　第三节　分类分析　/　069
　　第四节　时间序列分析　/　075
　　第五节　确定性时间序列分析　/　081
　　第六节　随机性时间序列分析　/　085

第五章　大数据链接分析技术研究　/　087

　　第一节　链接分析中的数据采集研究　/　087
　　第二节　PageRank 工具　/　093

　　　　第三节　搜索引擎研究　/　104
　　　　第四节　链接作弊　/　112

第六章　大规模文件系统 MapReduce 技术的研究　/　119
　　　　第一节　分布式文件系统　/　119
　　　　第二节　MapReduce 模型　/　124
　　　　第三节　MapReduce 使用算法　/　127
　　　　第四节　MapReduce 复合键值对的使用　/　145
　　　　第五节　链接 MapReduce 作业　/　150
　　　　第六节　MapReduce 递归扩展与集群算法　/　161

第七章　HDFS 存储海量数据技术研究　/　167
　　　　第一节　HDFS 技术设计与结构　/　167
　　　　第二节　图像存储技术研究　/　180
　　　　第三节　HDFS 管理操作技术　/　183
　　　　第四节　FS Shell 使用指南与 API 技术　/　187

第八章　HBase 存储百科数据技术研究　/　196
　　　　第一节　HBase 的系统框架简介　/　196
　　　　第二节　HBase 的基本接口简介　/　206
　　　　第三节　HBase 存储模块总体设计　/　208
　　　　第四节　HBase 存储技术应用实践　/　220

第九章　云时代的大数据的安全与隐私　/　228
　　　　第一节　大数据时代的安全挑战　/　228
　　　　第二节　解决安全问题的技术研究　/　234
　　　　第三节　大数据隐私的保护分析　/　242

第十章　云时代的大数据技术应用案例　/　246
　　　　第一节　大数据技术在出版物选题与内容框架筛选中的应用　/　246
　　　　第二节　大数据技术在铁路客运旅游平台的应用　/　254

参考文献　/　264

第一章　云时代下的大数据技术研究绪论

云时代是指云计算时代，云计算（Cloud Computing）是分布式处理（Distributed Computing）、并行处理（Parallel Computing）和网格计算（Grid Computing）的发展，或者说是这些计算机科学概念的商业实现，这将是一个时代的来临。

第一节　研究背景——云时代

大数据的兴起，既是信息化发展的必然，也是云计算面临的挑战。云计算与大数据的关系是"动"与"静"的关系。一方面，大数据需要处理大数据的能力（数据获取、清洁、转换、统计等能力），其实就是强大的计算能力；另一方面，云计算的"动"也是相对而言，比如基础设施即服务中的存储设备提供的主要是数据存储能力，所以可谓是"动中有静"。

一、什么是云计算

云计算（Cloud Computing）是基于互联网的相关服务的增加、使用和交付模式，通常涉及通过互联网来提供动态易扩展且经常是虚拟化的资源。云是网络、互联网的一种比喻说法。过去在图中往往用云来表示电信网，后来也用来表示互联网和底层基础设施的抽象。

狭义的云计算是指 IT 基础设施的交付和使用模式，指通过网络以按需、易扩展的方式获得所需资源。广义的云计算是指服务的交付和使用模式，指通过网络以按需、易扩展的方式获得所需服务。这种服务可以是 IT 和软件、互联网相关，也可以是其他服务。它意味着计算能力也可作为一种商品通过互联网进行流通。

目前，"云计算"概念被大量运用到生产环境中，国内的阿里云、云谷公司的 XenSystem、在国外已经非常成熟的 Intel 和 IBM，各种"云计算"的应用服务范围正日渐扩大，影响力也无可估量。总体来说，云计算具有以下四个特征：以网络为中心、以服务为提供方式、资源的池化与透明化、高扩展与高可靠性。

二、云计算的体系结构

云计算平台可以看成一个强大的"云"网络，连接大量并发计算的网络计算和服务，可利用虚拟化技术扩展每个服务器的能力，将各自的资源通过计算平台结合起来，最终提供超级计算和存储能力。云计算体系结构如图 1-1 所示。

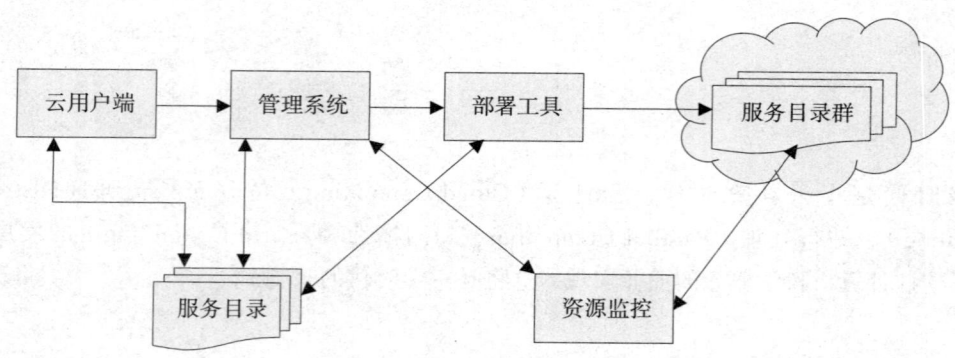

图 1-1　云计算体系结构示意图

云计算体系结构功能如下。

（1）云用户端：为用户提供云请求服务的交互界面，是用户使用云的入口。用户通过 Web 注册账户、登录、制定服务、配置管理用户，打开应用实例就像本地操作桌面系统一样。

（2）管理系统：主要为用户提供管理和服务，能对用户授权、认证、登录进行管理，还能够管理用户的可用资源和服务。

（3）部署工具：接收用户发送的请求，根据用户请求转发相应的程序，部署资源应用、配置、回收资源。

（4）服务目录群：管理系统管理的是虚拟的物理服务器，负责高并发量的用户请求处理、大运算时计算处理、用户 Web 应用服务，云数据存储时采用相应数据切割法，并行方式上传/下载大容量数据。

（5）服务目录：云用户通过付费取得相应的权限后可以选择定制服务列表，或者对服务的退订操作。在管理系统中，云用户还可以在界面生成图标或列表等服务。

（6）资源监控：监控云资源的使用情况，以便做出反应，完成节点同步配置工作，确保资源能够分配到每个用户。

三、云计算的关键技术

云计算将动态易扩展的被虚拟化的计算资源通过网络提供服务，其中的关键技术有以下几种。

（一）虚拟化技术

虚拟技术是在虚拟的环境中运行，它可以扩展硬件的容量，简化软件的重新配置过程，减少软件虚拟机相关开销，支持更广泛的操作系统。在云计算中，计算系统虚拟化是一切建立在"云"上的服务与应用基础。目前，虚拟技术主要应用于服务器、操作系统、中央处理器（CPU）等方面，提高了工作效率。通过虚拟技术可以实现软件应用与底层硬件的隔离，它可以将单个资源划分成多个虚拟资源的分裂模式，也可以将多个资源整合成一个虚拟资源的整合模式。虚拟技术根据应用对象可分为三类：存储虚拟化、计算虚拟化、网络虚拟化。

（二）弹性规模扩展技术

云计算像是一个巨大的资源池，为存储使用提供了空间。但云计算的应用使用有着不同的负载周期，并根据负载对应的资源进行动态伸缩（高负载时动态扩展资源，低负载时释放多余资源），如此一来可以充分调用或提高资源的利用率，不会出现冗余拥挤的情况。弹性规模扩展技术为不同的应用架构设定不同的集群类型，每一种集群类型都有特定的扩展方式，然后通过监控负载的动态变化，自动为应用集群增加或减少资源。

（三）分布式海量数据存储技术

云计算系统由大量服务器组成，为用户提供服务。云计算系统采用了分布式存储方式存储数据，用冗余存储方式（集群计算、数据冗余和分布式存储）保证数据的可靠性。冗余的方式通过任务分解和集群，用低配机器替代超级计算的性能来保证低成本，这种方式保证了分布式数据的高可用、高可靠和经济性。分布式存储目标是利用云环境中多台服务器的存储资源来满足单台服务器所不能满足的存储需求，使存储资源能够被抽象表示和统一管理。

（四）分布式计算技术

MapReduce 编程模型是云平台最经典的分布式计算模式。MapReduce 将大型任务分离成许多细粒度的子任务，将这些子任务分布在多个计算节点上进行调度和计算，从而在云平台上获得对海量数据的处理能力。

（五）多租户技术

多租户技术的目的在于大量用户能够共享同一堆栈的软件硬件资源，并且针对每个用户的需求分配适当的资源，实现软件服务客户化配置。这种技术的核心包括数据隔离、客户化配置、架构扩展和性能定制。

（六）海量数据管理技术

数据管理技术必须能够高效地管理大量的数据，云计算才能对海量式或分布式的数据进行处理、分析。谷歌的 BT（BigTable）数据管理技术和 Hadoop 团队所开发的开源数据管理模块 HBase 是计算系统中的数据管理技术。由于云数据存储管理不同于传统的 RDBMS 数据管理方式，云计算数据管理技术必须解决如何在规模巨大的分布式数据中找到特定的数据。

四、大数据中的云时代

（一）政府的服务云

我国早在 2004 年就提出了"服务型政府"的概念，要努力建设服务型政府，要把公共服务和社会管理放在更加重要的位置上，努力为人民群众提供方便、快捷、优质和高效的公共服务。某日报也曾指出政府的服务云 4 条路径。

（1）引入政府公共关系，运用传播的手段与社会公众建立互相了解、互相适应的持久联系。

（2）推进公共服务社会化，即把不一定要政府承担或政府无法承担的公共事务交由非政府组织来承担和处理，通过市场机制提高效率。

（3）完善电子政务建设。

（4）推进回应型政府建设，提升政府对社会呼声和突发事件的反应、驾驭和处理的能力，提升各级政府信息部门的反应能力。

（二）政府的服务云架构

政府的服务云的架构如图 1-2 所示。

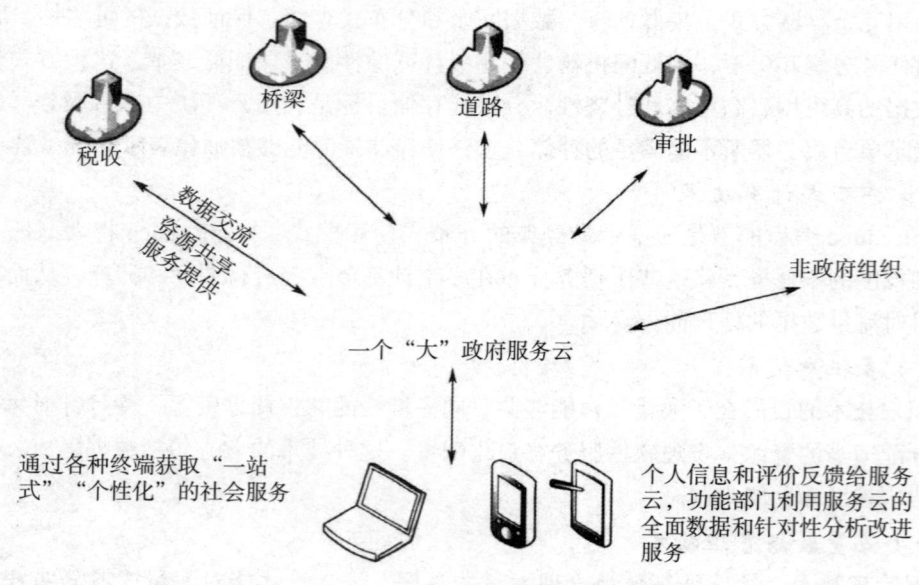

图 1-2 "大"政府服务云架构

税收、桥梁、道路、审批等职能通过数据交换连接到服务云中，并且通过服务云实现各自的资源共享。非政府组织所提供的公共资源，诸如世界卫生组织、世界野生动物保护组织等也通过数据交换加入云中，与政府各职能部门实现基于角色的信息共享。云的另一端则连接着无数个体民众和法人（营利和非营利组织）。他们上网不需要单独与税务局打交道，对他们来说，对象即为一个政府，而这个政府即存在于无所不在的云中。

（三）数据平台和创新中心

（1）职能部门间的数据共享

在 Web2.0 时代，正如谷歌哺育了一代由广告养活的中小网站，苹果通过联合庞大的第三方开发者开发各种应用软件而颠覆手机行业游戏规则一样，政府的数据平台应该成为新的创新中心。数据平台一方面整合各个职能部门的资源，另一方面如果让每个人都能够接入政府数据，这将可能给企业带来新的商业机会。

（2）无缝用户体验与公共服务消费数据的共享

政府云可通过民众的访问和操作获得大量终端用户的行为信息。一个整合的政府提供给终端民众的不仅仅是一站式的服务，也是无缝的用户体验。未来政府的服务云将实现不同终端的一致性接入，民众不仅可通过计算机，还可通过手机、iPad 等获取端到端的服务。Web 已推动民众间建立起可信的人际关系网络，并日益向真实化的社交社区演进。政府也在利用这个工具加强与民众的沟通，并实时监控，进行前馈性分析，从而提高对突发事件和热点话题的反应速度。白宫将政府信息实时发送到 MySpace、Facebook、Twitter 上。英国政府甚至向机关发文，要求公务员学习使用 Twitter，各政府部门都要开 Twitter 每天发布 2～10 条信息，且间隔不得小于半小时。民众与政府间的围墙正在消失。

同时，英国政府正在推动为每个公民设立一个网页的计划，这样学生可与老师间做关于课程的讨论，医生和患者间可以成为保持沟通的朋友。如此多的网页，不可能由市民自己想办法建立，而是统一运行在一个云平台上面。相比之前围墙高耸的情况，无论政府部门之间还是政府与民众间，我们都有理由相信，当所有的政府数据、民众对公共服务的消费数据、互动数据在同一平台上汇聚时，将引发新一轮商业创新的爆发。

第二节　研究内容——大数据技术

变化是永恒的主题。云计算、社交计算和移动计算三大趋势推动的大数据正在重塑业务流程、IT 基础设施以及我们对于企业、客户和互联网信息的捕获与使用方式。近年来，"大数据"概念的提出为中国数据分析行业的发展提供了无限的空间，使越来越多的人认识到了数据的价值。

一、什么是大数据

简单地讲，大数据就是那些超过传统数据库系统处理能力的数据。大数据是指难以用常用的软件工具在可容忍时间内抓取、管理以及处理的数据集。大数据具有数据体量巨大、数据类型繁多、要求的处理速度快等显著特征。

大数据技术涵盖了从数据的海量存储、处理到应用多方面的技术，包括海量分布式文件系统、并行计算框架、NoSQL 数据库、实时流数据处理以及智能分析技术，如模式识别、自然语言理解、应用知识库等。

大数据有4个"V"字开头的特征：Volume（容量）、Variety（种类）、Velocity（速度）和最重要的Value（价值）。

大数据最主要的作用是服务，即面向人、机、物的服务。例如，机器需要数据有一些关联，能够从中分析出有用的信息。人、机、物对数据的贡献和参与度非常高。从数据规模上，可看到人到物理世界是从小到大；从数据质量讲，人提供数据质量是最高的。

二、大数据技术的发展趋势

企业越来越希望能将自己的各类应用程序及基础设施转移到云平台上。就像其他IT系统那样，大数据的分析工具和数据库也将走向云计算。

云计算能为大数据带来哪些变化呢？首先，云计算为大数据提供了可以弹性扩展、相对便宜的存储空间和计算资源，使中小企业也可以像亚马逊一样通过云计算来完成大数据分析。其次，云计算IT资源庞大、分布较为广泛，是异构系统较多的企业及时准确处理数据的有力方式，甚至是唯一的方式。当然，大数据要走向云计算，还有赖于数据通信带宽的提高和云资源池的建设，需要确保原始数据能迁移到云环境以及资源池可以弹性扩展。

三、大数据技术的研究现状与展望

大数据分析相比传统的数据仓库应用，具有数据量大、查询分析复杂等特点。为了设计适合大数据分析的数据仓库架构，本节列举了大数据分析平台需要具备的几个重要特性，对当前的主流实现平台——并行数据库、MapReduce及基于两者的混合架构进行了分析归纳，指出了各自的优势及不足，同时对各个方向的研究现状及大数据分析方面进行介绍，并展望未来。

（一）研究现状

对并行数据库来讲，其最大问题在于有限的扩展能力和待改进的软件级容错能力；MapReduce的最大问题在于性能，尤其是连接操作的性能；混合式架构的关键是怎样能尽可能多地把工作推向合适的执行引擎（并行数据库或MapReduce）。下面对近年来在这些问题上的研究做分析归纳。

1. 并行数据库扩展性和容错性研究

华盛顿大学在文献中提出了可以生成具备容错能力的并行执行计划优化器。该优化器可以通过依靠输入的并行执行计划、各个操作符的容错策略及查询失败的期望值等条件，输出一个具备容错能力的并行执行计划。在该计划中，每个操作符都可以采取不同的容错策略，在失败时仅重新执行其子操作符（在某节点上运行的操作符）的任务来避免整个查询的重新执行。

MIT于2010年设计的Osprey系统基于维表在各个节点全复制、事实表横向切分冗余备份的数据分布策略，将一星形查询划分为众多独立子查询。每个子查询在执行失败时都可以在其备份节点上重新执行，而不用重做整个查询，使数据仓库查询获得类似 MapReduce 的容错能力。

2. MapReduce 性能优化研究

MapReduce 的性能优化研究集中于对关系数据库的先进技术和特性的移植上。Facebook 和美国俄亥俄州立大学合作，将关系数据库的混合式存储模型应用于 Hadoop 平台，提出了 RCFile 存储格式。Hadoop 系统运用了传统数据库的索引技术，并通过分区数据并置（Co-Partition）的方式来提升性能。MapReduce 实现了以流水线方式在各个操作符间传递数据，从而缩短了任务执行时间；在线聚集（online aggregation）的操作模式使用户可以在查询执行过程中看到部分较早返回的结果。两者的不同之处在于前者仍基于 sort-merge 方式来实现流水线，只是将排序等操作推向了 Reduce，部分情况下仍会出现流水线停顿的情况，而后者利用 Hash 方式来分布数据，能更好地实现并行流水线操作。

3. HadoopDB 的改进

HadoopDB 于 2011 年针对其架构提出了两种连接优化技术和两种聚集优化技术。

两种连接优化的核心思想都是尽可能地将数据的处理推入数据库层执行。第 1 种优化方式是根据表与表之间的连接关系，通过数据预分解，使参与连接的数据尽可能分布在同一数据库内，从而实现将连接操作下压进数据库内执行。该算法的缺点是应用场景有限，只适用于链式连接。第 2 种连接方式是针对广播式连接而设计的，在执行连接前，先在数据库内为每张参与连接的维表建立一张临时表，使连接操作尽可能在数据库内执行。该算法的缺点是较多的网络传输和磁盘 I/O 操作。

两种聚集优化技术分别是连接后聚集和连接前聚集。前者是执行完 Reduce 端连接后，直接对符合条件的记录执行聚集操作；后者是将所有数据先在数据库层执行聚集操作，然后基于聚集数据执行连接操作，并将不符合条件的聚集数据做减法操作。该方式适用的条件有限，主要用于参与连接和聚集的列的基数相乘后小于表记录数的情况。

总的来说，HadoopDB 的优化技术大都局限性较强，对于复杂的连接操作（如环形连接等）仍不能下推到数据库层执行，并未从根本上解决其性能问题。

（二）展望研究

当前三个方向的研究都不能完美地解决大数据分析问题，即意味着每个方向都有极具挑战性的工作等待着我们。

对并行数据库来说，其扩展性近年虽有较大改善（如 Greenplum 和 Aster Data 都是面向 PB 级数据规模设计开发的），但距离大数据的分析需求仍有较大差距。因此，怎样改善并行数据库的扩展能力是一项非常有挑战的工作，该项研究将同时涉及数据一致性协议、容错性、性能等数据库领域的诸多方面。

混合式架构方案可以复用已有成果，开发量较小。但只是简单的功能集成似乎并不能有效解决大数据的分析问题，因此该方向还需要更加深入的研究工作。从数据模型及查询处理模式上进行研究，使两者能较自然地结合起来，这将是一项非常有意义的工作。中国人民大学的 Dumbo 系统即是在深层结合方向上努力的一个例子。

相比前两者，MapReduce 的性能优化进展迅速，其性能正逐步逼近关系数据库。该方向的研究又分为两个方向：理论界侧重于利用关系数据库技术及理论改善 MapReduce 的性能；工业界侧重基于 MapReduce 平台开发高效的应用软件。针对数据仓库领域，可认为如下几个研究方向比较重要，且目前研究还较少涉及。

1. 多维数据的预计算

MapReduce 更多针对的是一次性分析操作。大数据上的分析操作虽然难以预测，但基于报表和多维数据的分析仍占多数。因此，MapReduce 平台也可以利用预计算等手段加快数据分析的速度。基于存储空间的考虑，MOLAP 是不可取的，混合式 OLAP（HOLAP）应该是 MapReduce 平台的优选 OLAP 实现方案。具体研究如下。

（1）基于 MapReduce 框架的高效 Cube 计算算法。

（2）物化视图的选择问题，即选择物体的哪些数据问题。

（3）不同分析的物化手段（如预测分析操作的物化）及怎样基于物化的数据进行复杂分析操作（如数据访问路径的选择问题）。

2. 各种分析操作的并行化实现

大数据分析需要高效的复杂统计分析功能的支持。IBM 将开源统计分析软件 R 集成进 Hadoop 平台，增强了 Hadoop 的统计分析功能。但更具挑战性的问题是，怎样基于 MapReduce 框架设计可并行化的、高效的分析算法。尤其需要强调的是，鉴于移动数据的巨大代价，这些算法应基于移动计算的方式来实现。

3. 查询共享

MapReduce 采用步步物化的处理方式，导致其 I/O 及网络传输代价较高。一种有效地降低该代价的方式是在多个查询间共享物化的中间结果，甚至原始数据，以分摊代价并避免重复计算。因此，怎样在多查询间共享中间结果将是一项非常有实际应用价值的研究。

4. 用户接口

怎样较好地实现数据分析的展示和操作，尤其是复杂分析操作的直观展示。

5. Hadoop 可靠性研究

当前 Hadoop 采用主从结构，由此决定了主节点一旦失效，将会出现整个系统失效的局面。因此，怎样在不影响 Hadoop 现有实现的前提下，提高主节点的可靠性，将是一项切实的研究。

6. 数据压缩

MapReduce 的执行模型决定了其性能取决于 I/O 和网络传输代价。实验发现，压缩技术并没有改善 Hadoop 的性能。但实际情况是，压缩不仅可以节省空间、I/O 及网络带宽，还可以利用当前 CPU 的多核并行计算能力，平衡 I/O 和 CPU 的处理能力，从而提高性能。例如，并行数据库利用数据压缩后，性能往往可以大幅提升。

7. 多维索引研究

基于 MapReduce 框架实现多维索引，加快多维数据的检索速度。当然，仍有许多其他研究工作，如基于 Hadoop 的实时数据分析、弹性研究、数据一致性研究等，都是非常有挑战和意义的研究。

第二章　大数据存储技术的研究

目前，淘宝每天的活跃数据量已经超过 50TB，共有 4 亿注册用户，数亿条产品信息显现，平台每天超过 4 000 万人次访问。如此巨大的数据访问量，使淘宝数据仓库成为国内最忙碌的数据仓库之一，每天大约要处理几亿次的用户行为。从淘宝数据仓库的访问量看，大数据要实现高效智能的存储是至关重要的。本章就来研究大数据存储技术问题。

第一节　大数据存储技术的要求

存储本身就是大数据中一个很重要的组成部分，或者说存储在每一个数据中心中都是一个重要的组成部分。随着大数据的到来，对于结构化、非结构化、半结构化的数据存储也呈现出新的要求，特别对统一存储也有了新变化。对于企业来说，数据对于战略和业务连续性都非常重要。然而，大数据集容易消耗巨大的时间和成本，从而造成非结构化数据的雪崩。因此，合适的存储解决方案的重要性不能被低估。如果没有合适的存储，就不能轻松访问或部署大量数据。

如何平衡各种技术以支持战略性存储并保护企业的数据？组成高效的存储系统的因素是什么？通过将数据与合适的存储系统相匹配以及考虑何时、如何使用数据，企业机构可确保存储解决方案支持，而不是阻碍关键业务驱动因素（效率和连续性）。通过这种方式，企业可自信地引领这个包含大量、广泛信息的新时代。

一、数据存储面临的问题

数据存储主要面临三类典型的大数据问题：

OLTP（联机事务处理）系统里的数据表格子集太大，计算需要的时间长，处理能力低。

OLAP（联机分析处理）系统在处理分析数据的过程中，在子集之上用列的形式去抽取数据，时间太长，分析不出来，不能做比对分析。

典型的非结构化数据，每一个数据块都比较大，带来了存储容量、存储带宽、I/O 瓶颈等一系列问题，例如网游、广电的数据存储在自己的数据中心里，资源耗费很大，交付周期太长，效率低下。

OLTP 也被称为实时系统，最大的优点就是可以即时地处理输入的数据，及时地回答。这在一定意义上对存储系统的要求很高，需要一级主存储，具备高性能、高安全性、良好的稳定性和可扩展性，对于资源能够实现弹性配置。现在比较流行的是基于控制器的网格架构，网格概念使架构得以横向扩展（Scale-out），解决了传统存储架构的性能热点和瓶颈问题，并使存储的可靠性、管理性、自动化调优达到了一个新的水平，如 IBM 的 XIV、EMC 的 VMAX、惠普的 3PAR 系列都是这一类产品的典型代表。

OLAP 是数据仓库系统的主要应用，也是商业智能（Business Intelligent，简称 BI）的灵魂。联机分析处理的主要特点是直接仿照用户的多角度思考模式，预先为用户组建多维的数据模型，展现在用户面前的是一幅幅多维视图，也可以对海量数据进行比对和多维度分析，处理数据量非常大，很多是历史型数据，对跨平台能力要求高。OLAP 的发展趋势是从传统的批量分析，到近线（近实时）分析，在向实时分析发展。

目前，解决 BI 挑战的策略主要分为两类：第一类，通过列结构数据库，解决表结构数据库带来的 OLAP 性能问题，典型的产品如 EMC 的 Greenplum、IBM 的 Netezza；第二类，通过开源，解决云计算和人机交互环境下的大数据分析问题，如 VMware Ceta、Hadoop 等。

从存储角度看，OLAP 通常处理结构化、非结构化和半结构化数据。这类分析适用于大容量、大吞吐量的存储（统一存储）。此外，商业智能分析在欧美市场是"云计算"含金量最高的云服务形式之一。对欧美零售业来说，圣诞节前后 8 周销售额可占一年销售额的 30% 以上。如何通过云计算和大数据分析，在无须长期持有 IT 资源的前提下，从工资收入、采购习惯、家庭人员构成等 BI 分析，判断出优质客户可接受的价位和服务水平，提高零售高峰期资金链、物流链周转效率、最大化销售额和利润，欧美零售业就是一个最典型的大数据分析云服务的例子。

对于媒体应用来说，数据压力集中在生产和制造的两头，比如做网游，需要一个人做背景、一个人做配音、一个人做动作、渲染等，最后需要一个人把它们全部整合起来。在数据处理过程中，一般情况下一个文件大家同时去读取，对文件并行处理能力要求高，通常需要能支撑大块文件在网上传输。针对这类问题，集群 NAS 是存储首选。在集群 NAS 中，最小的单位个体是文件，通过文件系统的调度算法，其可以将整个应用隔离成较小且并行的独立任务，并将文件数据分配到各个集群节点上。集群 NAS 和 Hadoop 分布文件系统的结合对于大型的应用具有很高的实用价值。典型的例子是 Isilon OS 和 Hadoop 分布文件系统集成，常被应用于大型的数据库查询、密集型的计算、生命科学、能源勘探以及动画制作等领域。常见的集群 NAS 产品有 EMC 的 Isilon、HP 的 Ibrix 系列、IBM 的 SoNAS、NetApp 的 OntapGX 等。

非结构数据的增长非常迅速，除了新增的数据量，还要考虑数据的保护。来来回回的备份，数据就增长了好几倍，数据容量的增长给企业带来了很大的压力。如何提高存储空间的使用效率和如何降低需要存储的数据量，也成为企业绞尽脑汁要解决的问题。

应对存储容量有一些优化的技术，如重复数据删除（适用于结构化数据）、自动精简配置和分层存储等技术，都是提高存储效率最重要、最有效的技术手段。如果没有虚拟化，存储利用率只有20%～30%，通过使用这些技术，利用率提高了80%，可利用容量增加一倍不止。结合重复数据删除技术，备份数据量和带宽资源需求可以减少90%以上。

目前，云存储的方式在欧美市场上的应用很广泛。例如，面对好莱坞的电影制作商，这些资源是黄金数据，如果不想放在自己的数据中心里，可以把它们归档在云上，到时再进行调用。此外，越来越多的企业将云存储作为资源补充，以提高持有IT资源的利用率。

无论是大数据还是小数据，企业最关心的是处理能力以及如何更好地支撑IT应用的性能。所以，企业做大数据时，要把大数据问题进行分类，弄清究竟是哪一类的问题，以便和企业的应用做一个衔接和划分。

二、大数据存储不容小觑的问题

大数据存储也有许多问题，下面总结问题如下。

（一）容量问题

这里所说的"大容量"通常可达到PB级的数据规模，因此海量数据存储系统也一定要有相应等级的扩展能力。与此同时，存储系统的扩展一定要简便，可以通过增加模块或硬盘柜来增加容量，甚至不需要停机。基于这样的需求，客户现在越来越青睐Scale-out架构的存储。Scale-out集群结构的特点是每个节点除了具有一定的存储容量，内部还具备数据处理能力以及互联设备。与传统存储系统的烟囱式架构完全不同，Scale-out架构可以实现无缝平滑的扩展，避免存储孤岛。

"大数据"应用除了数据规模巨大，还意味着拥有庞大的文件数量。因此，如何管理文件系统层累积的元数据是一个难题，处理不当会影响到系统的扩展能力和性能，而传统的NAS系统就存在这一瓶颈。所幸的是，基于对象的存储架构就不存在这个问题。它可以在一个系统中管理十亿级别的文件数量，而且不会像传统存储一样遭遇元数据管理的困扰。基于对象的存储系统还具有广域扩展能力，可以在多个不同的地点部署并组成一个跨区域的大型存储基础架构。

（二）延迟问题

"大数据"应用还存在实时性的问题，特别是涉及与网上交易或者金融类相关的应用时。例如，网络成衣销售行业的在线广告推广服务需要实时地对客户的浏览记录进行分析，并准确地进行广告投放。这就要求存储系统在必须能够支持上述特性的同时保持较高的响应速度，因为响应延迟会导致系统推送"过期"的广告内容给客户。这种场景下，Scale-out架构的存储系统就可以发挥出优势，因为它的每一个节点都具有处理和互联组件，在增加容量的同时处理能力可以同步增长。而基于对象的存储系统则能够支持并发的数据流，从而进一步提高数据吞吐量。

有很多"大数据"应用环境需要较高的 IOPS（即每秒进行读写操作的次数）性能，比如 HPC 高性能计算。此外，服务器虚拟化的普及也导致了对高 IOPS 的需求。为了迎接这些挑战，各种模式的固态存储设备应运而生，小到简单的在服务器内部做高速缓存，大到全固态介质的可扩展存储系统等都在蓬勃发展。

（三）并发访问

一旦企业认识到大数据分析应用的潜在价值，他们就会将更多的数据集纳入系统进行比较，同时让更多的人分享并使用这些数据。为了创造更多的商业价值，企业往往会综合分析那些来自不同平台下的多种数据对象，包括全局文件系统在内的存储基础设施就能够帮助用户解决数据访问的问题。全局文件系统允许多个主机上的多个用户并发访问文件数据，而这些数据则可能存储在多个地点的多种不同类型的存储设备上。

（四）安全问题

某些特殊行业的应用，比如金融数据、医疗信息以及政府情报等都有自己的安全标准和保密性需求。虽然对于 IT 管理者来说这些并没有什么不同，而且都是必须遵从的，但是大数据分析往往需要多类数据相互参考，而在过去并不会有这种数据混合访问的情况，因此大数据应用也催生出一些新的、需要考虑的安全性问题。

（五）成本问题

成本问题"大"，也可能意味着代价不菲。而对于那些正在使用大数据环境的企业来说，成本控制是关键的问题。想控制成本，就意味着我们要让每一台设备都实现更高的"效率"，同时还要减少那些昂贵的部件。目前，重复数据删除等技术已经进入到主存储市场，而且现在还可以处理更多的数据类型，这都可以为大数据存储应用带来更多的价值，提升存储效率。在数据量不断增长的环境中，通过减少后端存储的消耗，哪怕只是降低几个百分点，企业都能够获得明显的投资回报。此外，自动精简配置、快照和克隆技术的使用也可以提升存储的效率。

很多大数据存储系统都包括归档组件，尤其对那些需要分析历史数据或需要长期保存数据的机构来说，归档设备必不可少。从单位容量存储成本的角度看，磁带仍然是最经济的存储介质。事实上，在许多企业中，使用支持 TB 级大容量磁带的归档系统仍然是事实上的标准和惯例。

对成本控制影响最大的因素是那些商业化的硬件设备。因此，很多初次进入这一领域的用户以及那些应用规模最大的用户，都会定制他们自己的"硬件平台"，而不是用现成的商业产品，这一举措可以用来平衡他们在业务扩展过程中的成本控制战略。为了适应这一需求，现在越来越多的存储产品都提供纯软件的形式，可以直接安装在用户已有的、通用的或者现成的硬件设备上。此外，很多存储软件公司还在销售以软件产品为核心的软硬一体化装置，或者与硬件厂商结盟，推出合作型产品。

（六）数据的积累

许多大数据应用都会涉及法规遵从问题，这些法规通常要求数据要保存几年或者几十年。比如，医疗信息通常是为了保证患者的生命安全，财务信息通常要保存 7 年。而有些使用大数据存储的用户却希望数据能够保存更长的时间，因为任何数据都是历史记录的一部分，而且数据的分析大都是基于时间段进行的。要实现长期的数据保存，就要求存储厂商开发出能够持续进行数据一致性检测的功能以及其他保证长期可用的特性，同时还要实现数据直接在原位更新的功能需求。

（七）灵活性

大数据存储系统的基础设施规模通常都很大，因此必须经过仔细设计，才能保证存储系统的灵活性，使其能够随着应用分析软件扩展。在大数据存储环境中，已经没有必要再做数据迁移了，因为数据会同时保存在多个部署站点。一个大型的数据存储基础设施一旦开始投入使用，就很难再调整了，因此它必须能够适应各种不同的应用类型和数据场景。

（八）应用感知

最早一批使用大数据的用户已经开发出了一些针对应用的定制的基础设施，比如针对政府项目开发的系统，还有大型互联网服务商创造的专用服务器等。在主流存储系统领域，应用感知技术的使用越来越普遍，它也是改善系统效率和性能的重要手段，所以应用感知技术也应该用在大数据存储环境里。

（九）小用户怎么办

依赖大数据的不仅仅是那些特殊的大型用户群体，作为一种商业需求，小型企业未来也一定会应用到大数据。我们看到，有些存储厂商已经在开发一些小型的"大数据"存储系统，主要是为了吸引那些对成本比较敏感的用户。

三、大数据存储技术面对的挑战

大数据对于各方厂商都是新的战场，其中也包含了存储厂商，EMC（易安信）买下数据存储软件公司 Greenplum 就是一例。数据存储的确是可应用大数据的主力。不过，对于数据存储厂商来说，还是有不少挑战存在，他们必须要强化关联式数据库的效能，增加数据管理和数据压缩的功能。

过往关系型数据库产品处理大量数据时的运算速度都不快，因此需要引进新技术来加速数据查询的功能。另外，数据存储厂商也开始尝试不只采用传统硬盘来存储数据，如使用快速闪存的数据库、闪存数据库等，新型数据库逐渐产生。另一个挑战就是传统关系型数据库无法分析非结构化数据。因此，并购具有分析非结构化数据的厂商以及数据管理厂商是目前数据存储大厂扩展实力的方向。

数据管理的影响主要是对数据安全的考量。大数据对于存储技术与资源安全也都会产生冲击。首先，快照、重复数据删除等技术在大数据时代都很重要，就衍生了数据权限的管理。例如，现在企业后端与前端所看到的数据模式并不一样，当企业要处理非结构化数据时，就必须制定出是 IT 部门还是业务单位才是数据管理者。由于这牵涉的不仅是技术问题，还有公司政策的制定，因此界定出数据管理者是企业目前最头痛的问题。

(一)数据存储多样化:备份与归档

管理大数据的关键是制定战略、以高自动化、高可靠、高成本效益的方式归档数据。大数据现象意味着企业机构要应对大量数据以及各种数据格式的挑战。多样化作为有效方式而在各行各业兴起,是一种涉及各种产品来支持数据管理战略的数据存储模式。这些产品包括自动化、硬盘和重复数据删除、软件以及备份和归档。支撑这一方式的原则就是特定类型的数据坚持使用合适的存储介质。

(二)大数据管理需要各种技术

首席信息官应关注的一个具体领域是备份和归档的方法,因为这是在业务环境中将不同类型文件区分开来的最明显的方式。当企业需要迅速、经常访问数据时,那么基于硬盘的存储就是最合适的。这种数据可定期备份,以确保其可用性。相比之下,随着数据越来越老旧,并且不常被访问,企业可通过将较旧的数据迁移到较低端的硬盘或磁带中而获得大量成本优势,从而释放昂贵的主存储。

通过将较旧的数据迁移到这些媒介类型中,企业降低了所需的硬盘数量。归档是全面、高成本效益数据存储解决方案的关键组成部分。这种多样化的模式对于那些需要高性能和最低长期存储成本的企业机构是非常有用的。根据数据使用情况而区分格式,企业可优化其操作工作流程。这样,他们可更好地导航大数据文件,轻松传输媒体内容或操纵大型分析数据文件,因为它们存储在最适合自身格式和使用模式的介质中。

如果企业希望将其IT基础设施变成为企业目标提供价值的事物,而不只是作为让员工和流程都放缓速度的成本中心,那么数据存储解决方案中的多样化就非常重要。一个考虑周全的技术组合,再加上备份与归档的核心方法,可节约IT资源,减少IT人员的压力,并可以随着企业需求而扩容。

四、大数据存储技术的趋势预测分析

面对不断出现的存储需求新挑战,我们该如何把握存储的未来发展方向呢?下面我们分析一下存储的未来技术趋势。

(一)存储虚拟化

存储虚拟化是目前以及未来的存储技术热点,它其实并不算是什么全新的概念,RAID、LVM、SWAP、VM、文件系统等这些都归属于其范畴。存储的虚拟化技术有很多优点,比如提高存储利用效率和性能,简化存储管理复杂性,降低运营成本,绿色节能等。

现代数据应用在存储容量、I/O性能、可用性、可靠性、利用效率、管理、业务连续性等方面对存储系统不断提出更高的需求。基于存储虚拟化提供的解决方案可以帮助数据中心应对这些新的挑战,有效整合各种异构存储资源,消除信息孤岛,保持高效数据流动与共享,合理规划数据中心扩容,简化存储管理等。

目前,最新的存储虚拟化技术有分级存储管理(HSM)、自动精简配置(Thin Provision)、云存储(Cloud Storage)、分布式文件系统(Distributed File System),另外还有动态内存分区、SAN 与 NAS 存储虚拟化。

虚拟化可以柔性地解决不断出现的新存储需求问题，因此我们可以断言存储虚拟化仍将是未来存储的发展趋势之一，当前的虚拟化技术会得到长足发展，未来新虚拟化技术将层出不穷。

（二）固态硬盘

固态硬盘（SSD，Solid State Drive）是目前倍受存储界广泛关注的存储新技术，它被看作是一种革命性的存储技术，可能会给存储行业甚至计算机体系结构带来深刻变革。

在计算机系统内部，L1Cache、L2Cache、总线、内存、外存、网络接口等存储层次之间，目前来看内存与外存之间的存储鸿沟最大，硬盘 I/O 通常成为系统性能瓶颈。

SSD 与传统硬盘不同，它是一种电子器件而非物理机械装置，具有体积小、能耗小、抗干扰能力强、寻址时间极小（甚至可以忽略不计）、IOPS 高、I/O 性能高等特点。因此，SSD 可以有效缩短内存与外存之间的存储鸿沟。计算机系统中原本为解决 I/O 性能瓶颈的诸多组件和技术的作用将变得越来越微不足道，甚至最终将被淘汰出局。

试想，如果 SSD 性能达到内存甚至 L1/L2Cache，后者的存在还有什么意义，数据预读和缓存技术也将不再需要，计算机体系结构也将会随之发生重大变革。对于存储系统来说，SSD 的最大突破是大幅提高了 IOPS，摩尔定理的效力再次显现，通过简单地用 SSD 替换传统硬盘，就可能达到和超越综合运用缓存、预读、高并发、数据局部性、硬盘调度策略等软件技术的效用。

SSD 目前对 IOPS 要求高的存储应用最为有效，主要是大量随机读写应用，这类应用包括互联网行业和 CDN（内容分发网络）行业的海量小文件存储与访问（图片、网页）、数据分析与挖掘领域的 OLTP 等。SSD 已经开始被广泛接受并应用，当前主要的限制因素包括价格、使用寿命、写性能抖动等。从最近两年的发展情况看，这些问题都在不断地改善和解决，SSD 的发展和广泛应用将势不可挡。

（三）重复数据删除

重复数据删除（Data Deduplication，简称 Dedupe）是一种目前主流且非常热门的存储技术，可对存储容量进行有效优化。它通过删除集中重复的数据，只保留其中一份，从而消除冗余数据。这种技术可以很大限度上减少对物理存储空间的需求，从而满足日益增长的数据存储需求。

Dedupe 技术可以帮助众多应用降低数据存储量，节省网络带宽，提高存储效率，减小备份窗口，节省成本。Dedupe 技术目前大量应用于数据备份与归档系统，因为对数据进行多次备份后，存在大量重复数据，非常需要这种技术。

事实上，Dedupe 技术可以用于很多场合，包括在线数据、近线数据、离线数据存储系统；在文件系统、卷管理器、NAS、SAN 中实施；用于数据容灾、数据传输与同步；作为一种数据压缩技术可用于数据打包。

Dedupe 技术目前主要应用于数据备份领域主要是由两方面的原因决定的：一是数据备

份应用数据重复率高，非常适合 Dedupe 技术；二是 Dedupe 技术的缺陷，主要是数据安全、性能。Dedupe 使用 Hash 指纹来识别相同数据，存在产生数据碰撞并破坏数据的可能性。Dedupe 需要进行数据块切分、数据块指纹计算和数据块检索，这样会消耗可观的系统资源，对存储系统性能产生影响。

信息呈现的指数级增长方式给存储容量带来巨大的压力，而 Dedupe 是最为行之有效的解决方案，因此固然其有一定的不足，但它大行其道的技术趋势无法改变。更低碰撞概率的 Hash 函数、多核、GPU、SSD 等，这些技术推动 Dedupe 走向成熟，使其由作为一种产品而转向作为一种功能，逐渐应用到近线和在线存储系统。ZFS（动态文件系统）已经原生地支持 Dedupe 技术，我们相信将会不断有更多的文件系统、存储系统支持这一功能。

（四）云存储

云计算无疑是现在最热门的 IT 话题，不管是商业噱头还是 IT 技术趋势，它都已经融入了我们每个人的工作与生活当中。云存储亦然。云存储即 DaaS（存储即服务），专注于向用户提供以互联网为基础的在线存储服务。它的特点表现为弹性容量（理论上无限大）、按需付费、易于使用和管理。

云存储主要涉及分布式存储（分布式文件系统、IPSAN、数据同步、复制）、数据存储（重复数据删除、数据压缩、数据编码）和数据保护（RAID、CDP、快照、备份与容灾）等技术领域。

从专业机构的市场分析预测和实际的发展情况看，云存储的发展如火如荼，移动互联网的迅猛发展也起到了推波助澜的作用。目前，典型的云存储服务主要有 Amazon S3、Google Storage、Microsoft SkyDrive、EMC Atmos/Mozy、Dropbox、Syncplicity、百度网盘、新浪微盘、腾讯微云、天翼云、联想网盘、华为网盘、360 云盘等。

私有云存储目前发展情况不错，但是公有云存储发展不顺，用户仍持怀疑和观望态度。目前，影响云存储普及应用的主要因素有性能瓶颈、安全性、标准与互操作、访问与管理、存储容量和价格。云存储终将离我们越来越近，这个趋势是毋庸置疑的，但是终究到底还有多近？则由这些问题的解决程度决定。云存储将从私有云逐渐走向公有云，满足部分用户的存储、共享、同步、访问、备份需求，但是试图解决所有的存储问题也是不现实的，尽管如此，云存储发展仍将进入一个崭新的发展阶段。

（五）SOHO 存储

SOHO（Small Office and Home Office）存储是指家庭或个人存储。现代家庭中拥有多台 PC、笔记本电脑、上网本、平板电脑、智能手机，这些设备将组成家庭网络。SOHO 存储的数据主要来自个人文档、工作文档、软件与程序源码、电影与音乐、自拍视频与照片，部分数据需要在不同设备之间共享与同步，重要数据需要备份或者在不同设备之间复制多份，需要在多台设备之间协同搜索文件，需要多设备共享的存储空间等。随着手机、数码相机和摄像机的普及和数字化技术的发展，以多媒体存储为主的 SOHO 存储需求日益突现。

第二节 大数据存储技术

存储基础设施投资将提供一个平台，通过这个平台，企业能够从大数据中提取出有价值的信息。大数据中能得出的对消费者行为、社交媒体、销售数据和其他指标的分析，将直接关联到商业价值。随着大数据对企业发展带来积极的影响，越来越多的企业将利用大数据以及寻求适用于大数据的数据存储解决方案。而传统数据存储解决方案（如网络附加存储NAS或存储区域网络SAN）无法扩展或者提供处理大数据所需要的灵活性。

一、什么是存储

大数据场景下，数据量呈爆发式增长，而存储能力的增长远远赶不上数据的增长，几十或几百台大型服务器都难以满足一个企业的数据存储需求。为此，大数据的存储方案是采用成千上万台的廉价PC来存储数据以降低成本，同时提供高扩展性。

考虑到系统由大量廉价易损的硬件组成，企业需要保证文件系统整体的可靠性。为此，大数据的存储方案通常对同一份数据在不同节点上存储三份副本，以提高系统容错性。此外，借助分布式存储架构，可以提供高吞吐量的数据访问能力。

在大数据领域中，较为出名的海量文件存储技术有Google的GFS和Hadoop的HDFS，HDFS是GFS的开源实现。它们均采用分布式存储的方式存储数据，用冗余存储的模式保证数据可靠性，文件块被复制存储在不同的存储节点上，默认存储三份副本。

当处理大规模数据时，数据一开始在硬盘还是在内存导致计算的时间开销相差很大，很好地理解这一点相当重要。

硬盘组织成块结构，每个块是操作系统用于在内存和硬盘之间传输数据的最小单元。例如，Windows操作系统使用的块大小为64KB（即2^{16}=65 536字节），需要大概10ms的时间来访问（将磁头移到块所在的磁道并等待在该磁头下进行块旋转）和读取一个硬盘块，相对从内存中读取一个字的时间，硬盘的读取延迟大概要慢5个数量级（即存在因子10^5）。因此，如果只需要访问若干字节，那么将数据放在内存中将具压倒性优势。实际上，假如我们要对一个硬盘块中的每个字节做简单的处理，比如将块看成哈希表中的桶，我们要在桶的所有记录当中寻找某个特定的哈希键值，那么将块从硬盘移到内存的时间会大大高于计算的时间。

我们可以将相关的数据组织到硬盘的单个柱面（Cylinder）上，因为所有的块集合都可以在硬盘中心的固定半径内到达，因此不通过移动磁头就可以访问，这样可以以每块显著小于10ms的速度将柱面上的所有块读入内存。假设不论数据采用何种硬盘组织方式，硬盘上数据到内存的传送速度都不可能超过100MB/S。当数据集规模仅为1MB时，这不是个问题，但是当数据集在100GB或者1TB规模时，仅仅进行访问就存在问题，更何况还要利用它来做其他有用的事情了。

数据存储和管理是一切与数据有关的信息技术的基础。数据存储的实现是以二进制计算机的发明为起点，二进制计算机实现了数据在物理机器中的表达和存储。自此以后，数据在计算机中的存储和管理经历了从低级到高级的演进过程。数据存储和管理发展到数据库技术的出现已经实现了数据的快速组织、存储和读取，但是不同数据库的数据存储结构各不相同，彼此之间相互独立。于是，如何有机地聚焦、整合多个不同运营系统产生的数据便成了数据分析发展的"新瓶颈"。

在信息化时代，不管大小企业都非常重视企业的信息化网络。每个企业都想拥有一个安全、高效、智能化的网络来实现企业的高效办公，而在这些信息化网络中，存储又是网络的重中之重，它对企业的数据安全起着决定性作用。

如今，科技发展日新月异，存储技术不仅越来越完善，而且各式各样。常见的存储产品类型有：硬盘存储、移动硬盘存储、云盘存储（如百度云盘、腾讯网盘）等。

不管何种存储技术，都是数据存储的一种方案。数据存储是数据流在加工过程中产生的临时文件或加工过程中需要查找的信息。数据以某种格式记录在计算机内部或外部存储介质上。数据存储要命名，这种命名要反映信息特征的组成含义。数据流反映了系统中流动的数据，表现出动态数据的特征；数据存储反映了系统中静止的数据，表现出静态数据的特征。各式各样的存储技术，其实就是现实数据存储方式不一样，本质和目的是一样的。如今，占据主流市场的有6大存储技术：直接附加存储（DAS）、硬盘阵列（RAID）、网络附加存储（NAS）、存储区域网络（SAN）、IP存储（SoIP）、iSCSI网络存储。

二、直接附加存储（DAS）

直接附加存储（Direct Attached Storage，DAS）方式与我们普通的PC存储架构一样，外部存储设备都是直接挂接在服务器内部总线上，数据存储设备是整个服务器结构的一部分。

DAS存储方式主要适用以下环境：

1. 小型网络。小型网络的规模和数据存储量较小，且结构不太复杂，采用DAS存储方式对服务器的影响不会很大，且这种存储方式也十分经济，适合拥有小型网络的企业用户。

2. 地理位置分散的网络。虽然企业总体网络规模较大，但在地理分布上很分散，通过SAN或NAS在它们之间进行互联非常困难，此时各分支机构的服务器也可采用DAS存储方式，这样可以降低成本。

3. 特殊应用服务器。在一些特殊应用服务器上，如微软的集群服务器或某些数据库使用的原始分区，均要求存储设备直接连接到应用服务器。

三、磁盘阵列（RAID）

磁盘阵列（Redundant Array of Inexpensive Disks，RAID）有"价格便宜且多余的磁盘阵列"之意，其原理是利用数组方式制作硬盘组，配合数据分散排列的设计，提升数据的安全性。磁盘阵列是由很多便宜、容量较小、稳定性较高、速度较慢的磁盘组合成一个大型的磁盘组，利用个别磁盘提供数据所产生的加成效果来提升整个磁盘系统的效能。同时，在储存数据时，利用这项技术将数据切割成许多区段，分别存放在各个磁盘上。

RAID 技术主要包含 RAID 0 ～ RAID 7 等数个规范，它们的侧重点各不相同，常见的规范有如下几种。

（一）RAID 0

RAID 0 连续以位或字节为单位分割数据，并行读/写于多个磁盘上，因此具有很高的数据传输率，但它没有数据冗余，因此并不能算是真正的 RAID 结构。RAID 0 只是单纯地提高性能，并没有为数据的可靠性提供保证，而且其中的一个硬盘失效将影响到所有数据。因此，RAID0 不能应用于数据安全性要求高的场合。

（二）RAID 1

RAID 1 是通过磁盘数据镜像实现数据冗余，在成对的独立磁盘上产生互为备份的数据。当原始数据繁忙时，可直接从镜像拷贝中读取数据，因此 RAID 1 可以提高读取性能。RAID 1 是硬盘阵列中单位成本最高的，但提供了很高的数据安全性和可用性。当一个磁盘失效时，系统可以自动切换到镜像磁盘上读写，而不需要重组失效的数据。

（三）RAID 0+1

RAID 0+1 也被称为 RAID10 标准，实际是将 RAID0 和 RAID1 标准结合的产物。它在连续地以位或字节为单位分割数据并且并行读/写多个磁盘的同时，为每一块磁盘作磁盘镜像进行冗余。它的优点是同时拥有 RAID 0 的超凡速度和 RAID 1 的数据高可靠性，但是 CPU 占用率同样更高，而且磁盘的利用率比较低。

（四）RAID 2

RAID 2 将数据条块化地分布于不同的硬盘上，条块单位为位或字节，并使用称为"加重平均纠错码（海明码）"的编码技术来提供错误检查及恢复。这种编码技术需要多个磁盘存放检查及恢复信息，使 RAID 2 技术实施更复杂，因此在商业环境中很少使用。

（五）RAID 3

RAID 3 同 RAID 2 非常类似，都是将数据条块化分布于不同的磁盘上，区别在于 RAID 3 使用简单的奇偶校验，并用单块硬盘存放奇偶校验信息。如果一块磁盘失效，奇偶盘及其他数据盘可以重新产生数据；如果奇偶盘失效，则不影响数据使用。RAID 3 对于大量的连续数据可提供很好的传输率，但对于随机数据，奇偶盘会成为写操作的瓶颈。

（六）RAID 4

RAID 4 同样将数据条块化并分布于不同的磁盘上，但条块单位为块或记录。RAID 4 使用一块磁盘作为奇偶校验盘，每次写操作都需要访问奇偶盘，这时奇偶校验盘会成为写操作的瓶颈，因此 RAID 4 在商业环境中也很少使用。

（七）RAID 5

RAID 5 没有单独指定的奇偶盘，而是在所有硬盘上交叉地存取数据及奇偶校验信息。在 RAID 5 上，读/写指针可同时对阵列设备进行操作，提供了更高的数据流量。RAID 5 更适合于小数据块和随机读写的数据。

RAID 3 与 RAID 5 相比，最主要的区别在于 RAID 3 每进行一次数据传输就需涉及所有的阵列盘；而对于 RAID 5 来说，大部分数据传输只对一块磁盘操作，并可进行并行操作。在 RAID 5 中有"写损失"，即每一次写操作将产生四次实际的读/写操作，其中两次读旧的数据及奇偶信息，两次写新的数据及奇偶信息。

（八）RAID 6

与 RAID 5 相比，RAID 6 增加了第二个独立的奇偶校验信息块。两个独立的奇偶系统使用不同的算法，数据的可靠性非常高，即使两块硬盘同时失效也不会影响数据的使用。但 RAID 6 需要分配给奇偶校验信息更大的硬盘空间，相对 RAID 5 有更大的"写损失"，因此"写性能"非常差。较差的性能和复杂的实施方式使 RAID 6 很少得到实际应用。

（九）RAID 7

RAID 7 是一种新的 RAID 标准，其自身带有智能化实时操作系统和用于存储管理的软件工具，可完全独立于主机运行，不占用主机 CPU 资源。RAID 7 可以看作是一种存储计算机（Storage Computer），与其他 RAID 标准有明显区别。

除了以上介绍的各种标准，我们还可以像 RAID0+1 那样结合多种 RAID 规范来构筑所需的 RAID 阵列。例如，RAID5+3（RAID53）就是一种应用较为广泛的阵列形式，用户一般可以通过灵活配置硬盘阵列来获得更加符合其要求的硬盘存储系统。

（十）RAID10：高可靠性与高效磁盘结构

这种结构无非是一个带区结构加一个镜像结构，因为两种结构各有优缺点，因此可以相互补充，达到既高效又高速的目的。大家可以结合两种结构的优点和缺点来理解这种新结构。这种新结构的价格高，可扩充性不好，主要用于数据容量不大，但要求速度和差错控制的数据库中。

（十一）RAID53：高效数据传送磁盘结构

越到后面的结构越是对前面结构的一种重复和再利用，这种结构就是 RAID3 和带区结构的统一，因此它速度比较快，也有容错功能，但价格十分高，不易于实现。这是因为所有的数据必须经过带区和按位存储两种方法，在考虑到效率的情况下，要求这些磁盘同步真是不容易。

四、网络附加存储（NAS）

网络附加存储（Network Attached Storage，NAS）是一种将分布、独立的数据整合为大型、集中化管理的数据中心，以便对不同主机和应用服务器进行访问的技术。根据字面意思，简单说就是连接在网络上，具备资料存储功能的装置，因此也称为"网络存储器"。

NAS 以数据为中心，将存储设备与服务器彻底分离，集中管理数据，从而释放带宽，提高性能，降低总拥有成本，保护投资。其成本远远低于使用服务器存储，而效率却远远高于后者。

如图 2-1、图 2-1 所示为 NAS 的典型网络架构。

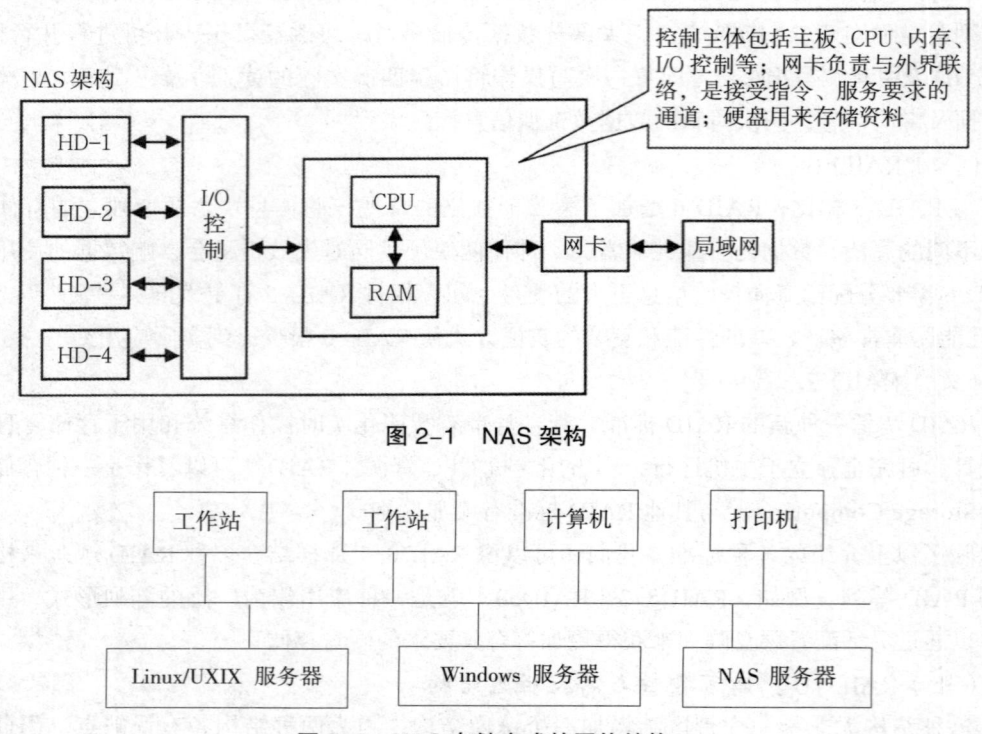

图 2-1　NAS 架构

图 2-2　NAS 存储方式的网络结构

NAS 被定义为一种特殊的专用数据存储服务器，包括存储器件（如硬盘阵列、CD/DVD 驱动器、磁带驱动器或可移动的存储介质）和内嵌系统软件，可提供跨平台文件共享功能。NAS 通常在一个 LAN 上占有自己的节点，无须应对服务器的干预，允许用户在网络上存取数据。在这种配置中，NAS 集中管理和处理网络上的所有数据，将负载从应用或企业服务器上卸载下来，有效降低了总拥有成本，保护了用户投资。

NAS 的优点主要包括：① 管理和设置较为简单；② 设备物理位置灵活；③ 实现异构平台的客户机对数据的共享；④ 改善网络的性能。NAS 的缺点主要包括：① 存储性能较低，只适用于较小网络规模或者较低数据流量的网络数据存储；② 备份带宽消耗；③ 后期扩容成本高。

五、存储区域网络（SAN）

存储区域网络（Storage Area Network，SAN）是通过专用高速网将一个或多个网络存储设备与服务器连接起来的专用存储系统，未来的信息存储将以 SAN 存储方式为主。

在最基本的层次上，SAN 被定义为互连存储设备和服务器的专用光纤通道网络，它在这些设备之间提供端到端的通信，并允许多台服务器独立地访问同一个存储设备。

与局域网（LAN）非常类似，SAN提高了计算机存储资源的可扩展性和可靠性，使实施的成本更低，管理更轻松。与存储子系统直接连接服务器（即直接附加存储DAS）不同，SAN专用存储网络介于服务器和存储子系统之间。

SAN是一种高速网络或子网络，提供在计算机与存储系统之间的数据传输。存储设备是指一张或多张用以存储计算机数据的硬盘设备。一个SAN网络由负责网络连接的通信结构、负责组织连接的管理层、存储部件以及计算机系统构成，从而保证数据传输的安全性和力度。

典型的SAN是一个企业整个计算机网络资源的一部分。通常SAN与其他计算机网络资源通过紧密集群来实现远程备份和档案存储过程。SAN支持硬盘镜像技术、备份与恢复、档案数据的存档和检索、存储设备间的数据迁移以及网络中不同服务器间的数据共享等功能。此外，SAN还可以用于合并子网和网络附加存储（NAS）系统。

SAN的优点主要包括：① 可实现大容量存储设备数据共享；② 可实现高速计算机与高速存储设备的高速互联；③ 可实现灵活的存储设备配置要求；④ 可实现数据快速备份；⑤ 可提高数据的可靠性和安全性。SAN的缺点主要包括：① SAN方案成本高；② 维护成本增加；③ SAN标准未统一。

六、IP存储（SoIP）

IP存储（Storage over IP，SoIP），即通过Internet协议（IP）或以太网的数据存储。IP存储使性价比较好的SAN技术能应用到更广阔的市场中。它利用廉价、货源丰富的以太网交换机、集线器和线缆来实现低成本、低风险基于IP的SAN存储。

IP存储解决方案应用可能会经历以下三个发展阶段。

（一）SAN扩展器

随着SAN技术在全球的开发，越来越需要长距离的SAN连接技术。IP存储技术定位于将多种设备紧密连接，就像一个大企业多个站点间的数据共享以及远程数据镜像。这种技术是利用FC到IP的桥接或路由器，将两个远程的SAN通过IP架构互联。虽然iSCSI设备可以实现以上技术，但FCIP（基于IP的光纤通道协议）和iFCP（Internet光纤信道协议）对于此类应用更为适合，因为它们采用的是光纤通道协议（FCP）。

（二）有限区域IP存储

第二个阶段的IP存储的开发主要集中在小型的低成本的产品，目前还没有真正意义的全球SAN环境，随之而来的技术是有限区域的、基于IP的SAN连接技术。以后可能会出现类似于可安装到NAS设备中的iSCSI卡，因为这种技术和需求可使TOE（即TCP卸载引擎）设备弥补NAS技术的解决方案。在这种配置中，一个单一的多功能设备可提供对块级或文件级数据的访问，这种结合了块级和文件级的NAS设备可使以前的直接连接的存储环境轻松地传输到网络存储环境。

第二个阶段也会引入一些工作组级的、基于IP的SAN小型商业系统的解决方案，使那些小型企业也可以享受到网络存储的益处，但使用这些新的网络存储技术也可能会遇到一些难以想象的棘手难题。iSCSI 协议是最适合这种环境应用的，但基于 iSCSI 的 SAN 技术是不会取代 FCSAN 的，同时它可以使用户既享受网络存储带来的益处，也不会开销太大。

（三）IPSAN

完全的端到端的、基于 IP 的全球 SAN 存储将会随之出现，而 iSCSI 协议则是最为适合的。基于 iSCSI 的 IPSAN 将由 iSCSI HBA 构成，它可释放出大量的 TCP 负载，保证本地 iSCSI 存储设备在 IP 架构上可自由通信。一旦这些实现，一些 IP 的先进功能，如带宽集合、质量服务保证等都可能应用到 SAN 环境中。将 IP 作为底层进行 SAN 的传输，可实现地区分布式的配置。例如，SAN 可轻松地进行互联，实现灾难恢复、资源共享以及建立远程 SAN 环境访问稳固的共享数据。尽管 IP 存储技术的标准早已建立且应用，但将其真正广泛应用到存储环境中还需要解决几个关键技术点，如 TCP 负载空闲、性能、安全性、互联性等。

七、iSCSII 网络存储

iSCSI（Internet SCSI）是 2003 年 IETF（Internet Engineering Task Force，互联网工程任务组）制订的一项标准，用于将 SCSI（Small Computer System Interface，小型计算机系统接口）数据块映射成以太网数据包。从根本上讲，iSCSI 协议是一种利用 IP 网络来传输潜伏时间短的 SCSI 数据块的方法，它使用以太网协议传送 SCSI 命令、响应和数据。

iSCSI 可以用我们已经熟悉和每天都在使用的以太网来构建 IP 存储局域网。通过这种方法，iSCSI 克服了直接连接存储的局限性，使我们可以跨越不同服务器共享存储资源，并可以在不停机状态下扩充存储容量。iSCSI 是一种基于 TCP/IP 的协议，用来建立和管理 IP 存储设备、主机和客户机等之间的相互连接，并创建存储区域网络（SAN）。SAN 使 SCSI 协议应用于高速数据传输网络成为可能，这种传输以数据块级别在多个数据存储网络间进行。iSCSI 结构基于客户/服务器模式，其通常应用环境是：设备互相靠近，并且这些设备由 SCSI 总线连接。iSCSI 的主要功能是在 TCP/IP 网络上的主机系统和存储设备之间进行大量数据的封装和可靠传输过程。

如今我们所涉及的 SAN，其实现数据通信的要求是：① 数据存储系统的合并；② 数据备份；③ 服务器群集；④ 复制；⑤ 紧急情况下的数据恢复。另外，SAN 可能分布在不同地理位置的多个 LAN 和 WAN 中。因此，必须确保所有 SAN 操作安全进行并符合服务质量（QoS）要求，而 iSCSI 则被设计用来在 TCP/IP 网络上实现以上这些要求。

iSCSI 的工作过程：当 iSCSI 主机应用程序发出数据读写请求后，操作系统会生成一个相应的 SCSI 命令，该 SCSI 命令在 iSCSI initiator 层被封装成 iSCSI 消息包并通过 TCP/IP

传送到设备侧，设备侧的 iSCSI target 层会解开 iSCSI 消息包，得到 SCSI 命令的内容，然后传送给 SCSI 设备执行；设备执行 SCSI 命令后的响应，在经过设备 iSCSI target 层时被封装成 iSCSI 响应 PDU，通过 TCP/IP 网络传送给主机的 iSCSI initiator 层，iSCSI initiator 会从 iSCSI 响应 PDU 解析出 SCSI 响应并传送给操作系统，操作系统再响应给应用程序。

这几年来，iSCSI 存储技术得到了快速发展。iSCSI 的最大好处是能提供快速的网络环境，虽然目前其性能与光纤网络还有一些差距，但能节省企业约 30%～40% 的成本。iSCSI 技术的优点和成本优势主要体现在以下几个方面。

硬件成本低：构建 iSCSI 存储网络，除了存储设备，交换机、线缆、接口卡都是标准的以太网配件，价格相对来说比较低廉。同时，iSCSI 还可以在现有的网络上直接安装，并不需要更改企业的网络体系，这样可以最大限度地节约投入。

操作简单，维护方便：对 iSCSI 存储网络的管理，实际上就是对以太网设备的管理，只需花费少量的资金去培训 iSCSI 存储网络管理员即可。当 iSCSI 存储网络出现故障时，问题定位及解决也会因为以太网的普及而变得容易。

扩充性强：对于已经构建的 iSCSI 存储网络来说，增加 iSCSI 存储设备和服务器都将变得简单且无须改变网络的体系结构。

带宽和性能：iSCSI 存储网络的访问带宽依赖于以太网带宽。随着千兆以太网的普及和万兆以太网的应用，iSCSI 存储网络会达到甚至超过 FC（Fibre Channel，光纤通道）存储网络的带宽和性能。

突破距离限制：iSCSI 存储网络使用的是以太网，因而在服务器和存储设备空间布局上的限制就少了很多，甚至可以跨越地区和国家。

八、存储技术的比较分析

4 种常见网络存储技术的性能比较，如表 2-1 所示。

表 2-1　常见网络存储技术性能比较

比较项目	存储技术			
	DAS	NAS	SAN	iSCSI
核心技术	硬件实现 RAID 技术	基于 Web 开发的软硬件集合于一身的 IP 技术，部分 NAS 是软件实现 RAID 技术	一个集中式管理的高速存储网络，由多供应商存储系统、存储管理软件、应用程序服务器和网络硬件组成	iSCSI 技术的核心是在 TCP/IP 网络上传输 SCSI 协议

续表

比较项目	存储技术			
	DAS	NAS	SAN	iSCSI
连接方式	通过SCSI连接在服务器上，并通过服务器的网卡进行网络上传输数据	通过RJ45接口连上网络，直接往网络上传输数据，可接10M/100M/1 000M网络	突破了传统网络瓶颈的限制，并且支持服务器与存储系统之间的高速数据传输	iSCSI可以实现在IP网络上运行SCSI协议，使其能够在诸如高速千兆以太网上进行路由选择
安装	通过LCD面板设置RAID较简单，连上服务器操作时较复杂	安装简便快捷，即插即用，只需10分钟便可顺利安装成功	Linux下SAN存储多路径软件的安装及配置	安装任意一款最新的版本，在驱动程序管理工具连接了"iSCSI V1"目标服务器，性能优越
操作系统	无独立的存储操作系统，需相应服务器的操作系统支持	独立的Web优化存储操作系统，完全不受服务器干预	在SAN存储中，操作系统无法感知存储类型，也不能优化存储模式	各类平台支持性不够完备，这也是其迟迟未能全面普及的主要原因之一
存储数据结构	分散式数据存储模式。网络管理员需要耗费大量时间奔波到不同服务器下分别管理各自的数据，维护成本增加	集中式数据存储模式。将不同系统平台下的文件存储在一台NAS设备中，方便网络管理员集中管理大量的数据，降低维护成本	一个SAN网络由负责网络连接的通信结构、负责组织连接的管理层、存储部件以及计算机系统构成	iSCSI能够在LAN、WAN甚至Internet上进行数据传送，使得数据的存储不再受地域的限制
数据管理	管理较复杂。需要服务器附带的操作系统支持	管理简单，基于Web的GUI管理界面使得NAS设备的管理一目了然	SAN的管理必须在收集系统信息的基础上进行决策，以便为系统提供故障通知、预报和防护	通过在IP网上传送SCSI命令和数据，推动了数据在网际之间的传递，促进了数据的远距离管理

续　表

比较项目	存储技术			
	DAS	NAS	SAN	iSCSI
软件功能	自身没有管理软件,需要针对现有系统情况另行购买	自带支持多种协议的管理软件,功能多样,支持日志文件系统,并一般继承本地备份软件	SAN能够提高数据存储设备的使用效率,而且更容易管理	快照;数据镜像;数据复制;多链路冗余;负载均衡
扩充性	增加硬盘后重新做RAID,一般需要宕机,会影响网络服务	轻松在线增加设备,无须停顿网络,而且与已建立的网络完全融合,充分保护用户原有投资。良好的扩充性完全满足24×7不间断服务	SAN具有扩展性高、可管理性好和容错能力强等优点,允许企业独立地增加存储容量,并使网络性能不受数据访问的影响	高可靠、高扩展。以文件方式存储的数据被保存在现有硬盘或者硬盘的某个区中;以卷的方式存储则在全新的物理硬盘中分配一部分来执行iSCSI的任务
总拥有成本(TCO)	价格较适中,需要购买服务器及操作系统,总拥有成本较高	价格低,无须购买服务器及第三方软件,以后的投入会很少,降低用户的后续成本,从而使总拥有成本降低	为了使技术适应用户需求,需要一种优化的存储架构,该架构能够最好地利用资金和IT资源,可有效降低TCO	iSCSI的核心价值就是降低TCO,入门门槛比较低,技术简单,部署灵活
数据备份与灾难恢复	可备份直连服务器及工作站的数据,对多名服务器的数据备份较难	继承本地备份软件,可实现无服务器的网络数据备份。双引擎设计理念,即使服务器发生故障,用户仍可进行数据存取	容灾地点选择在距离本地不小于20 km的范围内,通过光纤以双冗余方式接入到SAN网络中,实现本地关键应用数据的实时同步复制	减少了异构网络和电缆;不需要特殊的FC交换机,无距离限制,远程存储:异地数据交换、备份及容灾
RAID级别	RAID 0,RAID 1,RAID 3,RAID 5,JBOD(硬盘簇)	RAID 0,RAID 1,RAID 5,JBOD	RAID 0,RAID 1,RAID 10,RAID 5,RAID 6	RAID 0,RAID 1(0+1),RAID 3,RAID 5,RAID 6,RAID 10,RAID 30,RAID 50,RAID 60,NRAID,JBOD

续 表

比较项目	存储技术			
	DAS	NAS	SAN	iSCSI
硬件架构	冗余电源、多风扇、热插拔、背板化结构	冗余电源、多风扇、热插拔	内部组件采用冗余的模块化设计，双冗余大功率电源供电系统，在线热插拔	冗余、热插拔模块（控制器、电源、风扇）；管理界面；集中管理

综上可得以下几点。

1. 对于小型且服务较为集中的商业企业，可采用简单的 DAS 方案。

2. 对于中小型商业企业，服务器数量比较少，有一定的数据集中管理要求，且没有大型数据库需求的可采用 NAS 方案。

3. 对于大中型商业企业，SAN 和 iSCSI 是较好的选择。如果希望使用存储的服务器相对比较集中，且对系统性能要求极高，可考虑采用 SAN 方案；对于希望使用存储的服务器相对比较分散，又对性能要求不是很高的，可以考虑采用 iSCSI 方案。

第三节　云存储技术

云存储是在云计算概念上延伸和发展出来的一个新概念，是指通过集群应用、网格技术或分布式文件系统等功能，将网络中大量各种不同类型的存储设备通过应用软件集合起来协同工作，共同对外提供数据存储和业务访问功能的一个系统。

一、什么是云存储技术

当云计算系统运算和处理的核心是大量数据的存储和管理时，云计算系统中就需要配置大量的存储设备，那么云计算系统就转变成为一个云存储系统，所以云存储是一个以数据存储和管理为核心的云计算系统。简单来说，云存储就是将储存资源放到网络上供人存取的一种新兴方案。使用者可以在任何时间、任何地方，透过任何可联网的装置方便地存取数据。然而在方便使用的同时，我们不得不重视存储的安全性、兼容性，以及它在扩展性与性能聚合等方面的诸多因素。

首先，存储最重要的就是安全性。尤其是在云时代，数据中心存储着众多用户的数据，如果存储系统出现问题，其所带来的影响会远超过分散存储的时代，因此存储系统的安全性就显得愈发重要。

其次，云数据中心所使用的存储必须具有良好的兼容性。在云时代，计算资源都被收归到数据中心之中，再连同配套的存储空间一起分发给用户，因此站在用户的角度上是不需要关心兼容性的问题的，但是站在数据中心的角度，兼容性却是一个非常重要的问题。众多的用户带来了各种各样的需求，Windows、Linux、UNIX、Mac OS，存储需要面对各种不同的操作系统，如果给每种操作系统都配备专门的存储的话，无疑与云计算的精神背道而驰。因此，在云计算环境中，先要解决的就是兼容性问题。

再次，存储容量的扩展能力。由于要面对数量众多的用户，存储系统需要存储的文件将呈指数级增长态势，这就要求存储系统的容量扩展能够跟得上数据量的增长，做到无限扩容，同时在扩展过程中最好还要做到简便易行，不能影响到数据中心的整体运行。如果容量的扩展需要复杂的操作，甚至停机，这无疑会极大地降低数据中心的运营效率。

最后，云时代的存储系统需要的不仅仅是容量的提升，对于性能的要求同样迫切。与以往只面向有限的用户不同，在云时代，存储系统将面向更为广阔的用户群体。用户数量级的增加使存储系统也必须在吞吐性能上有飞速的提升，只有这样才能对请求做出快速的反应。这就要求存储系统能够随着容量的增加而拥有线性增长的吞吐性能，这显然是传统的存储架构无法达成的目标。传统的存储系统由于没有采用分布式的文件系统，无法将所有访问压力平均分配到多个存储节点，因而在存储系统与计算系统之间存在着明显的传输瓶颈，由此会带来单点故障等多种后续问题，而集群存储正是解决这一问题，满足新时代的要求。

作为最新的存储技术，与传统存储相比，云存储具有以下优点。

（一）管理方便

这一项也可以归纳为成本上的优势。因为将大部分数据迁移到云存储上以后，所有的升级维护任务都是由云存储服务提供商来完成，降低了企业花在存储系统管理员上的成本压力。还有就是云存储服务强大的可扩展性，当企业用户发展壮大后，突然发现自己先前的存储空间不足，就必须要考虑增加存储服务器来满足现有的存储需求，而云存储服务则可以很方便地在原有基础上扩展服务空间，满足需求。

（二）成本低

就目前来说，企业在数据存储上所付出的成本是相当大的，而且这个成本还在随着数据的暴增而不断增加。为了减少这一成本压力，许多企业将大部分数据转移到云存储上，让云存储服务提供商来为他们解决数据存储的问题，这样就能花很少的价钱获得最优的数据存储服务。

现代企业管理，很强调设备的整体拥有成本 TCO，而不像过去只强调采购成本。而云存储技术管理的成本，可分为两种：一种是系统管理人力及能源需求的降低，另一种是减少因系统停机造成的业务中断，所增加的管理成本。

Google 的服务器超过 200 万台，其中 1/4 用来作为存储，这么多的存储设备，如果采用传统的盘阵，管理是个大问题，更何况如果这些盘阵还是来自不同的厂商所生产，那管理难度就更无法想象了。为了解决这个问题，Google 才发展了"云存储"这个概念。

云存储技术针对数据重要性采取不同的拷贝策略,并且拷贝的文件存放在不同的服务器上,因此遭遇硬件损坏时,不管是硬盘或是服务器坏掉,服务始终不会终止,而且因为采用索引的架构,系统会自动将读写指令导引到其他存储节点,读写效能完全不受影响,管理人员只要更换硬件即可,数据也不会丢失。换上新的硬盘或是服务器后,系统会自动将文件拷贝回来,永远保持多份文件,以避免数据的丢失。

扩容时,只要安装好存储节点,接上网络,新增加的容量便会自动合并到存储系统中,并且数据自动迁移到新存储的节点,不需要做多余的设定,大大地降低了维护人员的工作量。在管理界面中可以看到每个存储节点及硬盘的使用状况,管理非常容易,不管使用哪家公司的服务器,都是同一个管理界面,一个管理人员可以轻松地管理几百台存储节点。

(三) 量身定制

这个主要是针对私有云。云服务提供商专门为单一的企业客户提供一个量身定制的云存储服务方案,或者可以是企业自己的 IT 机构来部署一套私有云服务架构。私有云不但能为企业用户提供最优质的贴身服务,而且还能在一定程度上降低安全风险。

传统的存储模式已经无法适应当代数据暴增的现实问题,如何让新兴的云存储发挥它应有的功能,在解决安全、兼容等问题上,我们还需要不断努力。就目前而言,云计算时代已经到来,作为其核心的云存储将成为未来存储技术的必然趋势。

二、云存储技术与传统存储技术的比较分析

传统的存储技术是把所有数据都当作对企业同等重要和同等有用的东西来进行处理,所有的数据都集成到单一的存储体系之中,以满足业务持续性需求,但是在面临大数据难题时会显得捉襟见肘。

(一) 成本激增

在大型项目中,前端图像信息采集点过多,单台服务器承载量有限,会造成需要配置几十台,甚至上百台服务器的状况。这就必然导致建设成本、管理成本、维护成本、能耗成本的急剧增加。

(二) 磁盘碎片问题

由于视频监控系统往往采用写入方式,这种无序的频繁读写操作,导致了磁盘碎片的大量产生。随着使用时间的增加,将严重影响整体存储系统的读写性能,甚至导致存储系统被锁定为只读,而无法写入新的视频数据。

(三) 性能问题

由于数据量的激增,数据的索引效率也变得越来越为人们关注,而动辄上 TB 的数据,甚至是几百 TB 的数据,在索引时往往需要花上几分钟的时间。

云存储提供的诸多功能和性能旨在满足和解决伴随海量非活动数据的增长而带来的存储难题,诸如,随着容量增长,线性地扩展性能和存取速度;将数据存储按需迁移到分布式的物理站点;确保数据存储的高度适配性和自我修复能力,可以保存多年之久。

・改变了存储购买模式，只收取实际使用的存储费用，而非按照所有的存储系统（即包含未使用的存储容量）来收取费用。

・结束颠覆式的技术升级和数据迁移工作。

三、云存储技术的分类

（一）云存储分类

1. 公共云存储

像亚马逊公司的 Simple Storage Service（S3）、Nutanix 公司提供的存储服务一样，它们可以低成本提供大量的文件存储。供应商可以保持每个客户的存储、应用都是独立的、私有的。其中，以 Dropbox 为代表的个人云存储服务是公共云存储发展较为突出的代表，国内比较突出的云存储有百度云盘、新浪微盘、360云盘、腾讯微云、华为网盘等。

公共云存储可以划出一部分用作私有云存储。一个公司可以拥有或控制基础架构以及应用的部署，私有云存储可以部署在企业数据中心或相同地点的设施上。私有云可以由公司自己的IT部门管理，也可以由服务供应商管理。

2. 内部云存储

这种云存储和私有云存储比较类似，唯一的不同点是它仍然位于企业防火墙内部。

3. 混合云存储

这种云存储把公共云和私有云/内部云结合在一起，主要用于按客户要求的访问，特别是需要临时配置容量的时候。从公共云上划出一部分容量配置一种私有或内部云，对公司面对迅速增长的负载波动或高峰时很有帮助。尽管如此，混合云存储带来了跨公共云和私有云分配应用的复杂性。

（二）云端分类

上述三种类型的云端，如果是供企业内部使用，即为私有云端（Private Cloud）；如果是运营商专门搭建以供外部用户使用，并借此营利的称为公共云端（Public Cloud）。具体说明如下。

1. 公共云端

一般云运算是对公共云端而言，又称为外部云端（External Cloud）。其服务供应商能提供极精细的IT服务资源动态配置，并透过Web应用或Web服务提供网络自助式服务。对于使用者而言，无须知道服务器的确切位置，或什么等级服务器，所有IT资源皆有远程方案商提供。该厂商必须具备资源监控与评量等机制，才能采取如同公用运算般的精细付费机制。

对于中小型企业而言，公共云端提供了最佳IT运算与成本效益的解决方案；但对有能力自建数据中心的大型企业来说，公共云端难免仍有安全与信任上的顾虑。无论如何，公共云端改变了市场的产品内容与形态，提供装置设定，以及永续IT资源管理的代管服务，对于主机代管等外市场会产生影响。

2. 私有云端

私有云端又称为内部云端（Internal Cloud），相对于公共云端，此概念较新。许多企业由于对公共云端供应商的 IT 管理方式、机密数据安全性与赔偿机制等存在信任上的疑虑，所以纷纷开始尝试透过虚拟化或自动化机制，来仿真搭建内部网络中的云运算。

内部云端的搭建，不但要提供更高的安全掌控性，同时内部 IT 资源不论在管理、调度、扩展、分派、访问控制与成本支出上都应更具精细度、弹性与效益。其搭建难度不小，当前已有 HP BladeSystem Matrix、NetApp Dynamic Data Center 等整合型基础架构方案推出。以 HP BladeSystem Matrix 为例，其组成硬件包括 BladeSystem c7000 机箱、搭配 ProLiant BL460c G6 刀锋型服务器、StorageWorks Enterprise Virtual Array 4400 以及管理软件工具 HP Insight Dynamics-VSE，即试图借此方案得以减低搭建技术的门槛，在可见的未来取代数据中心，成为数据中心未来蜕变转型的终极样貌。

3. 混合云端（Hybrid Cloud）

混合云端是指企业同时拥有公共与私有两种形态的云端。当然在搭建步骤上会先从私有云端开始，待一切运作稳定后再对外开放，企业不但可提升内部 IT 的使用效率，也可通过对外的公共云端服务获利。

原本只能让企业花大钱的 IT 资源，也能转而成为营利的工具。企业可将这些收入的一部分用来继续投资在 IT 资源的添购及改善上，不但内部员工受益，同时可提供更完善的云端服务。因此，混合云端或许会成为今后企业 IT 云搭建的主流模式。此形态的最佳代表，莫过于提供简易储存服务（Simple Storage Service，S3）和弹性运算云端（Elastic Compute Cloud，EC2）服务的亚马逊。

四、云存储的技术基础

（一）宽带网络的发展

真正的云存储系统将会是一个多区域分布、遍布全国、甚至遍布全球的庞大公用系统，使用者需要通过 ADSL、DDN 等宽带接入设备来连接云存储。只有宽带网络得到充足的发展，使用者才有可能获得足够大的数据传输带宽，实现大容量数据的传输，真正享受到云存储服务，否则只能是空谈。

（二）Web3.0 技术

Web3.0 技术的核心是分享。只有通过 Web3.0 技术，云存储的使用者才有可能通过 PC、手机、移动多媒体等多种设备，实现数据、文档、图片和视音频等内容的集中存储和资料共享。

（三）应用存储的发展

云存储不仅仅是存储，更多的是应用。应用存储是一种在存储设备中集成了应用软件功能的存储设备，它不仅具有数据存储功能，还具有应用软件功能，可以看作是服务器和存储设备的集合体。应用存储技术的发展可以大量减少云存储中服务器的数量，从而降低系统建设成本，减少系统中由服务器造成的单点故障和性能瓶颈，减少数据传输环节，提高系统性能和效率，保证整个系统的高效稳定运行。

（四）集群技术、网格技术和分布式文件系统

云存储系统是一个多存储设备、多应用、多服务协同工作的集合体，任何一个单点的存储系统都不是云存储。

既然是由多个存储设备构成的，不同存储设备之间就需要通过集群技术、分布式文件系统和网格计算等技术，实现多个存储设备之间的协同工作，多个存储设备可以对外提供同一种服务，提供更大、更强、更好的数据访问性能。如果没有这些技术的存在，云存储就不可能真正实现，所谓的云存储只能是一个一个的独立系统，不能形成云状结构。

（五）CDN内容分发、P2P技术、数据压缩技术、重复数据删除技术和数据加密技术

CDN内容分发系统、数据加密技术保证云存储中的数据不会被未授权的用户所访问，同时通过各种数据备份和容灾技术保证云存储中的数据不会丢失，保证云存储自身的安全和稳定。如果云存储中的数据安全得不到保证，想必也没有人敢用云存储，否则保存的数据不是很快丢失了，就是全国人民都知道了。

（六）存储虚拟化技术和存储网络化管理技术

云存储中的存储设备数量庞大且分布多在不同地域，如何实现不同厂商、不同型号甚至于不同类型（如FC存储和IP存储）的多台设备之间的逻辑卷管理、存储虚拟化管理和多链路冗余管理将会是一个巨大的难题，这个问题得不到解决，存储设备就会是整个云存储系统的性能瓶颈，结构上也就无法形成一个整体，而且会带来后期容量和性能扩展难等问题。

云存储中的存储设备数量庞大、分布地域广造成的另外一个问题就是存储设备运营管理问题。虽然这些问题对云存储的使用者来讲根本不需要关心，但对于云存储的运营单位来讲，却必须要通过切实可行和有效的手段来解决集中管理难、状态监控难、故障维护难、人力成本高等问题。因此，云存储必须要具有一个高效的、类似于网络管理软件的集中管理平台，来实现云存储系统中存储设备、服务器和网络设备的集中管理和状态监控。

五、云存储技术的结构模型

云存储系统的结构模型由4层组成，分别是存储层、基础管理层、应用接口层和访问层，如图2-3所示。

（一）存储层

存储层是云存储最基础的部分。存储设备可以是FC光纤通道存储设备，可以是NAS和iSCSI等IP存储设备，也可以是SCSI或SAS等DAS存储设备。云存储中的存储设备往往数量庞大且分布在多个不同地域，彼此之间通过广域网、互联网或者FC光纤通道网络连接在一起。

存储设备之上是统一存储设备管理系统，可以实现存储设备的逻辑虚拟化管理、多链路冗余管理，以及硬件设备的状态监控和故障维护。

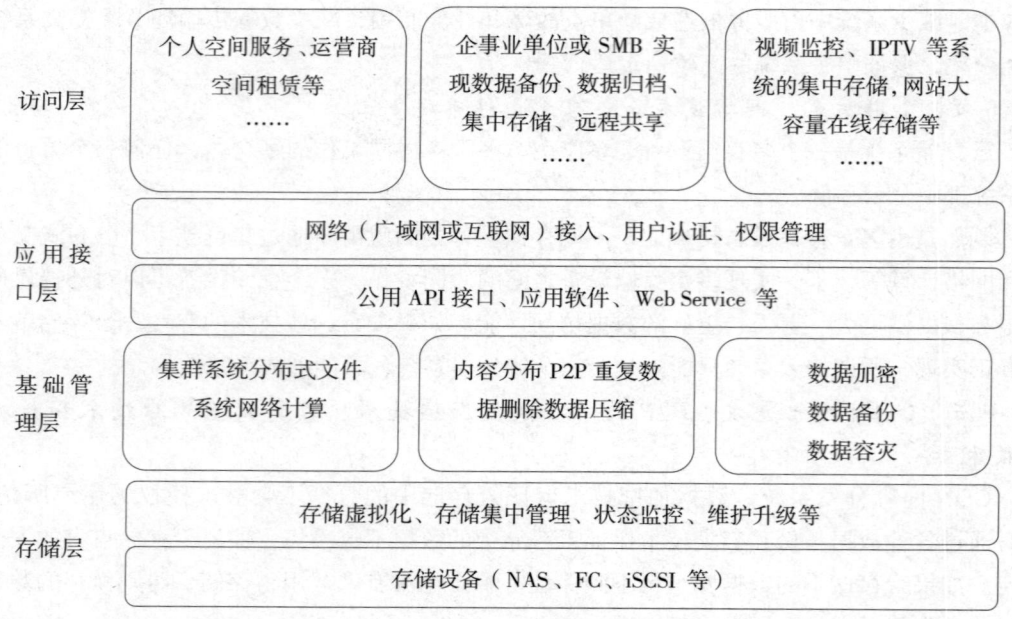

图 2-3 云存储的结构模型

（二）基础管理层

基础管理层是云存储最核心的部分，也是云存储中最难以实现的部分。基础管理层通过集群、分布式文件系统和网格计算等技术，实现云存储中多个存储设备之间的协同工作，使多个存储设备可以对外提供同一种服务，并提供更大、更强、更好的数据访问性能。

（三）应用接口层

应用接口层是云存储最灵活多变的部分。不同的云存储运营单位可以根据实际业务类型，开发不同的应用服务接口，提供不同的应用服务，如视频监控应用平台、IPTV 和视频点播应用平台、网络硬盘应用平台、远程数据备份应用平台等。

（四）访问层

任何一个授权用户都可以通过标准的公用应用接口来登录云存储系统，享受云存储服务。云存储运营单位不同，云存储提供的访问类型和访问手段也不同。

六、云存储技术的解决方案

云存储是以数据存储为核心的云服务，在使用过程中，用户不需要了解存储设备的类型和数据的存储路径，也不用对设备进行管理、维护，更不需要考虑数据备份容灾等问题，只需通过应用软件，便可以轻松享受云存储带来的方便与快捷。

（一）云状的网络结构

相信大家对局域网、广域网和互联网都已经非常了解了。在常见的局域网系统中，我们为了能更好地使用局域网，一般来讲，使用者需要非常清楚地知道网络中每一个软硬件的型号和配置，如采用什么型号的交换机，有多少个端口，采用了什么路由器和防火墙，分别是如何设置的；系统中有多少个服务器，分别安装了什么操作系统和软件；各设备之间采用什么类型的连接线缆，分配了什么IP地址和子网掩码等。

但当我们使用广域网和互联网时，我们只需要知道是什么样的接入网和用户名、密码就可以连接到广域网和互联网，并不需要知道广域网和互联网中到底有多少台交换机、路由器、防火墙和服务器，不需要知道数据是通过什么样的路由到达我们的电脑，也不需要知道网络中的服务器分别安装了什么软件，更不需要知道网络中各设备之间采用了什么样的连接线缆和端口。

广域网和互联网对于具体的使用者是完全透明的，我们经常用一个云状的图形来表示广域网和互联网，如图2-4所示。

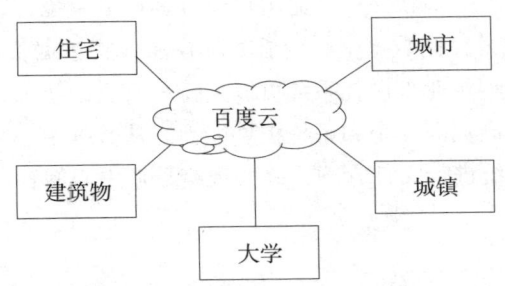

图2-4 广域网和互联网表示

虽然这个云图中包含了许许多多的交换机、路由器、防火墙和服务器，但对具体的广域网、互联网用户来讲，这些都是不需要知道的。这个云状图形代表的是广域网和互联网带给大家的互联互通的网络服务。无论我们在任何地方，都可以通过一个网络接入线缆和一个用户名、密码来接入广域网和互联网，享受网络带给我们的服务。

参考云状的网络结构，创建一个新型的云状结构的存储系统，这个存储系统由多个存储设备组成，通过集群功能、分布式文件系统或类似网格计算等功能联合起来协同工作，并通过一定的应用软件或应用接口，为用户提供一定类型的存储服务和访问服务。

当我们使用某一个独立的存储设备时，我们必须非常清楚这个存储设备是什么型号、什么接口和传输协议，必须清楚地知道存储系统中有多少块硬盘，分别是什么型号、多大容量，必须清楚存储设备和服务器之间采用什么样的连接线缆。为了保证数据安全和业务的连续性，我们还需要建立相应的数据备份系统和容灾系统。除此之外，定期对存储设备进行状态监控、维护、软硬件更新和升级也是必需的。

如果采用云存储，那么上面所提到的一切对使用者来讲都不需要了。云状存储系统中的所有设备对使用者来讲都是完全透明的，任何地方的任何一个经过授权的使用者都可以通过一根接入线缆与云存储连接，对云存储进行数据访问。

（二）云存储不是存储，而是服务

如同云状的广域网和互联网一样，云存储对使用者来讲，不是指某一个具体的设备，而是指由许许多多的存储设备和服务器所构成的集合体。使用者使用云存储，并不是使用某一个存储设备，而是使用整个云存储系统带来的一种数据访问服务。所以严格来讲，云存储不是存储，而是一种服务。

云存储的核心是应用软件与存储设备相结合，通过应用软件来实现存储设备向存储服务的转变。

（三）弹性云存储系统架构

如图2-5所示是一个弹性云存储系统架构。在这个弹性云存储系统架构中，万千个性化需求都能从中得到——满足，从客户端来看，创新的云存储系统架构可以提供更灵活的服务接入方式：个人用户通过客户端软件，企业用户通过客户端系统，以D2D2C（硬盘-硬盘-云）的模式，方便地连接云存储数据中心的服务端模块，将数据备份到IDC的数据节点中。对于那些建设私有云的大型企业来说，系统可以支持私有云的接入，实现企业私有云和公有云之间的数据交换，以提高数据安全和系统扩展能力。从数据中心来看，创新的云存储系统架构用大型分布式文件系统进行文件管理，并实现跨数据中心的容灾。

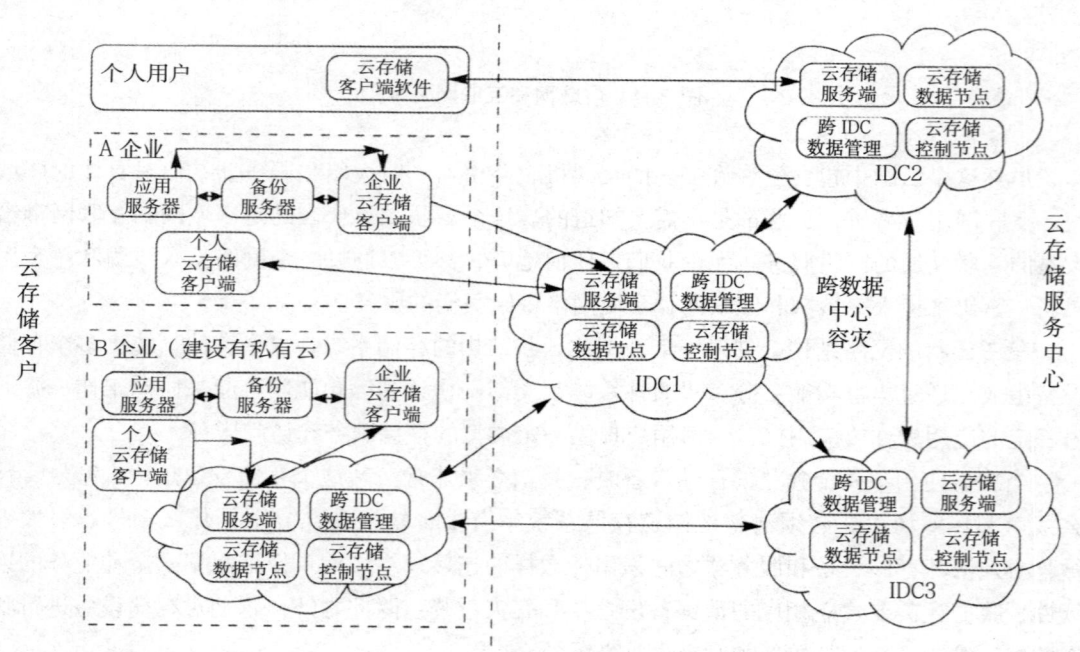

图2-5 一个弹性云存储系统架构

创新的弹性云存储系统架构，首先满足了云存储时代容量动态增长的特点，让所有类型的客户能够轻松满足需求；其次，这个架构具有高性能和高可用性，这是云存储服务的根本；而易于集成、灵活的客户接入方式，使这个架构更易于普及和推广。

无论是企业客户、中小企业和个人用户的数据保护、文件共享需求，还是 Web3.0 企业的海量存储需求、视频监控需求等，都能够从这个架构上得到满足。

七、云存储用途与发展趋势

云存储通常意味着把主数据或备份数据放到企业外部不确定的存储池里，而不是放到本地数据中心或专用远程站点。有的专家学者认为，如果使用云存储服务，企业机构就能节省投资费用，简化复杂的设置和管理任务，把数据放在云中还便于从更多的地方访问数据。数据备份、归档和灾难恢复是云存储可能的三个用途。

云的出现主要用于任何种类的静态类型数据的各种大规模存储需求。即使用户不想在云中存储数据库，但是可能想在云中存储数据库的一个历史副本，而不是将其存储在昂贵的 SAN 或 NAS 技术中。

一个好的概测法是将云看作是只能用于延迟性应用的云存储。备份、归档和批量文件数据可以在云中很好地处理，因为可以允许几秒的延迟响应时间。另一方面，由于延迟的存在，数据库和"性能敏感"的任何其他数据不适用于云存储。

但是，在将数据迁移至云中之前，无论是公共云还是私有云，用户都需要解决一个更加根本的问题。如果你进入云存储，你能明白存储空间的增长在哪里失去控制，或者为什么会失去控制以及在整个端到端的业务流程中存储一组特殊的数据的时候，价值点是什么。仅仅将技术迁移到云中并不是最佳的解决方案。

减少工作和费用是预计云服务在接下来几年会持续增长的一个主要原因。据研究公司 IDC 声称，2016 年全球 IT 开支当中有 4% 用于云服务；到 2017 年，这个比例达到 9%。由于成本和空间方面的压力，数据存储非常适合使用云解决方案。IDC 预测，在这同一期间，云存储在云服务开支中的比重会从 8% 增加到 13%。

云存储已经成为未来存储发展的一种趋势，但随着云存储技术的发展，各类搜索、应用技术和云存储相结合的应用，还需从安全性、便携性及数据访问等角度进行改进。

（一）安全性

从云计算诞生，安全性一直是企业实施云计算首要考虑的问题之一。同样，在云存储方面，安全性仍是首要考虑的问题，对于想要进行云存储的客户来说，安全性通常是首要的商业考虑和技术考虑，但是许多用户对云存储的安全要求甚至高于它们自己的架构所能提供的安全水平。即便如此，面对如此高的不现实的安全要求，许多大型、可信赖的云存储厂商也在努力满足它们的要求，构建更安全的数据中心。用户可以发现，云存储具有更少的安全漏洞和更高的安全环节，云存储所能提供的安全性水平比用户自己的数据中心所能提供的安全水平还要高。

（二）便携性

一些用户在托管存储的时候还要考虑数据的便携性。一般情况下这是有保证的，一些大型服务提供商所提供的解决方案承诺其数据便携性、可媲美最好的传统本地存储。有的云存储结合强大的便携功能，可以将整个数据集传送到用户所选择的任何媒介，甚至是专门的存储设备。

（三）性能和可用性

过去的一些托管存储和远程存储总是存在着延迟时间过长的问题。同样，互联网本身的特性就严重威胁服务的可用性。最新一代云存储有突破性的成就，体现在客户端或本地设备高速缓存上，将经常使用的数据保存在本地，从而有效地缓解互联网延迟问题。通过本地高速缓存，即使面临最严重的网络中断，这些设备也可以缓解延迟性问题。这些设备还可以让经常使用的数据像本地存储那样快速反应。通过一个本地 NAS 网关，云存储甚至可以模仿终端 NAS 设备的可用性、性能和可视性，同时将数据予以远程保护。随着云存储技术的不断发展，各厂商仍将继续努力实现容量优化和 WAN（广域网）优化，从而尽量减少数据传输的延迟性。

（四）数据访问

现有对云存储技术的疑虑还在于，如果执行大规模数据请求或数据恢复操作，那么云存储是否可提供足够的访问性。在未来的技术条件下，这点大可不必担心，现有的厂商可以将大量数据传输到任何类型的媒介，可将数据直接传送给企业，且其速度之快相当于复制、粘贴操作。另外，云存储厂商还可以提供一套组件，在完全本地化的系统上模仿云地址，让本地 NAS 网关设备继续正常运行而无须重新设置。未来，如果大型厂商构建了更多的地区性设施，那么数据传输将更加迅捷。如此一来，即便是客户本地数据发生了灾难性的损失，云存储厂商也可以将数据重新快速传输给客户数据中心。

云存储与云运算一样，必须经由网络来提供随机分派的储存资源。重要的是，该网络必须具备良好的 QoS 机制才行。对于用户来说，具备弹性扩展与随使用需求弹性配置的云存储，可节省大笔的储存设备采购及管理成本，甚至因储存设备损坏所造成的数据遗失风险也可因此避免。总之，不论是端点使用者将数据备份到云端，或企业基于法规遵循，或其他目的的数据归档与保存，云存储皆可满足不同需求。

第三章 大数据分析与挖掘技术的研究

早在 20 世纪初，数据分析的数学基础就已确立，但直到计算机的出现才使实际操作成为可能，并使数据分析得以推广。数据分析是数学与计算机科学相结合的产物。数据分析是指用适当的统计分析方法对收集来的大量数据进行分析，提取有用信息和形成结论而对数据加以详细研究和概括总结的过程。这一过程也是质量管理体系的支持过程。在实用中，数据分析可帮助人们作出判断，以便采取适当行动。数据挖掘是从数据库的大量数据中揭示出隐含的、先前未知的并有潜在价值的信息的过程。数据挖掘是一种决策支持过程，它主要基于人工智能、机器学习、模式识别、统计学、数据库、可视化技术式，高度自动化地分析企业的数据，做出归纳性的推理，从中挖掘出潜在的模式，帮助决策者调整市场策略，减少风险，做出正确决策。

第一节 数据分析概述

在统计学领域，有些人将数据分析划分为描述性统计分析、探索性数据分析以及验证性数据分析。其中，探索性数据分析侧重于在数据之中发现新的特征，而验证性数据分析则侧重于已有假设的证实或证伪。在大数据中，数据分析是不可缺少的环节，通过分析数据得到结论，从而开展后续工作。

一、什么是数据分析

数据分析是指用适当的统计方法对收集来的大量第一手资料和第二手资料进行分析，以求最大化地开发数据资料的功能，发挥数据的作用。它是为了提取有用信息和形成结论而对数据加以详细研究和概括总结的过程。

数据也称观测值，是实验、测量、观察、调查等的结果，常以数量的形式给出。数据分析的目的是把隐藏在一大批看似杂乱无章的数据背后的信息集中和提炼出来，总结出所研究对象的内在规律。在实际工作中，数据分析能够帮助管理者进行判断和决策，以便采取适当策略与行动。例如，企业的高层希望通过市场分析和研究，把握当前产品的市场动向，从而制订合理的产品研发和销售计划，这就必须依赖数据分析才能完成。

在统计学领域，有些人将数据分析划分为描述性数据分析、探索性数据分析和验证性数据分析。其中，探索性数据分析侧重于在数据之中发现新的特征，而验证性数据分析则侧重于已有假设的证实或证伪。

描述性数据分析属于初级数据分析，常见的分析方法有对比分析法、平均分析法、交叉分析法等。而探索性数据分析和验证性数据分析属于高级数据分析，常见的分析方法有相关分析、因子分析、回归分析等。我们日常学习和工作中涉及的数据分析主要是描述性数据分析，也就是大家常用的初级数据分析。

二、数据分析的过程

数据分析有着极其广泛的应用范围。典型的数据分析可能包含以下三步：

第一步，探索性数据分析。当数据刚取得时，可能杂乱无章，看不出规律，通过作图、制表、用各种形式的方程拟合、计算某些特征量等手段探索规律性的可能形式，即往什么方向和用何种方式去寻找和揭示隐含在数据中的规律性。

第二步，模型选定分析。在探索性数据分析的基础上提出一类或几类可能的模型，然后通过进一步的分析从中挑选出一定的模型。

第三步，推断分析。通常使用数理统计方法对所定模型或估计的可靠程度和精确程度做出推断。

数据分析过程的主要活动由识别信息需求、收集数据、分析数据、评价并改进数据分析的有效性组成。

（一）识别信息需求

识别信息需求是确保数据分析过程有效性的首要条件，可以为收集数据、分析数据提供清晰的目标。识别信息需求是管理者的职责，管理者应根据决策和过程控制的需求，提出对信息的需求。就过程控制而言，管理者应识别需求要利用信息支持评审过程输入、过程输出、资源配置的合理性、过程活动的优化方案和过程异常变异的发现。

（二）收集数据

有目的地收集数据是确保数据分析过程有效的基础。组织需要对收集数据的内容、渠道、方法进行策划，策划时应考虑如下内容。

1. 将识别的需求转化为具体的要求，如评价供方时，需要收集的数据可能包括其过程能力、测量系统不确定度等相关数据。

2. 明确由谁在何时何处，通过何种渠道和方法收集数据。

3. 记录表应便于使用。

4. 采取有效措施，防止数据丢失和虚假数据对系统的干扰。

（三）分析数据

分析数据是将收集的数据通过加工、整理和分析，使其转化为信息。常用方法有以下两种。

1. 老7种工具，即排列图、因果图、分层法、调查表、散步图、直方图、控制图。

2. 新7种工具，即关联图、系统图、矩阵图、KJ法、计划评审技术、PDPC法、矩阵数据图。

（四）过程改进

数据分析是质量管理体系的基础。组织的管理者应在适当时候通过对以下问题的分析，评估其有效性。

1. 提供决策的信息是否充分、可信，是否存在因信息不足、失准、滞后而导致决策失误的问题。

2. 信息对持续改进质量管理体系、过程、产品所发挥的作用是否与期望值一致，是否在产品实现过程中有效运用数据分析。

3. 收集数据的目的是否明确，收集的数据是否真实和充分，信息渠道是否畅通。

4. 数据分析方法是否合理，是否将风险控制在可接受的范围。

5. 数据分析所需资源是否得到保障。

目前，电子商务领域应用最广泛的数据分析技术是商务智能。商务智能（Business Intelligence，简称BI）通常被理解为将企业中现有的数据转化为知识，帮助企业做出明智的业务经营决策的工具。这里所说的数据包括来自企业业务系统的订单、库存、交易账目、客户和供应商等来自企业所处行业和竞争对手的数据以及来自企业所处的其他外部环境中的各种数据。商务智能辅助的业务经营决策，既可以是操作层的，也可以是战术层和战略层的。为了将数据转化为知识，需要利月数据仓库、联机分析处理（OLAP）工具和数据挖掘等技术。因此，从技术层面上讲，商务智能不是什么新技术，它只是数据仓库、OLAP和数据挖掘等技术的综合运用。

三、数据分析框架事件

数据分析框架事件分类如下。

（一）分类（Classification）

在业务构建中，最重要的分类一般是对客户数据的分类，主要用于精准营销。通常分类数据最大的问题在子分类区间的规划，例如分类区间的颗粒度以及分类区间的区间界限等。分类区间的规划需要根据业务流来设定，而业务流的设计必须以客户需要为核心，因此分类的核心思想在于能够完成满足客户需要的业务。由于市场需求是变化的，分类通常也是变化的，例如银行业务中VIP客户的储蓄区间等。

（二）估计（Estimation）

通常数据估计是互动营销的基础，以基于客户行为的数据估计为基础进行互动营销已经被证实具有较高的业务转化率，银行业中经常通过客户数据估计客户对金融产品的偏好，电信业务和互联网业务则经常通过客户数据估计客户需要的相关服务或者估计客户的生命周期。

数据估计必须基于数据的细分和数据逻辑关联性，数据估计需要有较高的数据挖掘和数据分析水平。简单来讲，估计是指根据业务数据判断的需要定义需要估计的数据和数据区间值，对业务进行补充和协助，例如根据客户储蓄和投资行为估计客户投资风格等。

（三）预测（Prediction）

根据数据变化趋势进行未来预测通常是非常有力的产品推广方式，例如证券业通常会推荐走势良好的股票，银行业会根据客户的资本情况协助客户投资理财以达到某个未来预期，电信行业通常以服务使用的增长来判断业务扩张和收缩以及营销等。

数据预测通常是多个变量的共同结果，每组变量之间一般会存在某个相互联系的数值，我们根据每个变量的关系通常可以计算出数据预测值，并以此作为业务决策的依据展开后续行动。简单来讲，预测是指根据数据的变化趋势预测数据的发展方向，例如根据历史投资数据帮助客户预测投资行情等数据。

（四）数据分组（Affinity Grouping）

数据分组是精准营销的基础，当数据分组以客户特征为主要维度时，通常可以用于估计下一次行为的基础，例如通过客户使用的服务特征的需要来营销配套服务和工具，购买了A类产品的客户一般会有B行为等。数据分组的难点在于分组维度的合理性，通常其精确性取决于分组逻辑是否与客户行为特征一致。

（五）聚类（Clustering）

数据聚类是数据分析的重点项目之一。例如，在健康管理系统中通过症状组合可以大致估计病人的疾病，在电信行业产品创新中客户使用的业务组合通常是构成服务套餐的重要依据，在银行业产品创新中客户投资行为聚合也是其金融产品创新的重要依据。

数据聚类的要点在于聚类维度选取的正确性，需要不断地实践来验证其可行性。简单讲，聚类是指数据集合的逻辑关系，如同时拥有A特征和B特征的数据，可以推断出其也拥有C特征。

（六）描述（Description）

描述性数据的最大效用在于可以对事件进行详细归纳，通常很多细微的机会发现和灵感启迪来自于一些描述性的客户建议，同时客户更愿意通过描述性的方法来查询、搜索等，这时就需要技术上通过较好的数据关联方法来协助客户。

描述性数据的使用难点在于大数据量下的数据要素提取和归类，其核心在于要素提取规则以及归类方法。要素提取和归类是其能够被使用的基础。

（七）复杂数据挖掘

复杂数据挖掘，如视频、音频、图形图像等，其要素目前依然难以通过技术手段提取，但是可以从上下文与语境中提取一些要素以帮助聚类。例如，重要客户标记了高度重要性的视频一般优先权重也应该较高。

复杂数据挖掘目前处理的方式一般通过数据录入的标准化来解决，核心在于数据录入标准体系的规划。建议为了整理的方便，初期规划时尽可能考虑完善，不仅仅适用现在，而且可以适用于未来。

第二节　数据挖掘概述

数据挖掘（Data mining，DM）是数据库知识发现中的一个步骤，数据挖掘通常与计算机科学有关，并通过统计、在线分析处理、情报检索、机器学习、专家系统（依靠过去的经验法则）和模式识别等诸多方法来实现目标。

一、什么是数据挖掘

数据挖掘是指从数据库的大量数据中揭示出隐含的、先前未知的并有潜在价值的信息的非平凡过程。数据挖掘是一种决策支持过程，它主要基于人工智能、机器学习、模式识别、统计学、数据库、可视化技术等，高度自动化地分析企业的数据，做出归纳性的推理，从中挖掘出潜在的模式，帮助决策者调整市场策略，减少风险，做出正确的决策。

数据挖掘是通过分析每个数据，从大量数据中寻找其规律的技术，主要包括数据准备、规律寻找和规律表示三个步骤。数据准备是从相关的数据源中选取所需的数据并整合成用于数据挖掘的数据集；规律寻找是用某种方法将数据集所含的规律找出来；规律表示是尽可能以用户可理解的方式（如可视化）将找出的规律表示出来。

数据挖掘的任务主要包括关联分析、聚类分析、分类分析、异常分析、特异群组分析和演变分析等。并非所有的信息发现任务都被视为数据挖掘，如使用数据库管理系统查找个别的记录，或通过因特网的搜索引擎查找特定的Web页面，则是信息检索（Information Retrieval）领域的任务。虽然这些任务是重要的，可能涉及复杂的算法和数据结构，但是它们主要依赖传统的计算机科学技术和数据的明显特征来创建索引结构，从而有效地组织和检索信息。

数据挖掘引起了信息产业界的极大关注，其主要原因是存在大量数据，可以广泛使用，并且迫切需要将这些数据转换成有用的信息和知识。获取的信息和知识可以广泛用于各种应用，包括商务管理、生产控制、市场分析、工程设计和科学探索等。

数据挖掘利用了如下一些领域的思想：① 统计学的抽样、估计和假设检验；② 人工智能、模式识别和机器学习的搜索算法、建模技术和学习理论。此外，数据挖掘也迅速地接纳了来自其他领域的思想，这些领域包括最优化、进化计算、信息论、信号处理、可视化和信息检索。一些其他领域也起到重要的支撑作用。特别地，需要数据库系统提供有效的存储、索引和查询处理支持。源于高性能（并行）计算的技术在处理海量数据集方面常常是重要的。分布式技术也能帮助处理海量数据，并且当数据不能集中到一起处理时更是至关重要。

二、数据挖掘的任务与过程

（一）数据挖掘的任务

如图 3-1 给出了数据挖掘的 4 种主要任务。利用计算机技术与数据库技术，可以支持建立并快速存储与检索各类数据库，但传统的数据处理与分析方法、手段难以对海量数据进行有效的处理与分析。利用传统的数据分析方法一般只能获得数据的表层信息，难以揭示数据属性的内在关系和隐含信息。海量数据的飞速产生和传统数据分析方法的不适用性带来了对更有效的数据分析理论与技术的需求。

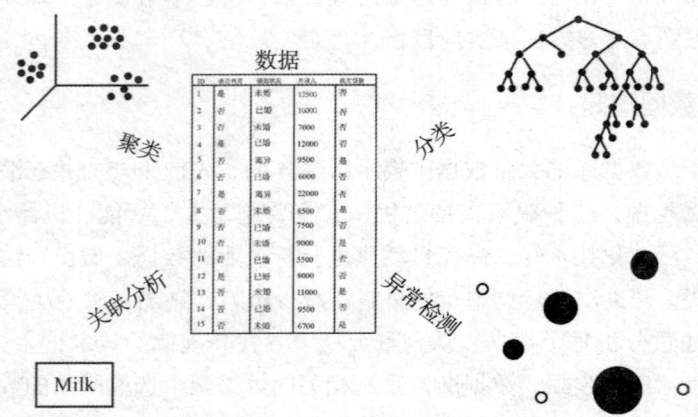

图 3-1 数据挖掘主要任务

将快速增长的海量数据收集并存放在大型数据库中，使之成为难得再访问也无法有效利用的数据档案是一种极大的浪费。当需要从这些海量数据中找到人们可以理解和认识的信息与知识，使这些数据成为有用的数据时，就需要有更有效的分析理论与技术及相应工具。将智能技术与数据库技术结合起来，从这些数据中自动挖掘出有价值的信息是解决问题的一个有效途径。

对于海量数据和信息的分析与处理，可以帮助人们获得更丰富的知识和科学认识，在理论技术以及实践上获得更为有效且实用的成果。从海量数据中获得有用信息与知识的关键之一是决策者是否拥有从海量数据中提取有价值知识的方法与工具。如何从海量数据中提取有用的信息与知识，是当前人工智能、模式识别、机器学习等领域中一个重要的研究课题。

对于海量数据，可以利用数据库管理系统来进行存储管理。对数据中隐含的有用信息与知识，可以利用人工智能与机器学习等方法来分析和挖掘，这些技术的结合导致了数据挖掘技术的产生。

数据挖掘技术与数据库技术有着密切关系。数据库技术解决了数据存储、查询与访问等问题，包括对数据库中数据的遍历。数据库技术未涉及对数据集中隐含信息的发现，而数据挖掘技术的主要目标就是挖掘出数据集中隐含的信息和知识。

数据挖掘技术产生的基本条件分别是：海量数据的产生与管理技术、高性能的计算机系统、数据挖掘算法。激发数据挖掘技术研究与应用有主要技术因素4个如下。

1. 超大规模数据库的产生，如商业数据仓库和计算机系统自动收集的各类数据记录。商业数据库正在以空前的速度增长，而数据仓库正在被广泛地应用于各行各业。

2. 先进的计算机技术，如具有更高效的计算能力和并行体系结构。复杂的数据处理与计算对计算机硬件性能的要求逐步提高，而并行多处理机在一定程度上满足了这种需求。

3. 对海量数据的快速访问需求，如人们需要了解与获取海量数据中的有用信息。

4. 对海量数据应用统一方法计算的能力。数据挖掘技术已获得广泛的研究与应用，并已经成为一种易于理解和操作的有效技术。

数据挖掘从1989年第十一届国际联合人工智能学术会议上正式提出以来，学术界就没有中断过对它的研究。数据挖掘在学术界和工业界的影响越来越大。数据挖掘技术被认为是一个新兴的、非常重要的、具有广阔应用前景和富有挑战性的研究领域，并引起了众多学科研究者的广泛注意。经过数十年的努力，数据挖掘技术的研究已经取得了丰硕的成果。

数据挖掘作为一种"发现驱动型"的知识发现技术，被定义为找出数据中的模式的过程。这个过程必须是自动的或半自动的。数据的总量总是相当可观的，但从中发现的模式必须是有意义的，并能产生出一些效益，通常是经济上的效益。数据挖掘技术是数据库、信息检索、统计学、算法和机器学习等多个学科多年影响的结果，如图3-2所示。

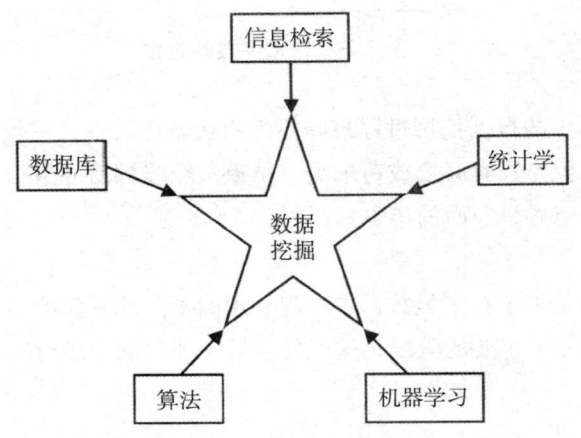

图3-2 数据挖掘与各学科关系

数据挖掘从作用上可以分为预言性挖掘和描述性挖掘两大类。预言性挖掘是建立一个或一组模型，并根据模型产生关于数据的预测，可以根据数据项的值精确确定某种结果，所使用的数据也都是可以明确知道结果的。描述性挖掘是对数据中存在的规则做一种概要的描述，或者根据数据的相似性把数据分组。描述型模式不能直接用于预测。

（二）数据挖掘的过程

数据挖掘的过程如图3-3所示。首先是定义问题，将业务问题转换为数据挖掘问题，然后选取合适的数据，并对数据进行分析理解。根据目标对数据属性进行转换和选择，之后使用数据对模型进行训练以建立模型。在评价确定模型对解决业务问题有效之后，将模型进行部署，弄清每一个步骤间的正常先后顺序，但这与实际操作可能不符。

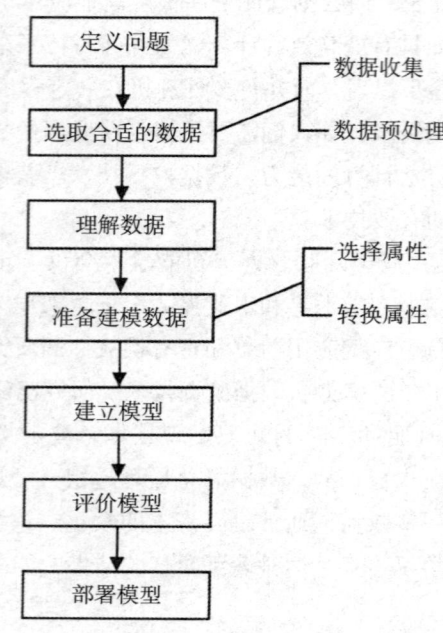

图 3-3　数据挖掘的过程

尽管如此，实际中的数据挖掘过程最好视为网状循环而不是一条直线。各步骤之间确实存在一个自然顺序，但是没有必要或苛求完全结束某个步骤后才进行下一步。后面几步中获取的信息可能要求重新考察前面的步骤。

1. 定义问题

数据挖掘的目的是为了在大量数据中发现有用的令人感兴趣的信息，因此发现何种知识就成为整个过程中第一个重要的阶段，这就要求对一系列问题进行定义，将业务问题转换为数据挖掘问题。

2. 选取合适的数据

数据挖掘需要数据。在所有可能的情况中，最好是所需数据已经存储在共同的数据仓库中，经过数据预处理，数据可用，历史精确且经常更新。

3. 理解数据后准备建模数据

在开始建立模型之前，需要花费一定的时间对数据进行研究，检查数据的分布情况，比较变量值及其描述，从而对数据属性进行选择，并对某些数据进行衍生处理。

4. 建立模型

针对特定业务需求及数据的特点来选择最合适的挖掘算法。在定向数据挖掘中，根据独立或输入的变量，训练集用于产生对独立的或者目标的变量的解释。这个解释可能采用神经网络、决策树、链接表或者其他表示数据库中的目标和其他字段之间关系的表达方式。在非定向数据挖掘中，就没有目标变量了。模型发现记录之间的关系，并使用关联规则或者聚类方式将这些关系表达出来。

5. 评价模型

数据挖掘的结果是否有价值，这就需要对结果进行评价。如果发现模型不能满足业务需求，则需要返回到前一个阶段，如重新选择数据，采用其他的数据转换方法，给定新的参数值，甚至采用其他的挖掘算法。

目前，比较常用的评估技术有两种：K-折交叉确认和保持。K-折交叉确认方法是指把样本数据分成 N 等份，第一次把其中的前 $N-1$ 份用作训练样本，剩下的 1 份用于测试；第二次把不同的 $N-1$ 份用作训练样本，剩下的 1 份用于测试，这样的训练和测试重复 N 遍。保持方法则是指把给定的样本数据随机地划分成两个独立的集合，其中一部分用作训练集，剩下的用于测试集。

6. 部署模型

部署模型就是将模型从数据挖掘的环境转移到真实的业务评分环境。

三、数据挖掘的算法

（一）分类方法

从数据中选出已经分好类的训练集，在该训练集上运用数据挖掘分类的技术，建立分类模型，对于没有分类的数据进行分类。

从大的方面可以把分类分为机器学习方法、统计方法、神经网络方法等。其中，机器学习方法包括决策树法和规则归纳法；统计方法包括贝叶斯法等；神经网络方法主要是 BP 算法。分类算法根据训练集数据找到可以描述并区分数据类别的分类模型，使之可以预测未知数据的类别。

1. 决策树分类算法

决策树分类算法，典型的有 ID3、C4.5 等算法。ID3 算法是利用信息论中信息增益寻找数据库中具有最大信息量的字段，建立决策树的一个节点，并根据字段的不同取值建立树的分枝，在每个分枝子集中重复建树的下层节点和分枝的过程，最终建成决策树。C4.5 算法是 ID3 算法的后继版本。

2. 贝叶斯分类算法

贝叶斯分类算法是在贝叶斯定理的基础上发展起来的，它有几个分支，如朴素贝叶斯分类和贝叶斯信念网络算法。朴素贝叶斯算法假定一个属性值对给定类的影响独立于其他属性的值。贝叶斯信念网络算法是网状图形，能表示属性子集间的依赖关系。

3. BP 算法

BP（Error Back Propagation，误差反向传播）算法构建的模型是指在前向反馈神经网络上学习得到的模型，它本质上是一种非线性判别函数，适合于在那些普通方法无法解决、需要用复杂的多元函数进行非线性映照的数据挖掘环境下，用于完成半结构化和非结构化的辅助决策支持过程，但是在使用过程中要注意避开局部极小的问题。

（二）关联方法

相关性分组或关联规则（Affinity grouping or association rules）决定哪些事情将一起发生。

例如，超市中客户在购买 A 的同时，经常会购买 B，即 A=>B（关联规则）；客户在购买 A 后，隔一段时间，会购买 B（序列分析）。

在关联规则发现算法中，典型的是 Apriori 算法，它是挖掘顾客交易数据库中项集间的关联规则的重要方法，其核心是基于两阶段频集思想的递推算法。所有支持度大于最小支持度的项集称为频繁项集，简称频集。基本思想是先找出所有的频集，这些项集出现的频繁性至少和预定义的最小支持度一样；然后由频集产生强关联规则，这些规则必须满足最小支持度和最小可信度。它的缺点是容易在挖掘过程中产生瓶颈，需重复扫描代价较高的数据库。

而在多值属性关联算法中，典型的是 MAGA 算法，它是将多值关联规则问题转化为布尔型关联规则问题，然后利用已有的挖掘布尔型关联规则的方法得到有价值的规则。若属性为类别属性，则先将属性值映射为连续的整数，并将意义相近的取值相邻编号。

（三）聚类方法

聚类是对记录分组，把相似的记录在一个聚集里。聚类和分类的区别是聚集不依赖于预先定义好的类，不需要训练集。

例如，一些特定症状的聚集可能预示了一个特定的疾病；租 VCD 类型不相似的客户聚集，可能暗示成员属于不同的亚文化群。

聚集通常作为数据挖掘的第一步。例如，"哪一种类的促销对客户响应最好？"对于这一类问题，先对整个客户做聚集，将客户分组在各自的聚集里，然后对每个不同的聚集回答问题，可能效果更好。

聚类方法包括统计分析算法、机器学习算法、神经网络算法等。在统计分析算法中，聚类分析是基于距离的聚类，如欧氏距离、海明距离等。这种聚类分析方法是一种基于全局比较的聚类，它需要考察所有的个体才能决定类的划分。

在机器学习算法中，聚类是无监督的学习。在这里，距离是根据概念的描述来确定的，故此聚类也称概念聚类。当聚类对象动态增加时，概念聚类则转变为概念形成。

在神经网络算法中，自组织神经网络方法可用于聚类，如 ART 模型、Kohonen 模型等，它是一种无监督的学习方法，即当给定距离阈值后，各个样本按阈值进行聚类。它的优点是能非线性学习和联想记忆，但也存在一些问题，首先如不能观察中间的学习过程，最后的输出结果较难解释，从而影响结果的可信度及可接受程度。其次，神经网络需要较长的学习时间，对大数据量而言，其性能会出现严重问题。

（四）预测序列方法

常见的预测序列方法有简易平均法、移动平均法、指数平滑法、线性回归法、灰色预测法等。

指数平滑法是在移动平均法基础上发展起来的一种时间序列分析预测法，它是通过计算指数平滑值，配合一定的时间序列预测模型对现象的未来进行预测的。它能减少随机因素引起的波动和检测器错误。

灰色预测法是建立在灰色预测理论的基础上的，在灰色预测理论看来，系统的发展有其内在的一致性和连续性，该理论认为，将系统发展的历史数据进行若干次累加和累减处理，所得到的数据序列将呈现某种特定的模式（如指数增长模式等），挖掘该模式然后对数据进行还原，就可以预测系统的发展变化。灰色预测法是一种对含有不确定因素的系统进行预测的常用定量方法。通常来说，在宏观经济的各行业中，由于受客观政策及市场经济等各方面因素影响，可以认为这些系统都是灰色系统，均可以用灰色预测法来描述其发展、变化的趋势。灰色预测是对既含有确定信息又含有不确定信息的系统进行预测，也就是对在一定范围内变化的、与时间序列有关的灰色过程进行预测。尽管灰色过程中所显示的现象是随机的，但毕竟是有序的，因此我们得到的数据集合具备潜在的规律。灰色预测通过鉴别系统因素之间发展趋势的相异程度，即进行关联分析，并对原始数据进行生成处理来寻找系统变动的规律，生成有较强规律性的数据序列，然后建立相应的微分方程模型，以此来预测事物未来的发展趋势的状况。

回归技术中，线性回归模型是通过处理数据变量之间的关系，找出合理的数学表达式，并结合历史数据来对将来的数据进行预测的。

（五）估计

估计与分类相似，不同之处在于，分类描述的是离散型变量的输出，而估计处理连续值的输出；分类的类别是确定数目的，估计的量是不确定的。

例如，根据购买模式，估计一个家庭的孩子个数；根据购买模式，估计一个家庭的收入；估计房产的价值。

一般来说，估计可以作为分类的前一步工作。给定一些输入数据，通过估计得到未知的连续变量的值，然后根据预先设定的阈值进行分类。例如，银行对家庭贷款业务运用估计给各个客户记分（Score 0 ~ 1），然后根据阈值将贷款级别分类。

（六）预测

通常，预测是通过分类或估计起作用的，也就是说，通过分类或估计得出模型，该模型用于对未知变量的预测。从这种意义上说，预测其实没有必要分为一个单独的类。预测其目的是对未来未知变量的预言，这种预言是需要时间来验证的，即必须经过一定时间后，才知道预言的准确性是多少。

（七）描述和可视化

描述和可视化（Description and Visualization）是对数据挖掘结果的表示方式。

例如，数据挖掘帮助 DHL 实时跟踪货箱温度。

DHL 是国际快递和物流行业的全球市场领先者，它提供快递、水陆空三路运输、合同物流解决方案以及国际邮件服务。DHL 的国际网络将超过 220 个国家及地区联系起来，员工总数超过 28.5 万人。在美国 FDA（食品药品监督管理局）要求确保运送过程中药品装运的温度达标这一压力之下，DHL 的医药客户强烈要求提供更可靠且更实惠的选择。这就要求 DHL 在递送的各个阶段都要实时跟踪集装箱的温度。虽然由记录器方法生成的信息准确无误，但是无法实时传递数据，使客户和 DHL 都无法在发生温度偏差时采取任何预防和纠正措施。因此，DHL 的母公司——德国邮政世界网（DPWN）通过技术与创新管理（TIM）集团明确拟定了一个计划，准备使用 RFID 技术在不同时间点全程跟踪装运的温度，通过 IBM 全球企业咨询服务部绘制决定服务的关键功能参数的流程框架。这样可获得如下收益：对于最终客户来说，能够使医药客户对运送过程中出现的装运问题提前做出响应，并以引人注目的低成本全面切实地增强运送可靠性；对于 DHL 来说，提高了客户满意度和忠实度，为保持竞争差异奠定了坚实的基础，并成为重要的新的收入增长来源。

四、数据挖掘的应用实践

从目前网络招聘的信息来看，大小公司对数据挖掘的需求有 50 多个方面，如表 3-1 所示。

表 3-1 数据挖掘的需求

需求 1	需求 2
数据统计分析	预测预警模型
数据信息阐释	数据采集评估
数据加工仓库	品类数据分析
销售数据分析	网络数据分析
流量数据分析	交易数据分析
媒体数据分析	情报数据分析
金融产品设计	日常数据分析
数据变化趋势	预测预警模型
运营数据分析	商业机遇挖掘
风险数据分析	缺陷信息挖掘
决策数据支持	运营优化与成本控制

（续表）

需求1	需求2
质量控制与预测预警	系统工程数学技术
用户行为分析/客户需求模型	产品销售预测（热销特征）
商场整体利润最大化系统设计	市场数据分析
综合数据关联系统设计	行业/企业指标设计
企业发展关键点分析	资金链管理设计与风险控制
用户需求挖掘	产品数据分析
销售数据分析	异常数据分析
数学规划与数学方案	数据实验模拟
数学建模与分析	呼叫中心数据分析
贸易/进出口数据分析	海量数据分析系统设计与技术研究
数据清洗、分析、建模、调试、优化	数据挖掘算法研究、建模、实验模拟
组织机构运营监测、评估、预测预警	经济数据分析、预测、预警
金融数据分析、预测、预警	科研数学建模与数据分析
数据指标开发、分析与管理	产品数据挖掘与分析
商业数学与数据技术	故障预测预警技术
数据自动分析技术	泛工具分析
互译	指数化

其中，互译与指数化是数据挖掘除计算机技术之外最核心的两大技术。

五、数据挖掘和OLAP

数据挖掘和OLAP（联机分析处理）是完全不同的工具，技术也大相径庭。

OLAP是决策支持领域的一部分。传统的查询和报表工具只能告诉用户数据库中都有什么（What happened），而OLAP则告诉用户下一步会怎么样（What next）以及如果用户采取这样的措施又会怎么样（What if）。用户先建立一个假设，然后用OLAP检索数据库来验证这个假设是否正确。比如，一个分析师想找到什么原因导致了贷款拖欠，他可能先做一个初始的假定，认为低收入的人信用度也低，然后用OLAP来验证这个假设。如果这个假设没有被证实，他可能去查看那些高负债的账户，如果还不行，他也许要把收入和负债一起考虑，一直进行下去，直到找到他想要的结果或放弃。

也就是说，OLAP 分析师是建立一系列的假设，然后通过 OLAP 来证实或推翻这些假设来最终得到自己的结论。OLAP 分析过程在本质上是一个演绎推理的过程。但是，如果分析的变量达到几十或上百个，那么再用 OLAP 手动分析验证这些假设将是一件非常困难和痛苦的事情。

数据挖掘与 OLAP 不同的地方是，数据挖掘不是用于验证某个假定的模式（模型）的正确性，而是在数据库中自己寻找模型。它在本质上是一个归纳的过程。比如，一个用数据挖掘工具的分析师想找到引起贷款拖欠的风险因素。数据挖掘工具可能帮他找到高负债和低收入是引起这个问题的因素，甚至还可能发现一些分析师从来没有想过或试过的其他因素，如年龄。

数据挖掘和 OLAP 具有一定的互补性。在利用数据挖掘出来的结论采取行动之前，也许要验证一下如果采取这样的行动会给公司带来什么样的影响，那么 OLAP 工具能回答这些问题。

在知识发现的早期阶段，OLAP 工具还有其他一些用途。例如，可以帮用户探索数据，找到哪些是对一个问题比较重要的变量，发现异常数据和互相影响的变量。这都能帮分析者更好地理解数据，加快知识发现的过程。

第三节　关联技术分析

关联分析又称关联挖掘，就是在交易数据、关系数据或其他信息载体中，查找存在于项目集合或对象集合之间的频繁模式、关联、相关性或因果结构。或者说，关联分析是发现交易数据库中不同商品（项）之间的联系。下面介绍关联技术的相关分析。

一、关联分析简介

关联分析是指如果两个或多个事物之间存在一定的关联，那么其中一个事物就能通过其他事物进行预测。它的目的是为了挖掘隐藏在数据间的相互关系。

下面来看一个有趣的故事——"尿布与啤酒"的故事。在一家超市里，有一个有趣的现象：尿布和啤酒赫然摆在一起出售。但是这个奇怪的举措却使尿布和啤酒的销量双双增加了。这不是一个笑话，而是发生在美国沃尔玛连锁店超市的真实案例，并一直为商家所津津乐道。沃尔玛拥有世界上最大的数据仓库系统，为了能够准确了解顾客在其门店的购买习惯，沃尔玛对其顾客的购物行为进行购物篮分析，想知道顾客经常一起购买的商品有哪些。沃尔玛数据仓库里集中了其各门店的详细原始交易数据。在这些原始交易数据的基础上，沃尔玛利用数据挖掘方法对这些数据进行分析和挖掘。一个意外的发现是，与尿布一起购买最多的商品竟是啤酒。经过大量实际调查和分析，揭示了一个隐藏在尿布与啤酒背后的美国人的一种行为模式：在美国，一些年轻的父亲下班后经常要到超市去买婴儿尿布，而他们中有 30%～40% 的人同时为自己买一些啤酒。产生这一现象的原因是：美国的太太们常叮嘱她们的丈夫下班后为小孩买尿布，而丈夫们在买尿布后又随手带回了他们喜欢的啤酒。

按常规思维，尿布与啤酒风马牛不相及，若不是借助数据挖掘技术对大量交易数据进行挖掘分析，沃尔玛是不可能发现数据内潜在这一有价值的规律的。

客户的一个订单中通常包含了多种商品，这些商品是有关联的。比如，购买了轮胎的外胎就会购买内胎；购买了羽毛球拍，就会购买羽毛球。

可见，关联分析能够识别出相互关联的事件，预测一个事件发生时有多大的概率发生另一个事件。

数据关联是数据库中存在的一类重要的可被发现的知识。若两个或多个变量的取值之间存在某种规律性，就称为关联。关联可分为简单关联、时序关联和因果关联。关联分析的目的是找出数据库中隐藏的关联网。有时并不知道数据库中数据的关联函数，即使知道也是不确定的，因此关联分析生成的规则带有可信度。关联规则挖掘可以发现大量数据中项集之间有趣的关联或相关联系。

1993 年，IBM 公司 Almaden 研究中心的 R. Agrawal 等人首先提出了挖掘顾客交易数据库中项集间的关联规则问题，以后诸多的研究人员对关联规则的挖掘问题进行了大量的研究。他们的工作包括对原有的算法进行优化（如引入随机采样、并行的思想等，以提高算法挖掘规则的效率）；对关联规则的应用进行推广。关联规则挖掘在数据挖掘中是一个重要的课题，已经被业界所广泛研究。

二、关联规则挖掘过程

关联规则挖掘（Association Rule Mining）是数据挖掘中最活跃的研究方法之一，可以用来发现数据之间的联系。关联规则挖掘过程主要包含两个阶段：第一阶段必须先从资料集合中找出所有的高频项目组（Frequent Itemsets），第二阶段再由这些高频项目组中产生关联规则（Association Rules）。如图 3-4 所示为关联规则挖掘的基本模型。

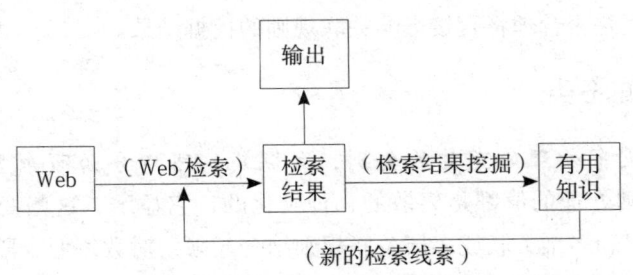

图 3-4　关联规则挖掘的基本模型

关联规则挖掘的第一阶段必须从原始资料集合中找出所有高频项目组（Large Itemsets）。高频的意思是指某一项目组出现的频率相对于所有记录而言，必须达到某一水平。一个项目组出现的频率称为支持度（Support），以一个包含 A 与 B 两个项目的 2-itemset 为例，我们可以经由公式求得包含 {A，B} 项目组的支持度，若支持度大于等于所设定的最小支持度（Minimum Support）门槛值时，则 {A,B} 称为高频项目组。一个满足最小支持度的 k-itemset，则称为高频 k- 项目组（Frequent k-itemset），一般表示为 Large k 或 Frequent k。算法并从 Large k 的项目组中再产生 Large k+1，直到无法再找到更长的高频项目组为止。

关联规则挖掘的第二阶段是要产生关联规则（Association Rules）。从高频项目组产生关联规则，是利用前一步骤的高频 k- 项目组来产生规则，在最小信赖度（Minimum Confidence）的条件门槛下，若一规则所求得的信赖度满足最小信赖度，称此规则为关联规则。例如，经由高频 k- 项目组 {A，B} 所产生的规则 AB，其信赖度可经由公式求得，若信赖度大于等于最小信赖度，则称 AB 为关联规则。

就前面提到的沃尔玛案例而言，使用关联规则挖掘技术对交易资料库中的记录进行资料挖掘，必须要设定最小支持度与最小信赖度两个门槛值，在此假设最小支持度 min_support=5% 且最小信赖度 min_confidence=70%。因此，符合该超市需求的关联规则将必须同时满足以上两个条件。若经过挖掘过程所找到的关联规则「尿布，啤酒」，满足下列条件，将可接受「尿布，啤酒」的关联规则。即

Support（尿布，啤酒）>=5% 且 Confidence（尿布，啤酒）>=70%

其中，Support（尿布，啤酒）>=5% 于此应用范例中的意义为：在所有的交易记录资料中，至少有 5% 的交易呈现尿布与啤酒这两项商品被同时购买的交易行为。Confidence（尿布，啤酒）>=70% 于此应用范例中的意义为：在所有包含尿布的交易记录资料中，至少有 70% 的交易会同时购买啤酒。因此，今后若有某消费者出现购买尿布的行为，超市将可推荐该消费者同时购买啤酒。这个商品推荐的行为则是根据「尿布，啤酒」关联规则，因为就该超市过去的交易记录而言，支持了"大部分购买尿布的交易，会同时购买啤酒"的消费行为。

从上面的介绍还可以看出，关联规则挖掘通常比较适用于记录中的指标取离散值的情况。如果原始数据库中的指标值是取连续的数据，则在关联规则挖掘之前应该进行适当的数据离散化（实际上就是将某个区间的值对应于某个值）。数据的离散化是数据挖掘前的重要环节，离散化的过程是否合理将直接影响关联规则的挖掘结果。

三、关联规则的分类

（一）基于规则中处理的变量的类别，关联规则可以分为布尔型和数值型

布尔型关联规则处理的值都是离散的、种类化的，它显示了这些变量之间的关系；而数值型关联规则可以和多维关联或多层关联规则结合起来，对数值型字段进行处理，将其进行动态分割，或者直接对原始的数据进行处理，当然数值型关联规则中也可以包含种类变量。例如，性别 = "女" ⇒ 职业 = "秘书"，是布尔型关联规则；性别 = "女" ⇒ avg(收入)=2300，涉及的收入是数值类型，所以是一个数值型关联规则。

（二）基于规则中数据的抽象层次，可以分为单层关联规则和多层关联规则

在单层的关联规则中，所有的变量都没有考虑到现实的数据具有多个不同的层次；而在

多层的关联规则中，对数据的多层性已经进行了充分的考虑。例如，IBM 台式机 ⇒ Sony 打印机，是一个细节数据上的单层关联规则；台式机 ⇒ Sony 打印机，是一个较高层次和细节层次之间的多层关联规则。

（三）基于规则中涉及的数据的维数，关联规则可以分为单维的和多维的

在单维的关联规则中，我们只涉及数据的一个维，如用户购买的物品；而在多维的关联规则中，要处理的数据将会涉及多个维。换句话说，单维关联规则是处理单个属性中的一些关系；多维关联规则是处理各个属性之间的某些关系。例如，啤酒 ⇒ 尿布，这条规则只涉及用户购买的物品；性别＝"女" ⇒ 职业＝"秘书"，这条规则就涉及两个字段的信息，是两个维上的一条关联规则。

四、关联规则的算法

（一）Apriori 算法：使用候选项集找频繁项集

Apriori 算法是一种最有影响的挖掘布尔关联规则频繁项集的算法。该关联规则在分类上属于单维、单层、布尔关联规则。其基本思想是：先找出所有的频集，这些项集出现的频繁性至少和预定义的最小支持度一样；然后由频集产生强关联规则，这些规则必须满足最小支持度和最小可信度；接着使用第一步找到的频集产生期望的规则，产生只包含集合的项的所有规则，其中每一条规则的右部只有一项，这里采用的是中规则的定义。一旦这些规则被生成，那么只有那些大于用户给定的最小可信度的规则才被留下来。为了生成所有频集，使用递推的方法，可能产生大量的候选集，或可能需要重复扫描数据库，是 Apriori 算法的两大缺点。

（二）基于划分的算法

Savasere 等设计了一个基于划分的算法。这个算法先把数据库从逻辑上分成几个互不相交的块，每次单独考虑一个分块并对它生成所有的频集，然后把产生的频集合并，用来生成所有可能的频集，最后计算这些频集的支持度。

这里分块的大小选择要使每个分块可以被放入主存，每个阶段只需被扫描一次。而算法的正确性是由每一个可能的频集或至少在某一个分块中是频集保证的。该算法是可以高度并行的，可以把每一分块分别分配给某一个处理器生成频集。产生频集的每一个循环结束后，处理器之间进行通信来产生全局的候选 k- 项集。通常这里的通信过程是算法执行时间的主要瓶颈；而另一方面，每个独立的处理器生成频集的时间也是一个瓶颈。

（三）FP- 树频集算法

针对 Apriori 算法的固有缺陷，J.Han 等提出了不产生候选挖掘频繁项集的方法——FP-树频集算法。

采用分而治之的策略，在经过第一遍扫描之后，把数据库中的频集压缩进一棵频繁模式树（FP-tree），同时依然保留其中的关联信息，随后再将 FP-tree 分化成一些条件库，每个库和一个长度为 1 的频集相关，再对这些条件库分别进行挖掘。当原始数据量很大的时候，也可以结合划分的方法，使一个 FP-tree 可以放入主存中。实验表明，FP- 树频集算法对不

同长度的规则都有很好的适应性，同时在效率上较之 Apriori 算法也有巨大的提高。

五、关联规则的应用实践

关联规则挖掘技术已经被广泛应用在金融行业企业中，它可以成功预测银行客户的需求。一旦获得了这些信息，银行就可以改善自身营销。现在银行一直都在开发新的客户沟通方法，各银行在自己的 ATM 机上捆绑了顾客可能感兴趣的本行产品信息，供使用本行 ATM 机的用户了解。如果数据库中显示，某个高信用限额的客户更换了地址，这个客户很有可能新近购买了一栋更大的住宅，因此会有可能需要更高信用限额、更高端的新信用卡，或者需要住房改善贷款，这些产品都可以通过信用卡账单邮寄给客户。当客户打电话咨询的时候，数据库可以在销售代表的电脑屏幕上显示出客户的特点，同时可以显示出顾客会对什么产品感兴趣，帮助销售。

同时，一些知名的电子商务站点也从强大的关联规则挖掘中受益。这些电子购物网站使用关联规则进行挖掘，然后设置用户有意要一起购买的捆绑包。也有一些购物网站使用它们设置相应的交叉销售，也就是设置相关的另外一种商品的广告。

目前，在中国，"数据海量，信息缺乏"是商业银行在数据大集中之后普遍面对的尴尬。金融业实施的大多数数据库只能实现数据的录入、查询、统计等较低层次的功能，却无法发现数据中存在的各种有用的信息，如对这些数据进行分析，发现其数据模式及特征，然后可能发现某个客户、消费群体或组织的金融和商业兴趣，并可观察金融市场的变化趋势。可以说，关联规则挖掘的技术在我国的研究与应用并不是很广泛深入。

由于许多应用问题往往更复杂，大量研究从不同的角度对关联规则做了扩展，将更多的因素集成到关联规则挖掘方法之中，以此丰富关联规则的应用领域，拓宽支持管理决策的范围，如考虑属性之间的类别层次关系、时态关系、多表挖掘等。近年来围绕关联规则的研究主要集中于两个方面，即扩展经典关联规则能够解决问题的范围，改善经典关联规则挖掘算法效率和规则兴趣性。

1.关联分析是一种无监督机器学习方法，用来发掘经常一起发生的事情。在企业营销中主要应用于产品搭配销售（cross-selling）。

分析：买了 a（和 b）的人还买了 c，即特征 1 和特征 2 发生，特征 3 伴随发生。时序分析，买了 a 的人，然后再买了 b，最后又买了 c。

二者区别：关联分析，一次购物，买了什么会买什么。时序分析，完成这次购物，下次会买什么。（零售、流程改进、网络日志分析）

2.Apriori 算法可以接受两种排列方式，如图 3-5 所示，但只接受名义字段，且字段在方向设定时必须为 both（两者）。GRI 和 Carma 算法只能接受第一种排列方式。

3.支持度和置信度设置成多少才合适？当然是这两个值越高，出来的规则越有说服力，但这样的规则往往很难得到。所以，只要符合业务需求且合理，都可以进行部署。建议将支持度和置信度从低往高不断调整，查看规则的变化情况。

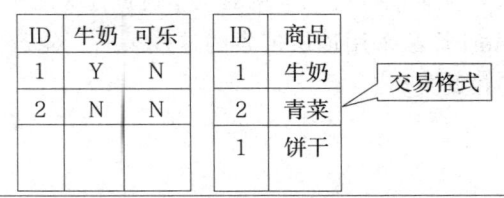

图 3-5　两种数据格式

4. 假定设定规则的最小阈值为支持度 30%，置信度 60%，然后得到了很多的强关联规则。比如，总数据 10 000 个，A 商品 6 000 个，B 商品 7 500 个，然后同时购买 A 和 B 的 4 000 个。我们发现 A-B（即购买了 A 的同时购买 B）这条规则也是一条强关联规则。支持度 =4 000/10 000=40%，置信度 =4 000/6 000=66.7%。

但是我们发现原总数据集中，购买 B 产品的比例有 75%，要大于 66.7%，意为购买 A 产品会对购买 B 产品产生反向作用，即负相关，所以才有了 Lift 这样一个参数，来弥补支持度和置信度在解释规则方面的不足：

$$Lift=P（A\cup B）/P（A）P（B）$$

当 Lift=1 时，A，B 互相独立；

当 Lift ＜ 1 时，A，B 负相关；

当 Lift ＞ 1 时，A，B 正相关，即 A/B 中一个的出现，都提升了另外一个出现的可能性。

下面来学习关联分析在 Clementine 软件中的具体案例实现（数据挖掘）。

基础数据准备：在 Clementine 软件中进行关联分析，为了能够尝试各种算法，这里采用第一种模型输入数据，建模前需先将数据整理成如图 3-6 所示的格式。

ID	牛奶	可乐
1	Y	N
2	N	N

图 3-6　第一种模型输入数据

两个字段：客户编号和产品编号（一个客户编号可能有多条产品记录）。

具体操作步骤如下：① 原始数据格式。② 将产品字段转换成名义字段即集字段，Clementine 里面有一个字段选项按钮——导出按钮，其作用是基于现有字段生成新字段。③ 根据集字段生成新的产品字段，作用就是将数据转换成关系分析要求的数据格式。生成的格式为每一行数据表示每一个用户购买了哪些产品，1 表示购买，0 表示没有购买。④ 字段输入方向选择为 both（两者）。⑤ 整个建模过程。这里选择的是 GRI 算法，如果有兴趣，可以试试 Apriori 和 Carma 算法。⑥ 算法设置及结果。

在大型数据库中，关联规则挖掘是最常见的数据挖掘任务之一，是从大量数据中发现项集之间的相关联系。Apriori算法采用逐层搜索的迭代策略，先产生候选集，再对候选集进行筛选，然后产生该层的频繁集。

第四章 大数据分析工具技术的研究

大数据分析应用工具有 Apriori 算法、聚类分析、分类分析。下面介绍这些工具的算法、优缺点、分析方法、用途等。

第一节 Apriori 算法

Apriori 算法是关联规则挖掘中最基本的一种算法，也是一种最有影响的挖掘布尔关联规则频繁项集的算法，主要用来在大型数据库中快速挖掘关联规则。

一、Apriori 算法的挖掘

Apriori 算法采用逐层迭代搜索方法，使用候选项集来找频繁项集。其基本思想是：先找出所有频繁 1- 项集的集合 L_1, L_1 用于找频繁 2- 项集的集合 L_2，而 L_2 用于找 L_3，如此下去，直到不能找到频繁 k- 项集。并利用事先设定好的最小支持度阈值进行筛选，将小于最小支持度的候选项集删除，再进行下一次的合并，生成该层的频繁项集。经过筛选可减少候选项集数，从而加快关联规则挖掘的速度。

先验原理（Apriori Pnmnple）：如果一个项集是频繁的，那么它的所有子集都是频繁的。先验原理成立的原因：

$$\forall X,Y:(X \subseteq Y) \Rightarrow s(X) \geqslant s(Y)$$

因此，一个项集的支持度不会超过其任何子集的支持度，该性质称为支持度的反单调性质。

1. 候选项集的生成

Apriori 算法使用了 Apriori 性质来产生候选项集。任何非频繁的（k-1）项集都不可能是频繁 k- 项集的子集。因此，如果一个候选 k- 项集的（k-1）- 子集不在 L_k-1 中，则该候选项集也不可能是频繁的，从而可以从 C_k 中删除。

2. 由 L_{k-1} 生成 L_k

设定 k=1，扫描事务数据库一次，生成频繁的 1- 项集。如果存在两个或两个以上频繁

$k-$ 项集，重复下面过程：

[候选产生] 由长度为 k 的频繁项集生成长度为 $k+1$ 的候选项集。

[候选前剪枝] 对每个候选项集，若其具有非频繁的长度为 k 的子集，则删除该候选项集。

[支持度计算] 扫描事务数据库一次，统计每个余下的候选项集的支持度。

[候选后剪枝] 删除非频繁的候选项集，仅保留频繁的（$k+1$）- 项集。

设定 $k=k+1$。

图 4-1 为 Apriori 流程图。

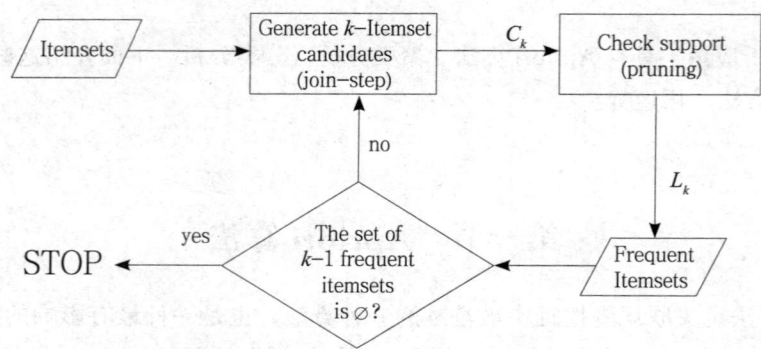

图 4-1　Apriori 流程图

（三）候选项集的支持度计算

（1）扫描事务数据库，决定每个候选项集的支持度。

（2）为了减少比较次数，将候选项集保存在散列（Hash）结构中，将每个事务与保存在散列结构的候选项集作匹配。

二、Apriori 算法的优点与缺点的比较

Apriori 算法采用了逐层搜索的迭代的方法，算法简单明了，没有复杂的理论推导，也易于实现。但其也有一些难以克服的缺点：① 对数据库的扫描次数过多；② Apriori 算法会产生大量的中间项集；③ 采用唯一支持度；④ 算法的适应面窄。

（一）频繁项集产生的优化策略

（1）减少候选频繁项集的个数。

（2）减少事务的个数。

（3）减少比较的次数。

（二）计算复杂度的影响因素

（1）最小支持度阈值的选择。低支持度阈值将会导致更多频繁项集，增加候选项集的个数和频繁项集的最大长度。

（2）数据库的维度，即项的个数。需要更多空间保存每个项的支持度计数；如果频繁项集的个数增加，则计算量和 I/O 开销也增加。

（3）数据库的大小。由于 Apriori 多次访问数据库，算法的运行时间将随事务个数的增加而增加。

（4）平均事务长度。事务长度随数据库密度的增加而增加，可能会增加频繁项集的最大长度和散列树的遍历时间（因为事务的子集个数随着其长度的增加而增加）。

三、Apriori 算法数据挖掘应用实践

（一）数据库样本

当前列出的是我们实验中用到的一个候选项集：

$$\{145\}, \{124\}, \{457\}, \{125\}, \{458\},$$
$$\{159\}, \{136\}, \{234\}, \{567\}, \{345\},$$
$$\{356\}, \{357\}, \{689\}, \{367\}, \{368\}。$$

（二）Apriori 算法的实现过程

先设置散列函数和叶子大小限制（即保存在一个叶子结点的项集个数的上限），如图 4-2 所示。

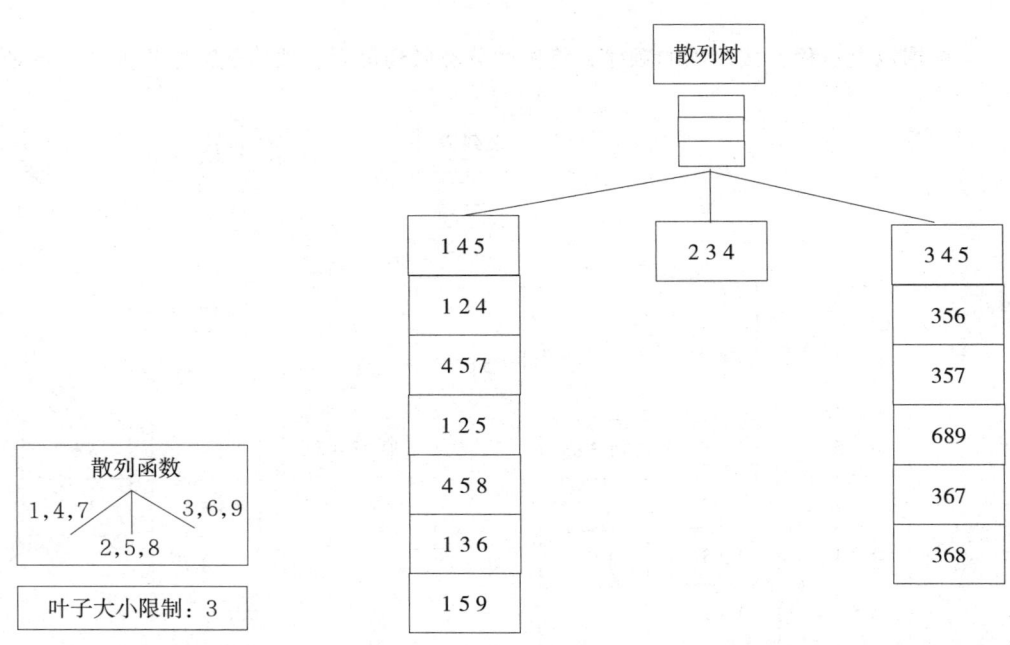

图 4-2　设置散列函数和叶子大小限制　　图 4-3　生成候选的散列树（原始版本）

根据以上限制和首项形成初步的散列树，如图 4-3 所示。

接着根据第二项形成优化后的散列树，结果如图 4-4 所示。

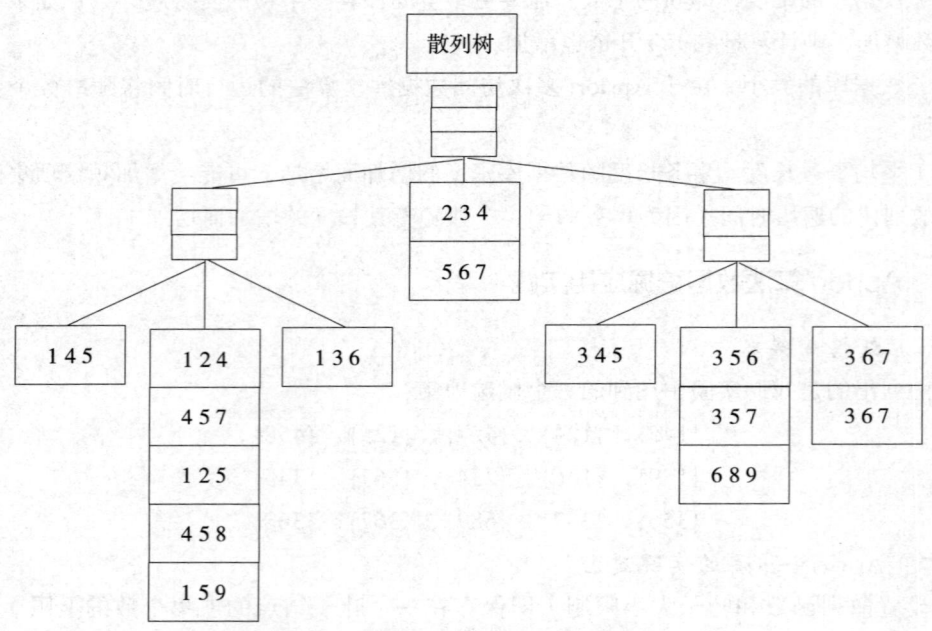

图 4-4 生成候选的散列树（中间过程）

根据以上过程，按照项的顺序，将树的分裂做到最后一项，最终结果如图 4-5 所示。

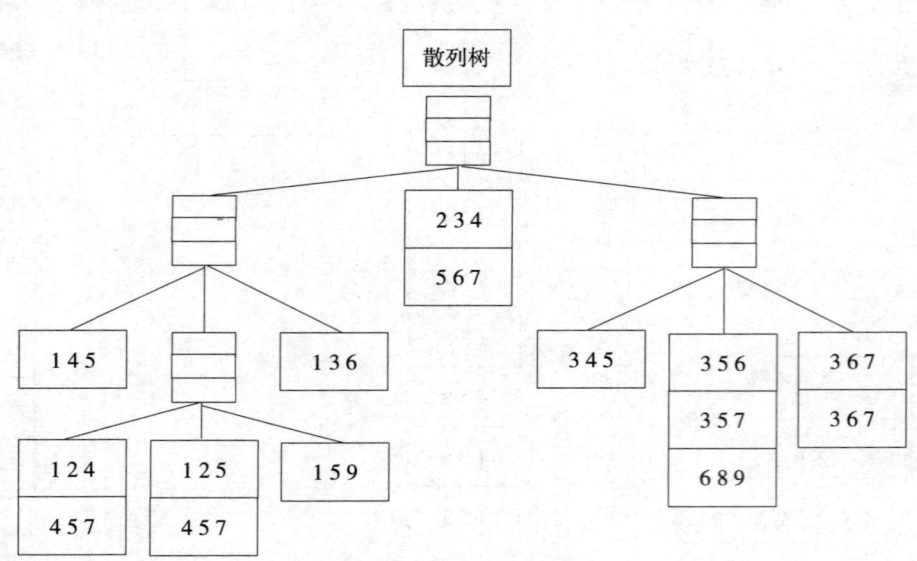

图 4-5 生成候选的散列树（最终版本）

第二节　聚类分析

聚类分析属于探索性的数据分析方法。通常，我们利用聚类分析将看似无序的对象进行分组、归类，以达到更好地理解研究对象的目的。聚类结果要求组内对象相似性较高，组间对象相似性较低。在研究中，很多问题可以借助聚类分析来解决，如网站的信息分类问题、网页的点击行为关联性问题以及用户分类问题等。其中，用户分类是最常见的情况。

一、聚类分析简介

聚类分析的基本过程如下。

（一）选择聚类变量

在设计问卷的时候，我们会根据一定的假设，尽可能选取对产品使用行为有影响的变量，这些变量一般包含与产品密切相关的用户态度、观点、行为。但是，聚类分析过程对用于聚类的变量还有一定的要求，具体如下：

· 这些变量在不同研究对象上的值具有明显差异。
· 这些变量之间不能存在高度相关。

这是因为：第一，用于聚类的变量数目不是越多越好，没有明显差异的变量对聚类没有实质意义，而且可能使结果产生偏差；第二，高度相关的变量相当于给这些变量进行了加权，等于放大了某方面因素对用户分类的作用。

识别合适的聚类变量的方法为：

· 对变量做聚类分析，从聚得的各类中挑选出一个有代表性的变量。
· 做主成分分析或因子分析，产生新的变量作为聚类变量。

（二）聚类分析

相对于聚类前的准备工作，真正的执行过程显得异常简单。数据准备好后，输入到统计软件（通常是 SPSS）里分析一下，结果就出来了。

这里常常遇到的一个问题是，把用户分成多少类合适呢？通常，可以结合以下几个标准综合判断。

· 看拐点（层次聚类会得到聚合系数图，如图 4-6 所示，一般选择拐点附近的几个类别）。
· 凭经验或产品特性判断（不同产品的用户差异性也不同）。
· 在逻辑上能够清楚地解释。

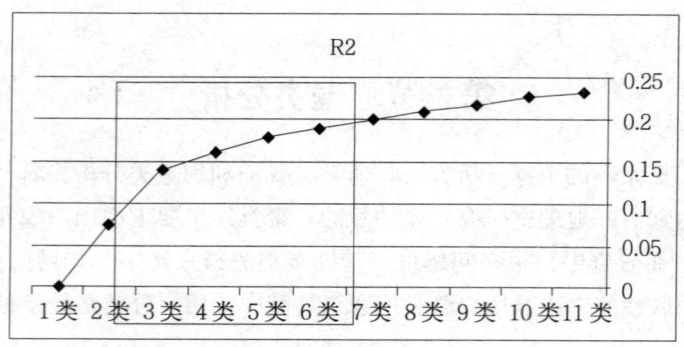

图 4-6 聚合系数图

(三) 找出各类用户的重要特征

确定一种分类方案之后,我们需要返回观察各类别用户在各个变量上的表现。根据差异检验的结果(表 4-1)我们会发现不同类别用户有别于其他类别用户的重要特征。

表 4-1 找出各类用户的重要特征

Clusters Functionality Factors	1	2	3	4	5
Small Size	3.4	4.9	4.8	2.0	3.2
Multi funcional(PFPs)	3.2	4.5	4.2	3.0	2.6
Integral Phone	4.3	4.2	2.2	3.2	3.5
Large Paper Supply	4.2	3	2.4	4.2	2.1
Clarity of printing	4.7	3.1	4.2	4.1	3.1
High Volume	2.9	3.2	2.3	3.8	2.5
Fast Printing	3.6	3.3	2.1	3.9	2.3
Memory Function	3.3	3.1	3.4	3.7	2.1
Networkable	2.2	2.8	1.2	4.0	2.0
ID function(cost control)	2.2	2.8	3.4	4.9	1.9
Fax via IP	1.6	3.1	1.2	4	1.8
G3 modem(33.6kbps)	3.1	2.9	1.9	4.8	1.6
1-touch dial	2.1	4.2	2	4.2	4.0
Intuitive to Use	3.3	3.5	4.4	2.0	4.3

(续表)

Clusters Functionality Factors	1	2	3	4	5
Noise	2.9	4.3	4.7	3.0	4.2
Cheap initial cost	2.2	4.6	4.6	2.0	4.1
Cheap Consumable cost	4.2	4.1	2.0	4.9	2.2

(四) 聚类解释 & 命名

在理解和解释用户分类时，最好可以结合更多的数据，如人口统计学数据、功能偏好数据等，如表 4-2 所示。之后，选取每一类别最明显的几个特征为其命名即可。

表 4-2 聚类解释 & 命名

		第1类 缺乏计划性的忙碌者	第2类 善于计划的指派者	第3类 清闲者
性别	男	59.21%	79.85%	57.81%
	女	36.27%	20.15%	38.70%
年龄	18岁以下	3.75%	0.37%	8.10%
	18-24岁	36.67%	5.32%	31.33%
	25-29岁	25.50%	20.64%	15.40%
	30-39岁	18.94%	34.24%	19.54%
	40-50岁	7.70%	24.60%	12.79%
	50岁以上	2.92%	14.83%	9.35%
学历	高中以下	7.42%	3.58%	16.53%
	高中毕业	16.97%	10.26%	26.35%
	专科或本科	65.52%	73.92%	51.33%
	硕士	4.37%	10.75%	1.85%
	博士以上	1.20%	1.48%	0.45%

二、序列聚类

新闻网站需要根据访问者在网页上的点击行为来设计网站的导航方式。通过聚类算法可以发现网页浏览者的行为模式，如识别出了一类浏览者的行为，喜欢查看体育新闻和政治新闻的人访问网页是有顺序的，先浏览体育新闻再浏览政治新闻，与先浏览政治新闻再浏览体育新闻是两种不同的行为模式。当一个浏览者在浏览体育新闻时，需要预测他下一步会访问哪个网页。

超市里也需要识别顾客购物的顺序，如发现一类购物顺序是尿布—奶瓶—婴儿手推车—幼儿玩具。当一个顾客购买了尿布的时候，就可以陆续向顾客寄发奶瓶、婴儿手推车、幼儿玩具的传单。

序列聚类通过对一系列事件发生的顺序聚类，来预测当一个事件发生时，下一步会发生什么事件。

三、聚类分析的应用实践

分类算法的目的是建立事例特征到类别的对应法则，但前提是类别是已存在的，如已知道动物可以分成哺乳类和非哺乳类；银行发行的信用卡有银卡、金卡、白金卡三种等。

有时，在分类不存在前，要通过聚类分析将现有的事例分成几类。比如，要将同种材料分类装入到各个仓库中，这种材料有尺寸、色泽、密度等上百个指标，如果不熟悉材料的特性很难找到一种方法将材料分装。又如，银行刚开始推广信用卡业务时，没有将客户分类，所有的客户都使用同一种信用卡。在客户积累到一定的数量后，为了方便管理和制定市场策略，需要将客户分类，让不同类别的客户使用不同的信用卡。但问题是，银行该把客户分成几个类别，谁该属于哪一类。

假定银行要参照客户收入和使用信用卡消费金额两个指标对客户进行分类。通常情况下，仅仅是通过衡量这些指标的高低来分类，如规定收入小于 4 000 元，且消费小于 2 000 元的客户分成第一类；收入在 4 000 元至 8 000 元，消费在 2 000 元至 4 000 元的客户分成第二类；收入在 8 000 元至 12 000 元，消费在 4 000 元至 6 000 元的客户分成第三类；收入在 12 000 元以上，消费在 6 000 元以上的客户分成第四类。图 4-7 展示了这种分类，图中三角形的点代表客户。可以看到这种分类不合理，因为第一类没有包含任何事例，而第四类也只有少量事例，第二类和第三类分界处聚集着大量事例。

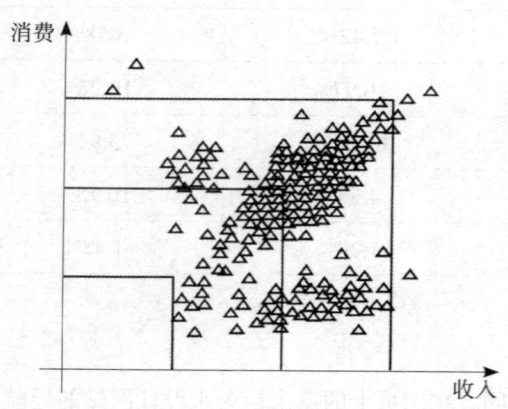

图 4-7 根据客户收入和消费金额分类

仔细观察图像，可以发现大部分客户事例聚集在一起形成了三个簇，如图 4-8 所示中用三个椭圆标出了这些簇。

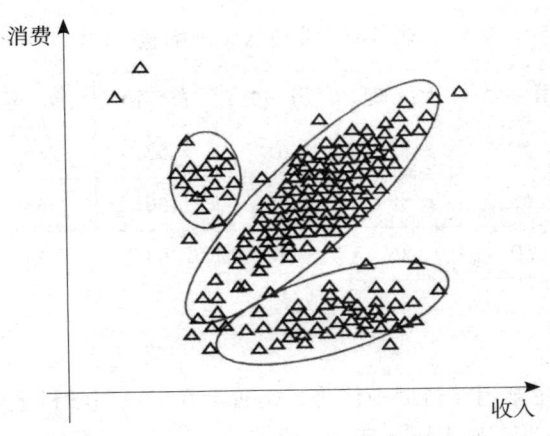

图 4-8　根据类似消费行为分类（聚类）

同在一个簇中的客户有着类似的消费行为，客户消费额与收入成正比；客户不习惯使用信用卡消费，可以对这类客户发放一种低手续费的信用卡，鼓励他们使用信用卡消费；客户消费额相对收入来说比较高，应该为这类客户设计一种低透支额度的信用卡。

聚类模型就是这种可以识别有着相似特征的事例，并把这些事例聚集在一起形成一个类别的算法。

聚类模型除能将相似特征的事例归为一类外，还常用来发现异常点。如图 4-9 所示中，这两个客户偏离了已有的簇，他们的消费行为异于一般人，消费远超出收入。这意味着他们有其他不公开的收入来源。

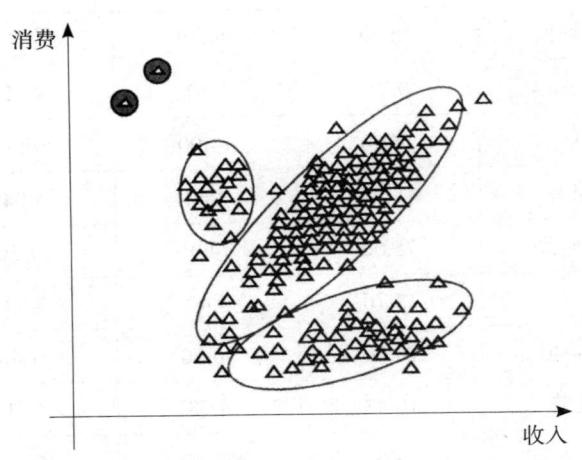

图 4-9　用聚类分析发现异常点

在科学试验中，研究人员对异常点很感兴趣，通过研究不寻常的现象可以提出新的理论。聚类的另一个用途是发现属性间隐含的关系。如30名学生的考试成绩，如表4-3所示。

表4-3 学生考试成绩表

学 号	美 术	语 文	物 理	历 史	英 语	音 乐	数 学	化 学
31001	74	50	89	61	53	65	96	87
31002	70	65	88	55	50	65	92	87
31003	65	50	86	54	63	73	91	96
……								

教师想知道如果学生某门学科成绩优秀，是否会在另一门学科上也有优势。通过聚类后将30名学生分成了3个类，如表4-4所示。

表4-4 聚类后的学生考试成绩表

变量	状态	总体（全部）	分类3	分类2	分类1
大小		30.00	10.00	10.00	10.00
语文	平均值	74.00	71.60	89.6.	59.40
语文	偏差	13.39	4.38	3.95	5.46
英语	平均值	72.00	72.70	88.10	56.10
英语	偏差	14.27	4.40	6.90	4.46
音乐	平均值	78.00	89.10	74.40	71.00
音乐	偏差	9.71	7.31	4.12	5.27
物理	平均值	75.00	74.00	56.60	93.40
物理	偏差	15.96	4.42	4.84	4.95
数学	平均值	75.00	74.3.	57.30	92.30
数学	偏差	15.16	4.40	3.97	4.95
美术	平均值	78.00	90.60	71.80	71.40
美术	偏差	10.43	5.38	4.71	5.66
历史	平均值	73.00	73.20	87.60	58.10
历史	偏差	13.23	5.85	4.43	5.13

（续　表）

变　量	状　态	总体（全部）	分类3	分类2	分类1
化学	平均值	74.00	74.70	56.20	90.60
化学	偏差	15.09	3.06	5.39	6.02

分类1学生的共同特点是他们的物理、数学、化学平均分都比较高，但语文、历史、英语的分数很低；分类2则恰恰相反。从中，可以得到规则：物理、数学和化学这三门学科是有相关性的，这三门学科相互促进，且与语文、历史、英语三门学科相排斥。

第三节　分类分析

分类技术在很多领域都有应用，如可以通过客户分类构造一个分类模型来对银行贷款进行风险评估等。当前的市场营销中很重要的一个特点是强调客户细分，采用数据挖掘中的分类技术，可以将客户分成不同的类别。如呼叫中心设计时可以分为呼叫频繁的客户、偶然大量呼叫的客户、稳定呼叫的客户、其他，以帮助呼叫中心寻找出这些不同种类客户之间的特征；文献检索和搜索引擎中的自动文本分类技术；安全领域有基于分类技术的入侵检测等。机器学习、专家系统、统计学和神经网络等领域的研究人员已经提出了许多具体的分类预测方法。下面对分类流程简要描述。

训练：训练集——→特征选取——→训练——→分类器

分类：新样本——→特征选取——→分类——→判决

最初的数据挖掘分类应用大多都是在这些方法及内存基础上所构造的算法。目前，数据挖掘方法都要求具有基于外存处理大规模数据集合的能力和可扩展能力。

分类是用于识别事务属于哪一类的方法，可用于分类的算法主要有决策树、朴素贝叶斯（Naive Bayes）、神经网络、回归等。

一、决策树

决策树归纳是经典的分类算法。它采用自顶向下递归的各个击破方式构造决策树，树的每一个结点使用信息增益度量选择测试属性，可以从生成的决策树中提取规则。

例如，一个自行车厂商想要通过广告宣传来吸引顾客。他们从各地的超市获得超市会员的信息，计划将广告册和礼品投递给这些会员。但是投递广告册是需要成本的，不可能投递给所有的超市会员。而这些会员中有的人会响应广告宣传，有的人就算得到广告册也不会购买。所以，最好是将广告投递给那些对广告册感兴趣从而可能购买自行车的会员。分类模型的作用就是识别出什么样的会员可能购买自行车。

自行车厂商先从所有会员中抽取了1 000个会员,向这些会员投递广告册,然后记录这些收到广告册的会员是否购买了自行车。数据如表4-5所示。

表4-5 会员资料表

事例列	会员编号	12496	14177	24381	25597	
输入列	婚姻状况	Married	Married	Single	Single	
	性别	Female	Male	Male	Male	
	收入	40 000	80 000	70 000	30 000	
	孩子数	1	5	0	0	
	教育背景	Bachelors	Partial College	Bachelors	Bachelors	……
	职业	Skilled Manual	Professional	Professional	Clerical	
	是否有房	Yes	No	Yes	No	
	汽车数	0	2	1	0	
	上班距离	0-1 Miles	2-5 Miles	5-10 Miles	0-1 Miles	
	区域	Europe	Europe	Pacific	Europe	
	年龄	42	60	41	36	
预测列	是否购买自行车	No	No	Yes	Yes	

在分类模型中,每个会员作为一个事例,会员的婚姻状况、性别、年龄等特征作为输入列,所需预测的分类是客户是否购买了自行车。

使用1 000个会员事例训练模型后得到的决策树分类如图4-10所示。图中矩形表示一个拆分节点,矩形中文字是拆分条件。经过第一次基于年龄的拆分后,年龄大于67岁的包含36个事例,年龄小于32岁的包含133个事例,年龄在39和67岁之间的包含602个事例,年龄在32和39岁之间的包含229个事例。

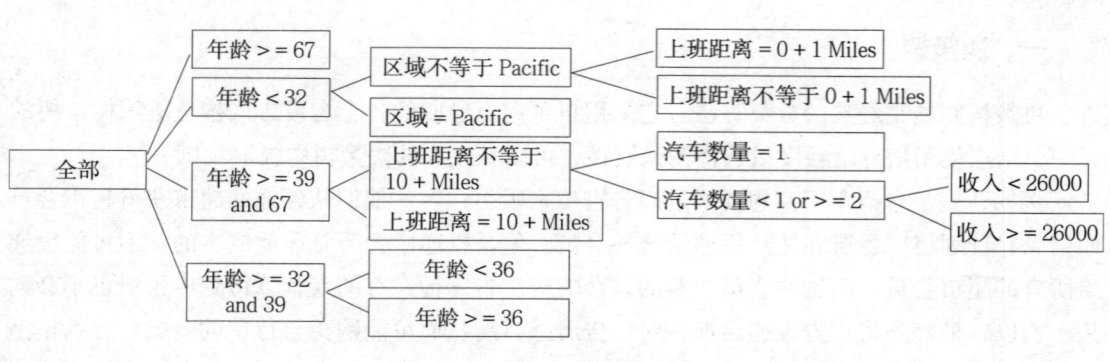

图4-10 决策树分类

节点中的条分别表示此节点中的事例购买和不购买自行车的比例,如节点"年龄>=67"节点中,包含36个事例,其中28个没有购买自行车,8个购买了自行车;表示年龄大于67的会员有74.62%的概率不购买自行车,有23.01%的概率购买自行车。

在图4-10中,可以找出几个有用的节点。

1. 年龄小于32岁,居住在太平洋地区的会员有72.75%的概率购买自行车。

2. 年龄在32和39岁之间的会员有68.42%的概率购买自行车。

3. 年龄在39和67岁之间,上班距离不大于10千米,只有1辆汽车的会员有66.08%的概率购买自行车。

4. 年龄小于32岁,不住在太平洋地区,上班距离在1千米范围内的会员有51.92%的概率购买自行车。

在得到了分类模型后,在分类模型中查找其他的会员就可预测会员购买自行车的概率有多大。随后自行车厂商就可以有选择性地投递广告册。

数据挖掘的一般流程如下。

第一步,建立模型,确定数据表中哪些列是要用于输入、哪些是要用于预测、选择用何种算法。这时建立的模型内容是空的,在模型没有经过训练之前,计算机是无法知道如何分类数据的。

第二步,准备模型数据集,例子中的模型数据集就是1 000个会员数据。通常的做法是将模型集分成训练集和检验集,如从1 000个会员数据中随机抽取700个作为训练集,剩下的300个作为检验集。

第三步,用训练数据集填充模型,这个过程是对模型进行训练,模型训练后就有分类的内容了,像例子图中的树状结构那样,然后模型就可以对新加入的会员事例进行分类了。由于时效性,模型内容要经常更新,如十年前会员的消费模式与现在有很大的差异,如果用十年前数据训练出来的模型来预测现在的会员是否会购买自行车是不合适的,所以要按时使用新的训练数据集来训练模型。

第四步,模型训练后,还无法确定模型的分类方法是否准确。可以用模型对300个会员的检验集进行查询,查询后,模型会预测出哪些会员会购买自行车,将预测的情况与真实的情况对比,评估模型预测是否准确。如果模型准确度能满足要求,就可以用于对新会员进行预测。

第五步,超市每天都会有新的会员加入,这些新加入的会员数据叫做预测集或得分集。使用模型对预测集进行预测,识别出哪些会员可能会购买自行车,然后向这些会员投递广告。

二、朴素贝叶斯(Naiva Bayes)

朴素贝叶斯(Naive Bayes)是一种在已知先验概率与类条件概率情况下的模式分类方法,待分样本的分类结果取决于各类域中样本的全体。

例如，一个产品在生产后经检验分成一等品、二等品、次品。生产这种产品有三种可用的配方，两种机器，两个班组的工人。表 4-7 是 1 000 个产品的统计信息。

使用 Naive Bayes 模型，每次在制定生产计划，确定产品所用的配方、机器及工人时，便能预测生产中有多少一等品、二等品和次品。

表 4-7 产品统计信息

	配方			机器		工人		总计
	配方1	配方2	配方3	机器1	机器2	班组1	班组2	
一等品	47	110	121	23	255	130	148	278
二等品	299	103	165	392	175	327	240	567
次品	74	25	56	69	86	38	117	155
一等品	16.91%	39.57%	43.53%	8.27%	91.73%	46.76%	53.24%	27.80%
二等品	52.73%	18.17%	29.10%	69.14%	30.86%	57.67%	42.33%	56.70%
次品	47.74%	16.13%	36.13%	44.52%	55.48%	24.52%	75.48%	15.50%

三、神经网络

神经网络是一种模拟生物上神经元工作的机器学习方法。

图 4-11 是银行用来识别为申请信用卡的客户发放何种信用卡的神经网络。

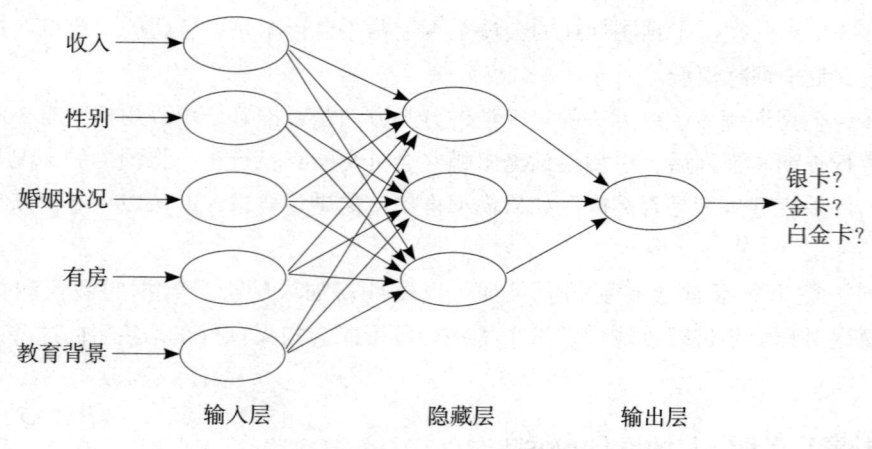

图 4-11 信用卡类型判别神经网络

在图 4-11 中，每个椭圆节点都接受输入数据，并将数据处理后输出。输入层节点接受客户信息的输入，然后将数据传递给隐藏层，隐藏层将数据传递给输出层，输出层输出客户应发放哪类信用卡。这类似于人脑神经元受到刺激时，神经脉冲从一个神经元传递到另一个神经元。

每个神经元节点内部包含有一个组合函数∑和一个激活函数f，如图4-12所示。其中，x_1，x_2是其他神经元的输出值，对此神经元来说是输入值，组合函数∑将输入值组合后传递给激活函数f。激活函数f经过特定的计算后得到输出值y，y又被传递给其他神经元。

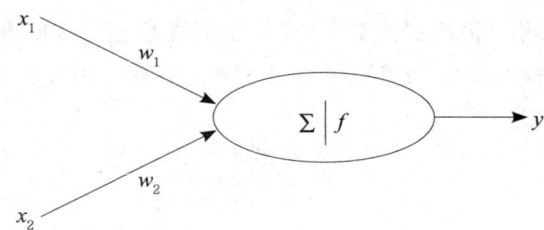

图4-12　神经元节点内部组成

输入边上的w_1和w_2是输入权值，用于在组合函数∑中对每个输入值进行加权。训练模型时，客户事例输入，神经网络计算出客户的类别，计算值与真实值比较后，模型会修正每个输入边上的权值。在大量客户事例输入后，模型会不断调整，使之更吻合真实情况，就像是人脑通过在同一脉冲反复刺激下改变神经键连接强度来进行学习一样。

四、回归

分类算法是建立事例特征并对应到分类的方法。分类必须是离散的，像信用卡的种类只有三种。如果是要通过客户收入、婚姻状况、职业等特征预测客户会使用信用卡消费多少金额时，分类算法就无能为力了，因为消费金额可能是大于0的任意值，这时只能使用回归算法。

例如，表4-8是工厂生产情况。

表4-8　工厂生产情况表

机器数量	工人数量	生产数量
12	60	400
7	78	389
11	81	674
……		

使用线性回归后，得到了一个回归方程：

$$生产数量 = \alpha + \beta \cdot 机器数量 + \gamma \cdot 工人数量$$

该方程代表每多一台机器就可以多生产 β 单位的产品，每多一个工人就可以多生产 γ 单位的产品。

除了简单的线性回归和逻辑回归，决策树可以建立自动回归树模型，神经网络也可以进行回归。实际上，逻辑回归就是去掉隐藏层的神经网络。

例如，服装销售公司要根据各地分销店面提交的计划预计实际销售量。使用自动回归树得到图 4-13 所示的模型。假如山东销售店提交的计划童装销售数量是 500 套，预计实际销售量是 $-100+0.6\times500=200$ 套，按 6 Sigma 原则，有 99.97% 的概率实际销售量可能是 200 ± 90 套。广州销售店提交的计划童装销售数量是 300 套，预计实际销售量是 $20+0.98\times300=314$ 套，故其实际销售量可能是 314 ± 30 套。因此，广州销售店制定的童装销售计划要比山东销售店准确。

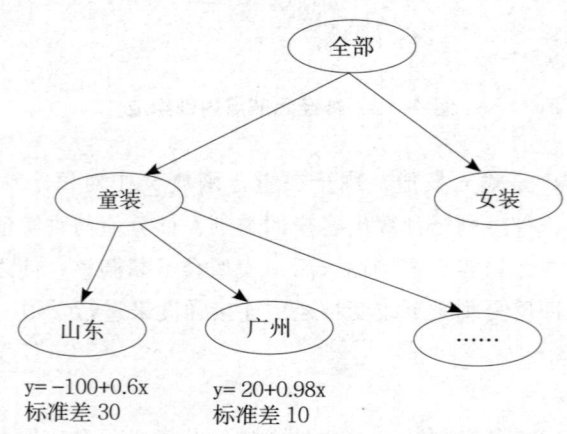

图 4-13　服装销售自动回归树模型

五、其他分类算法

（一）KNN 法

KNN（K-Nearest Neighbor）法又称为 K 最邻近法，最初由 Cover 和 Hart 于 1968 年提出，是一个理论上比较成熟的方法，也是最简单的机器学习算法之一。该方法的思路非常简单直观，如果一个样本在特征空间中的 k 个最相似（即特征空间中最邻近）的样本中的大多数属于某一个类别，则该样本也属于这个类别。该方法是在定类决策上只依据最邻近的一个或者几个样本的类别来决定待分样本所属的类别。

KNN 方法虽然从原理上也依赖于极限定理，但在类别决策时，只与极少量的相邻样本有关。因此，采用这种方法可以较好地避免样本的不平衡问题。另外，由于 KNN 方法主要靠周围有限的邻近的样本，而不是靠判别类域的方法来确定所属类别，因此对于类域的交叉或重叠较多的待分样本集来说，KNN 方法较其他方法更为适合。

该方法的不足之处是计算量较大，因为对每一个待分类的文本都要计算它到全体已知样本的距离，才能求得它的 k 个最邻近点。目前，常用的解决方法是事先对已知样本点进行剪辑，去除对分类作用不大的样本。另外，还有一种 Reverse KNN 法，它能降低 KNN 算法的计算复杂度，提高分类的效率。

KNN 算法比较适用于样本容量比较大的类域的自动分类，而那些样本容量较小的类域采用这种算法比较容易产生误分。

（二）SVM 法

SVM（Support Vector Machine）法即支持向量机法，由 Vapnik 等人于 1995 年提出，具有相对优良的性能指标。该方法是建立在统计学习理论基础上的机器学习方法，可以自动寻找出那些对分类有较好区分能力的支持向量，由此构造出的分类器可以最大化类与类的间隔，因而具有较好的适应能力和较高的分准率。该方法只需要由各类域的边界样本的类别来决定最后的分类结果。

支持向量机算法的目的在于寻找一个超平面 $H(d)$，该超平面可以将训练集中的数据分开，且与类域边界的沿垂直于该超平面方向的距离最大，故 SVM 法亦被称为最大边缘（maximum margin）算法。待分样本集中的大部分样本并不支持向量，移去或者减少这些样本对分类结果没有影响。SVM 法对小样本情况下的自动分类有着较好的分类结果。

（三）VSM 法

VSM（Vector Space Model）法即向量空间模型法，由 Salton 等人于 20 世纪 60 年代末提出。这是最早也是最出名的信息检索方面的数学模型。其基本思想是将文档表示为加权的特征向量：$D=D(T_1, W_1; T_2, W_2; \ldots; T_n, W_n)$，然后通过计算文本相似度的方法来确定待分样本的类别。当文本被表示为空间向量模型的时候，文本的相似度就可以借助特征向量之间的内积来表示。

在实际应用中，VSM 法一般事先依据语料库中的训练样本和分类体系建立类别向量空间。当需要对一篇待分样本进行分类的时候，只需要计算待分样本和每一个类别向量的相似度，即内积，然后选取相似度最大的类别作为该待分样本所对应的类别。

由于 VSM 法中需要事先计算类别的空间向量，而该空间向量的建立又在很大限度上依赖于该类别向量中所包含的特征项（根据研究发现，类别中所包含的非零特征项越多，其包含的每个特征项对于类别的表达能力越弱）。因此，VSM 法相对其他分类方法而言，更适合于专业文献的分类。

第四节　时间序列分析

时间序列就是将某一指标在不同时间上的不同数值，按照时间的先后顺序排列而成的数列，如经济领域中每年的产值、国民收入、商品在市场上的销量、股票数据的变化情况；社会领域中某一地区的人口数、医院患者人数、铁路客流量；自然领域的太阳黑子数、月降水量、河流流量等，都形成了一个时间序列。

一、时间序列简介

人们希望通过对这些时间序列的分析，从中发现和揭示现象的发展变化规律，或从动态的角度描述某一现象和其他现象之间的内在数量关系及其变化规律，从而尽可能多地从中提取出所需要的准确信息，并将这些知识和信息用于预测，以掌握和控制未来行为。

时间序列的变化受许多因素的影响，有些起着长期的、决定性的作用，使其呈现出某种趋势和一定的规律性；有些则起着短期的、非决定性的作用，使其呈现出某种不规则性。在分析时间序列的变动规律时，不可能对每个影响因素都一一划分开来，分别去作精确分析，但我们能将众多影响因素，按照对现象变化影响的类型，划分成若干时间序列的构成因素，然后对这几类构成因素分别进行分析，以揭示时间序列的变动规律性。

影响时间序列的构成因素可归纳为以下四种。

1. 趋势性（Trend），指现象随时间推移呈现出持续渐进地上升、下降或平稳地变化、移动。这一变化通常是许多长期因素的结果。

2. 周期性（Cyclic），指时间序列表现为循环于趋势线上方和下方的点序列并持续一年以上的有规则变动。这种因素是因经济多年的周期性变动产生的。比如，高速通货膨胀时期后面紧接的温和通货膨胀时期，将会使许多时间序列表现为交替地出现在一条总体递增的趋势线的上下方。

3. 季节性变化（Seasonal variation），指现象受季节性影响，按一固定周期呈现出的周期波动变化。尽管我们通常将一个时间序列中的季节变化认为是以 1 年为周期的，但是季节因素还可以被用于表示时间长度小于 1 年的有规则重复形态。比如，每日交通量数据表现出为期 1 天的"季节性"变化等。

4. 不规则变化（Irregular movement），指现象受偶然因素的影响而呈现出的不规则波动。这种因素包括实际时间序列值与考虑了趋势性、周期性、季节性变动的估计值之间的偏差，它用于解释时间序列的随机变动。不规则因素是由短期的、未被预测到的以及不重复发现的那些影响时间序列的因素引起的。

如图 4-14、图 4-15、图 4-16 分别为平稳序列（即只含有随机波动的序列）、趋势序列和季节性序列。时间序列一般是以上几种变化形式的叠加或组合，如图 4-17 所示。

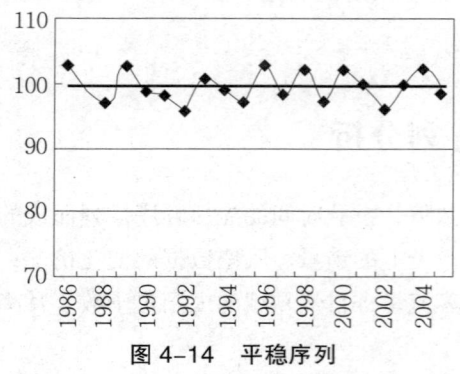

图 4-14　平稳序列

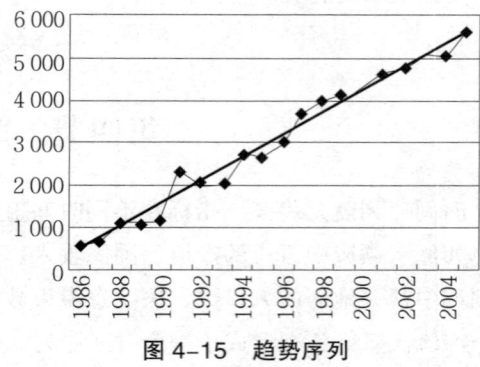

图 4-15　趋势序列

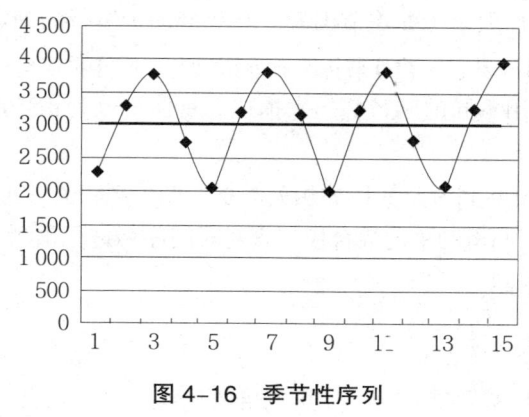

图 4-16 季节性序列

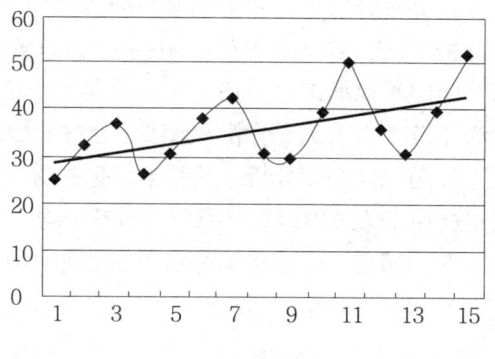

图 4-17 含有季节与趋势因素的序列

二、时间序列的分类

时间序列根据其所研究的依据不同，可有不同的分类。

1. 按所研究对象的多少来分，有一元时间序列和多元时间序列。例如，某种商品的销售量数列，即为一元时间序列。如果所研究对象不仅仅是这一数列，而是多个变量，则这种序列为多元时间序列。

2. 按时间的连续性，可将时间序列分为离散时间序列和连续时间序列两种。如果某一序列中的每个序列值所对应的时间参数为间断点，则该序列就是一个离散时间序列；如果某一序列中的每个序列值所对应的时间参数为连续函数，则该序列就是一个连续时间序列。

3. 按时间序列的统计特性分，有平稳时间序列和非平稳时间序列两类。所谓时间序列的平稳性，是指时间序列的统计规律不会随着时间的推移而发生变化。平稳序列的时序图直观上应该显示出该序列始终在一个常数值附近随机波动，而且波动的范围有界限、无明显趋势及无周期特征。从理论上讲，平稳序列分为严平稳与宽平稳两种。相对地，时间序列的非平稳性，是指时间序列的统计规律随着时间的推移而发生变化。

4. 按时间序列的分布规律来分，有高斯型（Guassian）时间序列和非高斯型（non-Guassian）时间序列。

三、时间序列分析方法

时间序列分析（Time series analysis）是一种广泛应用的数据分析方法，它研究的是代表某一现象的一串随时间变化而又相关联的数字系列（动态数据），从而描述和探索该现象随时间发展变化的规律性。

时间序列可以通过直观简便的数据图法、指标法、模型法等来分析。其中，模型法更确切，适用度最广，也比前两种方法复杂，能更本质地了解数据的内在结构和复杂特征，以达到控制与预测的目的。

时间序列分析方法包括以下两种。

1. 确定性时序分析。它是暂时过滤掉随机性因素（如季节因素、趋势变动）进行的确定性分析方法，其基本思想是用一个确定的时间函数 $y=f(t)$ 来拟合时间序列。不同的变化采取不同的函数形式来描述，不同变化的叠加采用不同的函数叠加来描述。具体可分为趋势预测法（最小二乘）、平滑预测法、分解分析法等。

2. 随机性时序分析。其基本思想是通过分析不同时刻变量的相关关系，揭示其相关结构，利用这种相关结构建立自回归、滑动平均、自回归滑动平均混合模型来对时间序列进行预测。

归纳而言，时间序列分析方法如图 4-18 所示。

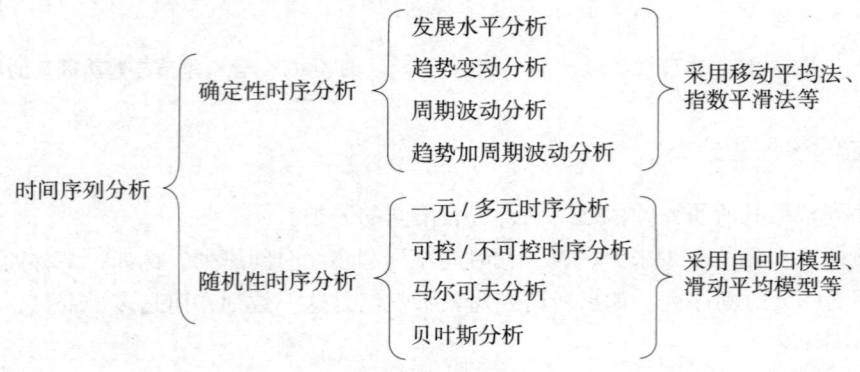

图 4-18　时间序列分析方法

四、时间序列分析的步骤及用途

（一）时间序列建模的基本步骤

（1）用观测、调查、统计、抽样等方法取得被观测系统的时间序列动态数据。

（2）根据动态数据作相关图，进行相关分析，求自相关函数。相关图能显示出变化的趋势和周期，并能发现跳点和拐点。跳点是指与其他数据不一致的观测值。如果跳点是正确的观测值，在建模时应考虑进去；如果是反常现象，则应把跳点调整到期望值。拐点则是指时间序列从上升趋势突然变为下降趋势的点。如果存在拐点，则在建模时必须用不同的模型去分段拟合该时间序列，如采用门限回归模型。

（3）辨识合适的随机模型，进行曲线拟合，即用通用随机模型去拟合时间序列的观测数据。对于短的或简单的时间序列，可用趋势模型和季节模型加上误差来进行拟合。对于平稳时间序列，可用通用 ARMA 模型（自回归滑动平均模型）及其特殊情况的自回归模型、滑动平均模型等来进行拟合。当观测值多于 50 个时，一般都采用 ARMA 模型。对于非平稳时间序列，则要先将观测到的时间序列进行差分运算，化为平稳时间序列，再用适当模型去拟合这个差分序列。

（二）时间序列分析的主要用途

系统描述：根据对系统进行观测得到的时间序列数据，用曲线拟合方法对系统进行客观的描述。

系统分析：当观测值取自两个以上变量时，可用一个时间序列中的变化去说明另一个时间序列中的变化，从而深入了解给定时间序列产生的机理。

预测未来：一般用 ARMA 模型拟合时间序列，预测该时间序列的未来值。

决策和控制：根据时间序列模型可调整输入变量使系统发展过程保持在目标值上，即预测到过程要偏离目标时，便可进行必要的控制。

五、时间序列分析预测方法

（一）预测方法类别

时间序列分析的预测方法类别如表 4-9 所示。

表 4-9　预测方法类别

时间序列类型		预测方法
平稳时间序列		朴素预测法
		简单平均预测法
		加权平均预测法
平稳时间序列		简单一次移动平均预测法
		加权一次移动平均预测法
		简单指数平滑法
非平稳时间序列	线性趋势	朴素预测法
		简单二次移动平均预测法
		霍尔特（Holt）双参数线性指数平滑法
	线性趋势与季节规律同时存在	朴素预测法
		霍尔特—温特指数平滑法（加法模型）
		霍尔特—温特指数平滑法（乘法模型）

（二）预测方法分析

1.朴素预测法

朴素预测法是用第 t 期的实际值作为第 $t+1$ 期的预测值的方法。这种预测方法是假设变量第 $t+1$ 期相对于第 t 期没有变化。

（1）平稳时间序列的朴素预测模型为 $F_{t+1}=Y_t$。其中，F_{t+1} 为第 $t+1$ 期的预测值，Y_t 为第 t 期的实际观测值。

（2）具有线性趋势，无季节变动的时间序列朴素预测模型为 $F_{t+1} = Y_t + (Y_t - Y_{t-1})$。

（3）具有曲线趋势，无季节变动的实际序列朴素预测模型为 $F_{t+1}=Y_t\dfrac{Y_t}{Y_{t-1}}$。

（4）无趋势，仅有季节变动的时间序列朴素预测模型为 $F_{t+1}=Y_{t-3}$。

（5）具有线性趋势，又具有季节变动的时间序列朴素预测模型为：

$$F_{t+1}=Y_{t-3}+\dfrac{(Y_t-Y_{t-1})+ +(Y_{t-3}-Y_{t-4})}{4}=Y_{t-3}+\dfrac{(Y_t-Y_{t-4})}{4}$$

优点：需要的数据很少，方法简单。

缺点：只考虑了最近一期的实际值对预测值的影响，而且赋予它的权数为100%，会影响预测的精度。

2. 简单平均预测法

简单平均预测法适用于平稳时间序列的短期预测，是把过去所有的实际值的简单算术平均数作为下一期的预测值的方法。

3. 简单一次移动平均预测法

简单一次移动平均预测法就是根据预测对象的一组观测值，计算这组观察值的平均数，利用这一平均数作为下一期的预测值，其平均数随着观测值的移动而向后移动的方法。其适用于平稳时间序列的短期预测其模型如下。

$$F_{t+1}=M_t^{(1)}=(Y_t+Y_{t-1}+\cdots+Y_{t-(n+1)})/n$$

其中，F_{t+1} 为 $t+1$ 期的预测值，$M_t^{(1)}$ 为第 t 期的一次移动平均值，Y_t 为第 t 期的实际观测值，n 为移动步长。

缺点：① 简单一次移动平均是假设被平均的各期数值对预期值的作用相同，具有不确定性；② 需要储存较多的数据；③ 不适用存在趋势变动及季节变动的数据的预测。

4. 加权一次移动平均预测法

加权一次移动平均预测法是对被平均的数值赋予不同的权数，然后计算最近 n 期数值的加权算术平均数作为第 $n+1$ 期的预测值的方法。该方法只适用于平稳时间序列的短期预测。

$$F_{t+1}=w_tF_t+w_{t-1}F_{t-1}+\cdots+w_{t-n+1}F_{t-n+1}$$

5. 线性二次移动平均预测法

线性二次移动平均预测法是对一次移动平均值进行第二次移动平均，并在此基础上建立预测模型，得到预测值的方法。它解决了预测值滞后于实际值的矛盾，适用于存在明显线性趋势的时间序列的短期预测。其模型如下。

$$M_t^{(1)}=\dfrac{Y_T+Y_{t+1}+\cdots+Y_{t-(n-1)}}{n}$$

$$M_t^{(2)} = \frac{M_t^{(1)} + M_{t+1}^{(1)} + \cdots + M_{t-(n-1)}^{(1)}}{n}$$

$$a_t = M_t^{(1)} - M_t^{(2)}$$

$$b_t = \frac{2}{n-1}\left(M_t^{(1)} - M_t^{(2)}\right)$$

$$F_{t=T} = a_t + b_t T$$

其中，$M_t^{(1)}$ 为一次移动平均值，$M_t^{(2)}$ 为二次移动平均值，n 为移动项数，T 为预测长度。线性二次移动平均预测法无法对存在季节变动的时间序列进行预测。另外，用此方法进行预测，必须首先确定移动的长度。

6. 简单指数平滑法

简单指数平滑法是用过去时间序列所有历史数据的加权平均数作为下一期的预测值的方法。它适用于无趋势、无季节性变动的平稳时间序列的短期预测，需要确定初始值和平滑系数。其模型如下。

$$F_{t+1} = \alpha Y_t + (1-\alpha) F_t$$

其中，F_{t+1} 为第 $t+1$ 期时间序列的预测值，Y_t 为第 t 期时间序列的实际值，F_t 为第 t 期的时间序列的预测值，α 为平滑常数（$0 \leq \alpha \leq 1$）。

7. 霍尔特双参数线性指数平滑法

霍尔特双参数线性指数平滑法是通过用指数平滑的方法得到第 t 期的水平值及第 t 期的趋势值，从而对第 $t+1$ 进行预测的方法。该方法适用于存在线性长期趋势但无明显季节性变动的时间序列的短期预测。

$$S_t = \alpha Y_t + (1-\alpha)(S_{t-1} + b_{t-1})$$

$$b_t = \gamma(S_t + S_{t-1}) + (1-\gamma) b_{t-1}$$

$$F_{t+m} = S_t + b_t m$$

其中，α 为水平平滑系数，S_t 为 t 时期的平滑值，γ 为趋势平滑系数，b_t 为 t 时期的趋势平滑值，m 为预测长度。

优点：霍尔特双参数线性指数平滑法除保留了单一参数线性指数平滑预测法的优点外，还比单一参数线性指数平滑预测法具有更大的灵活性，它可以通过选取不同的平滑系数得到较为满意的预测模型。

缺点：要得到两个最优平滑系数较为困难，不能用于带季节规律的时间序列的预测。

第五节　确定性时间序列分析

时间序列的变动是长期趋势变动、季节变动、循环变动、不规则变动的耦合或叠加。在确定性时间序列分析中，通过移动平均、指数平滑、最小二乘法等方法，可以体现出社会经济现象的长期趋势及带季节因子的长期趋势，从而预测未来的发展趋势。

一、移动平均法

移动平均法是通过对时间序列逐期递移求得平均数作为预测值的一种方法。它是对时间序列进行修匀，边移动边平均以排除偶然因素对原序列的影响，进而测定长期趋势的方法。其简单的计算公式为：

$$预测值 = 最后 n 个值的平均$$

其中，$n=$ 被认为是与预测下一个时期相关的最近的时期数。

采用移动平均法进行预测，用来求平均数的时期数 n 的选择非常重要，这也是移动平均的难点。因为 n 取值的大小对所计算的平均数影响较大。当 $n=1$ 时，移动平均预测值为原数据的序列值。当 $n=$ 全部数据的个数时，移动平均预测值等于全部数据的算术平均值。显然，n 值越小，表明对近期观测值预测的作用越重视，预测值对数据变化的反应速度也越快，但预测的修匀程度较低，估计值的精度也可能降低。反之，n 值越大，预测值的修匀程度较高，但对数据变化的反应速度较慢。

不存在一个确定时期 n 值的规则。一般 n 在 3～200 之间，视序列长度和预测目标情况而定。一般对水平型数据，n 值的选取较为随意。一般情况下，如果考虑到历史上序列中含有大量随机成分，或者序列的基本发展趋势变化不大，则 n 应取大一点。对于具有趋势性或阶跃性特点的数据，为提高预测值对数据变化的反应速度，减少预测误差，n 值应取较小一些，以使移动平均预测值更能反映目前的发展变化趋势。

一般 n 的取值为 3～15。具体取值要看实际情况，可由均方差 MSE（具体参见第五章）来评价。

二、指数平滑法

指数平滑法是对过去的观测值加权平均进行预测，使第 $t+1$ 期的预测值等于第 t 期的实际观测值与第 t 期指数平滑值的加权平均值，即

$$预测值 = \alpha（上期值）+（1-\alpha）（上次预测值）$$

一次指数平滑法预测模型为：

$$M_{t+1} = \alpha y_t + (1-\alpha) M_t \tag{4-1}$$

其中：M_t——第 t 期预测值；

y_t——第 t 期的实际观测值；

α——平滑系数，且 $0 < \alpha < 1$。

将 $\begin{cases} M_{t-1} = \alpha y_{t-2} + (1-\alpha) M_{t-2} \\ M_{t-2} = \alpha y_{t-2} + (1-\alpha) M_{t-3} \end{cases}$ 代入公式（4-1）中，可得：

$$M_t = \sum_{i=0}^{t} \alpha (1-\alpha)^i y_{t-i} \tag{4-2}$$

公式（4-2）中各项系数的和为：

$$\alpha+\alpha(1-\alpha)+\cdots+\alpha(1-\alpha)^{t-1}+(1-\alpha)^t=\alpha\left[\frac{1-(1-\alpha)^t}{1-(1-\alpha)}\right]+(1-\alpha)^t$$

当 $t\to\infty$ 时，$(1-\alpha)^t\to 0$，系数和 $\to 1$。

所以，可以说 M_t 是第 t 期以及以前各期观察值的指数加权平均值，观察值的权数按递推周期以几何级数递减，各期的数据离第 t 期越远，它的系数越小，因此它对预测值的影响也越小。

公式（4-1）稍作变换可得：

$$M_{t+1}=M_t+\alpha(y_t-M_t) \quad (4-3)$$

可见，M_{t+1} 是第 t 期的预测值 M_t 加上用 α 调整的第 t 期的预测误差 (y_t-M_t)。因此，简单指数平滑法用于预测实际上是根据本期预测误差对本期预测值作出一定的调整后得到的下一个预测值，即：

新预测值 = 老预测值 + α × 预测值的误差

对老预测值所作的调整的幅度视 α 的大小而定。

α 的取值对平滑效果影响很大，α 越小，平滑效果越显著。α 取值的大小决定了在平滑值中起作用的观察值的项数的多少。当 α 取值较大时，各观察值权数的递减速度快，因此在平滑值中起作用的观察值的项数就较少；当 α 取值较小时，各观察值权数的递减速度很慢，因此在平滑值中起作用的观察值的项数就较多。

如果将移动平均法与指数平滑法相比，要使两者具有相同的灵敏程度，移动平均法中 n 的取值与指数平滑法中 α 的取值有如下关系：

$$\frac{n-1}{2}=\frac{1-\alpha}{\alpha}$$

当 α 取值在 0.05～0.3 之间时，如果要使移动平均具有相应的灵敏程度，则 n 的取值如表4-10所示。

表4-10 α 与 n 的取值关系

a	0.05	0.1	0.2	0.3
n	39	19	9	5.6636

当 α 取值较小时，指数平滑法的平滑能力较强；而 α 取值较大时，模型对现象变化的反应速度较快。一般来说，α 取值的大小应当视所预测对象的特点及预测期的长短而定。

一般情况下，观测值呈较稳定的水平发展时，α 值取 0.1～0.3 之间；观测值波动较大时，α 值取 0.3～0.5 之间；观测值波动很大时，α 值取 0.5～0.8 之间。

采用 Excel 进行指数平滑预测的步骤如下。

1. 在"数据"选项卡下单击"数据分析"按钮,打开"数据分析"对话框,选择"指数平滑",单击"确定"按钮。

2. 在弹出的"指数平滑"对话框中,分别输入数据区域、阻尼系数(即 $1-\alpha$ 的值),并选择预测结果的"输出区域",然后单击"确定"按钮。

三、趋势预测

(一)线性趋势预测模型

(1)线性趋势预测模型:$y_t = a + bt$

用最小二乘法求待定参数 a、b 的标准方程组:

$$\begin{cases} \sum y = \sum a + b\sum t \\ \sum ty = \sum t + b\sum t^2 \end{cases} \Rightarrow \begin{cases} b = \left(n\sum ty - \sum t \sum y\right) / \left[n\sum t^2 - \left(\sum t\right)^2\right] \\ a = \bar{y} - b\bar{t} \end{cases}$$

趋势预测的误差可用线性回归中的估计标准误差来衡量,公式为:

$$S_y = \sqrt{\frac{\sum_{i=1}^{n}(y_i - \hat{y}_i)^2}{n-2}}$$

(二)二次曲线趋势预测模型

(2)二次曲线趋势预测模型:$\hat{y}_t = a + bt + ct^2$

根据最小二乘法推导待定参数 a、b、c 的标准方程组为:

$$\begin{cases} \sum y = na + b\sum t + c\sum t^2 \\ \sum ty = a\sum t + b\sum t^2 + c\sum t^3 \\ \sum t^2 y = a\sum t^2 + b\sum t^3 + c\sum t^4 \end{cases}$$

(三)指数曲线趋势预测模型

(3)指数曲线趋势预测模型:

$$\hat{y}_t = ab^t \text{(其中 } a \text{、} b \text{ 为未知数)}$$

在这里必须要把指数先通过变量代换转化为直线趋势才能用最小二乘法来求参数,即:两边取对数 $\ln \hat{y}_t = \ln a + t \ln b$,再根据直线形式的常数确定方法,可求得 $\ln a$、$\ln b$,最后取反对数得到 a,b 的值。

从总体上来说,确定性时序分析刻画的序列主要趋势直观简单、便于计算,但是比较粗略,不能严格反映实际的变化规律。为了严格反映时序的变化,必须结合随机时序分析法进一步完善对社会经济现象的分析,以便进行决策。

第六节 随机性时间序列分析

在随机性时间序列分析中，分为（宽）平稳时序分析和非平稳时序分析。平稳随机过程其统计特性（均值、方差）不随时间的平移而变化，在实际中若前后的环境和主要条件都不随时间变化就可以认为是平稳过程（宽平稳过程），具有（宽）平稳特性的时序称为平稳时序。

一、平稳时间序列分析

平稳时序分析主要通过建立自回归模型（Autoregressive Models，AR）、滑动平均模型（Moving Average Models，MA）和自回归滑动平均模型（Autoregressive Moving Average Models，ARMA）分析平稳时间序列的规律，一般的分析流程如图4-18所示。

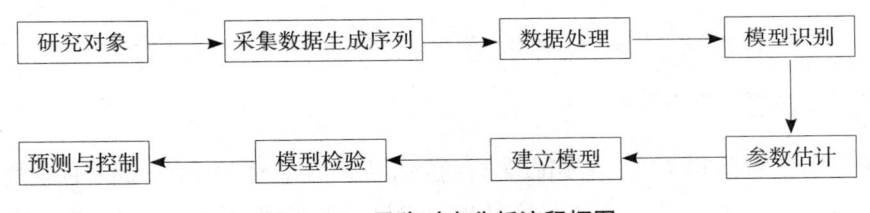

图 4-18 平稳时序分析流程框图

（一）自回归模型 $AR(p)$

如果时间序列 X_t（$t=1,2,\cdots$）是平稳的，且数据之间前后有一定的依存关系，即 X_t 与前面 $X_{t-1}, X_{t-2}, \cdots, X_{t-p}$ 有关，与其以前时刻进入系统的扰动（白噪声）无关，具有 p 阶的记忆，描述这种关系的数学模型就是 p 阶自回归模型，可用来预测：

$$X_t = \varphi_1 X_{t-1} + \varphi_2 X_{t-2} + \cdots + \varphi_p X_{t-p} + a_t \tag{4-4}$$

其中，$\varphi_1, \varphi_2, \cdots, \varphi_p$ 是自回归系数或称为权系数；a_t 为白噪声，它对 X_t 产生响应，本身就是前后不相关的序列，类似于相关回归分析中的随机误差干扰项，其均值为零，方差为 σ_a^2 的白噪声序列。

上面模型中若引入后移算子 B，则可改为：

$$(1 - B\varphi_1 - B^2\varphi_2 - \cdots - B^p\varphi_p) X_t = a_t \tag{4-5}$$

记 $\varphi(B) = (1 - \varphi_1 B - \varphi_2 B^2 - \cdots - \varphi_p B^p)$，则公式（3-4）可写成

$$\varphi(B) X_t = a_t \tag{4-6}$$

称 $\varphi(B)=0$ 为 $AR(p)$ 模型的特征方程。特征方程的 p 个根 λ_i（$i=1,2,\cdots,p$）称为 $AR(p)$ 的特征根。如果 p 个特征根全在单位圆外，即

$$|\lambda_i| > 1 \quad (i=1, 2, \cdots, p) \tag{4-7}$$

则称 $AR(p)$ 模型为平稳模型,公式(4-7)称为平稳条件。由于是关于后移算子 B 的多项式,因此 $AR(p)$ 模型是否平稳取决于参数 $\varphi_1, \varphi_2, \cdots, \varphi_p$。

(二)滑动平均模型 $AM(p)$

如果时间序列 X_t($t=1,2,\cdots$)是平稳的,与前面 $X_{t-1}, X_{t-2}, \cdots, X_{t-p}$ 无关,与其以前时刻进入系统的扰动(白噪声)有关,具有 q 阶的记忆,描述这种关系的数学模型就是 q 阶滑动平均模型,可用来预测:

$$X_t = a_t - \theta_1 a_{t-1} + \theta_2 a_{t-2} + \cdots + \theta_q a_{t-q} \qquad (4-8)$$

上面模型中若引入后移算子 B,则可改为:

$$X_t = \left(1 - \theta_1 B - \theta_2 B^2 - \cdots - \theta_q B^q\right) a_t$$

(三)自回归滑动平均模型 $ARMA(p, q)$

如果时间序列 X_t($t=1,2,\cdots$)是平稳的,与前面 $X_{t-1}, X_{t-2}, \cdots, X_{t-p}$ 有关,且与其以前时刻进入系统的扰动(白噪声)也有关,则此系统为自回归移动平均系统,预测模型为:

$$X_t - \varphi_1 X_{t-1} + \varphi_2 X_{t-2} + \cdots + \varphi_p X_{t-p} = a_t - \theta_1 a_{t-1} + \theta_2 a_{t-2} + \theta_q a_{t-q} \qquad (4-9)$$

即

$$\left(1 - B\varphi_1 - B^2 \varphi_2 - \cdots B^p \varphi_p\right) X_t = \left(1 - \theta_1 B - \theta_2 B^2 - \cdots - \theta_q B^q\right) a_t$$

二、非平稳时间序列分析

在实际的社会经济现象中,我们收集到的时序大多数呈现出明显的趋势性或周期性,这样我们就不能认为它是均值不变的平稳过程,应将趋势和波动综合考虑进来,用模型来预测。下面用模型来描述:

$$X_t = \mu_t + Y_t \qquad (4-10)$$

其中,μ_t 表示 X_t 中随时间变化的均值(往往是趋势值),Y_t 是 X_t 中剔除 μ_t 后的剩余部分。表示零均值平稳过程,可用自回归模型、滑动平均模型或自回归滑动平均模型来拟合。

要解模型 $X_t = \mu_t + Y_t$,分以下两步。

1. 具体求出 μ_t 的拟合形式,可以用上面介绍的确定性时序分析方法建模,求出 μ_t,得到拟合值,记为 $\hat{\mu}_t$。

2. 对残差序列 $\{X_t - \hat{\mu}_t\}$ 进行分析处理,使之成为均值为零的随机平稳过程,再用平稳随机时序分析方法建模求出 Y_t,通过反运算,最后可得 $X_t = \mu_t + Y_t$。

第五章 大数据链接分析技术研究

进入 21 世纪,人们生活的一个最大改变就是可以通过谷歌之类的搜索引擎高效、准确地进行 Web 搜索。

第一节 链接分析中的数据采集研究

近 10 年来,网络链接分析的理论、技术和方法在数学、计算机、社会科学等多个领域得到了快速发展。正因为网络链接分析在犯罪调查、防止金融诈骗、Web 挖掘(如网络搜索服务和企业竞争情报分析)和通信等方面存在潜在的、巨大的学术价值和经济价值,网络链接分析引起了越来越多国内外学者的关注。此外,在数据挖掘领域出现了新的研究分支——链接挖掘(Link Mining)。链接挖掘的主要任务有基于链接的分类和聚类、链接实体间关系的判断与预测、链接强度的预测以及不确定因素的识别(如信息提取、去重和引证分析中的对象识别等)。

一、链接分析概述

在图书情报领域,从 Webometrics 的提出到对网络文献链接规律、期刊网络影响力、学术科研机构之间链接规律等方面的探索性研究,都是围绕链接分析展开的。出于信息计量学研究的需要,综合利用多个学科的知识、从多个角度对链接挖掘进行研究有着广泛而又深远的意义。然而,对于网络计量学的链接分析研究而言,难点之一就是如何才能有效地获取序化的、可靠的用于链接分析的原始数据。由于网络链接技术的多样性、链接技术应用的广泛性、链接动机的复杂性、链接质量分布的不均衡性和链接创建的方便性等诸多因素的存在,给链接分析研究的数据获取带来很大挑战。

链接分析结论的可信性很大限度上受到原始数据可靠性的影响和制约,不同的数据采集策略和数据采集工具可能会导致完全不同甚至相反的结论,因此对于数据采集策略和数据采集工具的研究是链接分析研究的基础和保证。数据采集策略的多样性和对不同样本集合的适用性必须依赖于数据采集工具的灵活性,所以数据采集工具的优化是链接分析研究的第一步。从链接分析的理论需要出发，笔者认为对数据采集工具性能的判断包含以下几方面的内容。

1. 是否能够有效地获取样本集合内指向核心资源的链接。
2. 数据的组织方式、拟合分类方法是否能很好地拟合于数据分析工具。
3. 是否可以根据不同的研究需要制定不同的数据采集策略，如对数据采集深度和范围的选择。

满足以上条件的数据采集工具才被认为是功能完备的，从其获取的数据才是可靠的。而现有的数据采集工具，无论是商业软件还是共享免费软件都难以达到以上标准。为了进一步消除由数据采集工具引起的链接结构和计量分析结论的误差，本研究将开发一个链接分析专用的数据采集系统——LinkDiscoverer。

二、相关研究

从目前国内外链接分析研究中所普遍采用的数据采集策略和工具来看，主要有以下三方面。

1. 使用大型商业搜索引擎，如 Alta Vista、Google 等。
2. 第三方网络爬行软件与自主开发相结合的方式，如 Offline Explorer+webStat。
3. 自主开发链接抓取工具，如 CheckWeb、Mike Thelwall 等开发的网络爬虫，Lawrence、Bollacker 和 Giles 开发的 Cite-Seer。一般大型的商业搜索引擎在网页获取、文档索引和并行检索方面的技术比较成熟，网络覆盖面相对较广，使用搜索引擎来获取链接分析数据具有很好的可操作性。同时，在某些情况下，如在计算 Web-IF 时，可以在很大限度上减轻研究人员的负担，这也是目前链接分析中获取分析数据的主要途径和方法。然而，对于链接分析研究而言，商业搜索引擎也存在很多致命缺陷，如可靠性低、稳定性差、更新慢等问题，Ronald Rousseau 等很多学者的研究也证明了这一点。虽然搜索引擎不存在太明显的语言偏向，但明显存在技术上非故意的地区倾向，如对美国地区的覆盖面远远高于中国内地、台湾地区和新加坡。当然，其中有部分原因可能与美国的信息技术起步早，国家和地区网站的链接倾向以及深层次的社会、政治因素有关。在相关研究者的测试中也发现商业搜索引擎本身的算法也存在一些严重缺陷。例如，在 Alta Vista 的检索框中输入 "link:www.njau.edu.cn" 返回 3 950 条记录，而输入 "link:www.njau.edu.cn NOT site:www.njau.edu.cn" 却返回 8 080 条记录；在 Google 的检索框中输入 "link:www.njau.edu.cn" 只返回 560 条记录，按常规判断 Google 的索引库不可能这么小，Google 对网页排名 pagerank 低于一定值的网站进行了自动过滤，因而返回的结果要远少于其他搜索引擎。通过对 Yahoo、MSN、Alta Vista 和 Alltheweb 返回数据的综合分析，发现这 4 个主流搜索引擎前 1 000 条（MSN 前 250 条）返回结果的平均重叠率连 40% 都不到，类似的结论在 Erik Thorlund Jepsen 等的研究中也有反映。

用于网络计量学研究的搜索引擎应该具备以下四方面的条件：

1. 被测试站点必须有较高的覆盖面。

2. 检索结果必须可靠，即在特定比较短的时间内的检索结果应该是一致的。

3. 用户可以获取搜索引擎的基本策略，如页面标引方法、覆盖面、标引哪些格式的网页以及为什么等。

4. 必须具备可以发现网页之间链接关系的高级检索功能。

除了这几方面，网络计量学的数据采集工具还应该具备网站分层、页面选择、过滤、域控制、错误检测等功能。显然，目前的搜索引擎还难以满足以上要求。

使用第三方网络爬行软件来获取数据也有很大弊端，很多时候研究者的数据采集策略会受到第三方软件这个"黑箱"的限制，数据采集方式和数据组织方式不完全符合链接分析或者研究初始设计的需要，从而对研究结论产生很大的影响。综合来看，就链接分析的单点研究或者有限多点研究而言，自主开发链接分析专用的数据采集软件是比较可靠的方法。

考虑到现有数据采集工具存在的各种不足，本研究开发了以网络链接结构和分布分析研究为主要目标的链接数据系统——LinkDiscoverer。该系统依据社会化链接网络分析的研究需要，在数据获取的深度和范围、数据采集可靠性保证以及数据组织等方面制定了比较完备的策略，尽可能以最小的代价获取最核心和可靠的链接数据，为后续的链接网络结构分析和其他计量指标的计算提供良好的数据支持。

三、系统功能设计

与搜索引擎使用的 Crawler（或 Spider）系统不同的是，LinkDiscoverer 中支持对爬行规则和优选策略的设置以及链接分类等。可利用 LinkDiscoverer 获取样本网站集合内各样本之间的相互链接关系数据，而不必受搜索引擎的功能限制。

（一）采集规则设定及链接分类

在启动一个新的采集任务之前，需要由用户选择设定三种采集规则。

1. 采集范围设定

LinkDiscoverer 支持单一站点（site）内的爬行和域（domain）内爬行两种模式，如输入初始 URL "http://www.domain.edu.cn"，在单一站点爬行模式下，LinkDiscoverer 的子线程只会在 "domain" 域内的 "www" 主机上爬行，所有指向该主机以外的 URL 都被视为向外链接（outlink）；而在域爬行模式下，LinkDiscoverer 会访问 "domain" 域内所有的主机。当然，只有指向域 "domain" 以外的 URL 才会被视为向外链接。

2. 采集深度设定

一般认为，浅层链接的质量、权威性要高于深层链接（除了指向电子期刊等电子资源的深层链接），所以 LinkDiscoverer 默认的搜索深度为 4 层，也可根据实际需要手动设定。

3. DNS 设定

为了减少通信量，在支持 IP 访问的站点，LinkDiscoverer 可以缓存 DNS，而不需要每次都调用 DNS 服务器来解析地址。

LinkDiscoverer 把发现的链接分成 4 类，状态代码分别为 0~3。

（1）0：self-link 或 pageURL，即内部链接或者页面地址。
（2）1：outlink，即向外链接。
（3）2：NOT FOUND link，发生未找到错误的链接（404）。
（4）3：unparsed entity link，外部未解析实体链接，如".rar"".mpeg"等文件。
概念上后两种 NOT FOUND link 和 unparsed entity link 都属于 self-link。

（二）链接和页面选取规则

超文本技术上要回答什么是链接很简单，Dale（英国生理学家、药理学家）对此做了如下定义："链接是一个网页到另外一个网页的联系"。然而，从网络计量学中链接分析的角度来定义链接并不容易，并非所有技术上的"链接"都是对链接分析研究有意义的，在制定数据采集策略之前，必须明确哪些是链接分析意义上的"链接"。实际应用中链接的表现形式至少有七八种以上，而 LinkDiscoverer 只解析对链接分析有意义的三种链接，分别为锚链接、超链接和文本链接，它们的格式为：

<A[var_1|var_2…|var_x]href=url[var_{x+2}|var_2…|var_n]>…<A>

<iframe|frame[var_1|var_2…|var_x]src=url[var_{x+2}|var_2…|var_n]>…</iframe|frame>

<area[var_1|var_2…|var_x]href=url[var_{x+a}|var_2…|var_n]>…<area>

有一点需要说明的是，还有一种自动跳转链接。例如，这种链接的主要功能是一定时延后从一个页面自动跳转到另外一个特定的页面。由于某些网站在个别页面上（如首页）采用了自动跳转技术，为了提高数据采集的全面性，LmkDisccwerer 也支持类似的链接跳转。

除了支持常见的各种网页格式，LinkDiscoverer 还支持一种非常重要的格式——无后缀名页面。现在很多高校都使用统一的 Web 发布平台，如新闻发布系统，这些情况下生成的 Web 页面大多是无格式的。新闻页面是网络环境下正式信息交流的一种很重要的信息载体，也是 LinkDiscoverer 的重点采集对象。

LinkDiscoverer 不访问".txt"文件等非超文本页面（在 web mention 或者 web citation 的研究中可能需要考虑文本文件和 PDF 等文件中内容的提取）。

（三）性能优化

任何一个 Crawler 系统的原理都很简单，但要设计一个功能完备、性能良好的 Crawler 系统却是很大的挑战，需要考虑很多方面的因素，如网络带宽、CPU、磁盘、存储系统和网络布局（分布式系统）等问题。为了节省计量分析中链接网络数据采集的软硬件成本和时间成本，本研究对 LinkDiscoverer 的主要性能做了如下两方面的优化。

1. 缓存优化

计算机 CPU 处理速度飞速增长，可支持的内存容量也在不断增加，但硬盘的速度却变化不大。但无论如何，一个大规模 Crawler 系统都无法直接在内存中维护一个庞大的 URL 列表，大部分 URL 必须存放在外部存储设备上，如硬盘。但从硬盘读取数据的速度要远远慢于内存，多次的硬盘 I/O 必然会严重影响 Crawler 系统的效率，所以就需要科学的 URL 缓存策略来缓解内存不足和硬盘速度慢之间的矛盾。LinkDiscoverer 采用的是 LRU 优化算法，主要是因为 LRU 实现简单而且灵活，可以动态设定缓存大小，在运行中可根据启动的线程数和系统内存总量来决定每个线程所维护的 URL 列表的大小。

2. DNS 优化

为了减少和 DNS 服务器之间交互所消耗的时间和带宽，LinkDiscoverer 对访问的主机地址进行了缓存，如果遇到相同的主机，直接调用 DNS 缓存即可。当然，前提是该主机必须支持 IP 直接访问。此外，LinkDiscoverer 还支持反向解析。如果遇到主机名是 IP 地址表示的 URL，为了判断是 selflink 还是 outlink，LinkDiscoverer 会把该 IP 反向解析成域名，再判断其属于哪个域，而不是笼统地给一个 outlink 的分类代码。域名反向解析的前提是 DNS 服务器必须支持反向解析，即 DNS 服务器上存有反向解析文件（有的可能没有）。

理论上，LinkDiscoverer 可以完全采用全自动的方式进行网络链接信息采集，但为了达到好的效果，必然要对部分链接进行过滤。虽然系统中嵌入了禁止搜索关键字，但各个网站的内容纷繁复杂，要设置一个完全通用的链接过滤规则是不现实的。LinkDiscoverer 中设置了相应的规则，允许手动添加禁止搜索关键字。

四、实验

以上几个部分详细阐述了 LinkDiscoverer 的数据采集规则、链接过滤规则和性能优化等内容，为了验证本研究提出的各种链接数据采集策略和技术的适用性、可靠性，笔者进行了较大规模的实证性研究。为了和以前的研究形成参照以便于检验本研究方法的可行性，本实证研究选取了网络计量学中普遍采用的分析对象——大学网站作为分析对象，通过对从样本网站获取的数据进行分析来测试 LinkDiscoverer 在这些方面的表现和性能，从而探讨利用链接分析来进行机构评价和大学网络结构发现的可行性。

中国科学院情报中心做了一项研究，以中国高校排名前 100 位的大学网站作为样本，对这些网站进行了数据采集（由于网站本身域名原因或者其他技术因素，最后确定的样本集合为 93 个），共获得链接 7 209 197 条，在此基础上形成了原始的链接矩阵。以下将通过 WIF 的指标计算和链接网络主题结构分析两方面来验证 LinkDiscoverer 数据采集策略和技术的有效性。

（一）基于 WIF 的综合实力评价

网络影响因子（Web Impact Factor）是传统的主要网络计量评价指标，它借鉴了期刊影响因子的概念，因此它采用的算法和期刊影响因子的算法类似，用外部链接数与网站网页总量之比来度量。还有一种方法是直接用外部链接数来衡量 WIF，中国科学院情报中心在之前的研究中对比了两种评价效果，发现后者的评价效果更为稳定，这里的研究也进一步证实了这个结论。如表 5-1 所示为外部链接数 inlink 和大学排名之间的相关系数。从中可以看出，在 0.01 的显著性水平之下，外部链接数（inlink）和大学排名（rank）之间存在非常明显的相关关系。

表 5-1 inlink/rank 相关度 Correlations

	inlink	rank
外部链接数秩相关系数 Sig(2-tailed)N	1.000 93	0.720* 0.000 93
秩相关系数 Sig(2-tailed)N	0.720* 0.000 93	1.000 93

（二）链接网络结构分析

本研究利用基于边排斥力导向（Edge-repulsion force directed）的复杂网络可视化工具——LinLog 能量模型对链接网络进行了可视化，并根据样本的分布情况分析了链接网络的局部结构，成功发现 8 个区域。分析其形成原因，发现 1~4 和 8 为主题合作型社区，5~7 为区域合作型社区，以上划分出的 8 个社区也是以主题和区域合作为主要形成特点。集合中的少量节点也有例外情况，如社区 7 中的 njnu 不属于广东省，社区 8 中的某些样本不属于理工类大学。各个集合的详细信息如表 5-2 所示（集合成员以样本网站的二级域名表示）。

表 5-2 主题集合列表

集合编号	集合成员	集合规模	集合类型	备注
1	hunnu,ccnu,nenu,snnu	4	主题	师范类
2	cau,njau,hzau,nwsuaf,scau	5	主题	农林类
3	hit,bit,hrbeu	3	主题	理工类
4	buaa,nuaa,nwpu	3	主题	航空类
5	sdu,sdau,sdnu,ouc	4	地区	山东省
6	fju,fjnu,fjau	3	地区	福建省
7	sysu,jnu,scnu,njnu	4	地区	广东省
8	tsinghua,sjtu,tongji,zju...	若干	主题	理工类

五、结论

LinkDiscoverer 和 CheckWeb、离线浏览等链接分析工具无论是设计理念，还是实现方法和技术都有不同。

在功能上，CheckWeb 只能进行指定主机范围内的爬行，而不支持在指定域内的爬行。离线浏览软件和数据挖掘软件相结合用来获取链接数据的方法有很多缺陷，如信息提取和网页过滤等问题。在灵活性和可扩展性方面，CheckWeb 和离线浏览工具都不支持可扩展的 URL 过滤机制，LinkDiscoverer 可支持采用相对灵活的方法来设定数据采集规则、网页 URL 过滤规则等。在效用性方面，CheckWeb 基本不可能满足大规模链接分析研究的要求，与离线浏览工具一样也需要数据挖掘工具来解析出链接数据。在数据的可再现性方面，现有的工具都不具备数据的可再现能力。虽然链接分析研究中不具备数据的可再现性，但数据采集的策略和手段却是可再现的。要对网络爬行系统的科学性进行验证，只要结合爬行策略和资源对象范围，就能够做出合理的判断。实验研究表明，LinkDiscoverer 在功能性、灵活性、可扩展性和效用性上都表现良好，基本满足了链接分析的研究需要，并且在分析方法上实现了一定突破。

本研究从网络计量学的实际需求出发，设计和开发了链接分析专用的软件系统，该系统主要解决了有关链接分析数据采集的以下几方面的问题：域内或主机上链接数据的获取、非超文本文件的过滤、采集深度和路径的控制。但从研究中发现，链接分析的数据采集中存在的诸多难点还有待解决，如网站边界的识别、多域名机构的识别、链接过滤、script 链接的处理等。虽然在本研究中解决了一些问题，但上述难点还不同程度地存在着，是链接分析研究不可回避的问题，希望在以后的研究中能得到改进和发展。

第二节 PageRank 工具

PageRank 是一种不容易被欺骗的计算 Web 网页重要性的工具。Google 的 PageRank 根据网站的外部链接和内部链接的数量和质量来衡量网站的价值。每个到页面的链接都是对该页面的一次投票，被链接得越多，就意味着被其他网站投票越多。这个就是所谓的"链接流行度"——衡量多少人愿意将他们的网站和你的网站挂钩。PageRank 这个概念引自学术中一篇论文的被引述的频度，被别人引述的次数越多，一般判断这篇论文的权威性就越高。

一、PageRank 简介

Google 有一套自动化方法来计算这些投票。Google 的 PageRank 分值从 0 到 10；PageRank 为 10 表示最佳，但非常少见，类似里氏震级（Richterscale），PageRank 级别也不是线性的，而是按照一种指数刻度。这是一种奇特的数学术语，意思是 PageRank4 不是比 PageRank3 好一级而可能会好 6 ~ 7 倍。因此，一个 PageRank5 的网页和 PageRank8 的网页之间的差距可能会比你认为的要大得多。

PageRank 较高的页面的排名往往要比 PageRank 较低的页面高，而这导致了人们对链接的着魔。在整个 SEO（Search Engine Optimization，搜索引擎优化）社区，人们忙于争夺、交换，甚至销售链接，它是过去几年来人们关注的焦点，以至于 Google 修改了它的系统，并开始放弃某些类型的链接。例如，被人们广泛接受的一条规定，来自缺乏内容的"link farm"（链接工厂）网站的链接将不会提供页面的 PageRank，从 PageRank 较高的页面得到链接但是内容不相关（如某个流行的漫画书网站链接到一个叉车规范页面），也不会提供页面的 PageRank。Google 选择降低了对 PageRank 的更新频率，以便不鼓励人们不断地监测 PageRank。

Google PageRank 一般一年更新四次，所以刚上线的新网站不可能获得 PR（Page Rank，网页级别）值。你的网站很可能在相当长的时间里看不到 PR 值的变化，PR 值暂时没有，这不是什么不好的事情，耐心等待就好了。

您的网站获取外部链接是一件好事，但是无视其他 SEO 领域的工作而进行急迫的链接建设是浪费时间，要时刻保持一个整体思路并记住以下几点。

1. Google 的排名算法并不是完全基于外部链接的。
2. 高 PageRank 并不能保证 Google 上的高排名。
3. PageRank 值更新得比较慢，今天看到的 PageRank 值可能是三个月前的值。

因此，我们不鼓励刻意地去追求 PageRank，因为决定排名的因素有上百种。尽管如此，PageRank 还是一个用来了解 Google 对您的网站页面如何评价的相当好的指示。Anzone 建议网站设计者要充分认识 PageRank 在 Google 判断网站质量中的重要作用，从设计前的考虑到后期网站更新都要给予 PageRank 足够的分析。

PageRank 是为一个函数，其对 Web 中（或者至少为抓取并发现其中链接关系的一部分 Web 网页）的每个网页赋予一个实数值。它的意图在于，网页的 PageRank 越高，那么它就越"重要"。并不存在一个固定的 PageRank 分配算法，实际上，一些基本方法的变形能够改变任意两个网页的相对 PageRank 值。首先给出最基本也是最理想的 PageRank 的定义，然后给出面对真实 Web 结构时对基本 PageRank 所做的必要修改。

Web 可以想象成一个有向图，其中网页为图中节点，如果网页 p_1 到 p_2 之间存在一条或者多条链接，则 p_1 到 p_2 存在一条有向边。如图 5-1 所示给出了一个非常小版本的 Web 图的例子，该图只包括 4 个网页，页面 A 到其他 3 个页面 B、C、D 都存在链接，页面 B 只链向 A 和 D，页面 C 只链向 A，而 D 只链向 B 和 C。

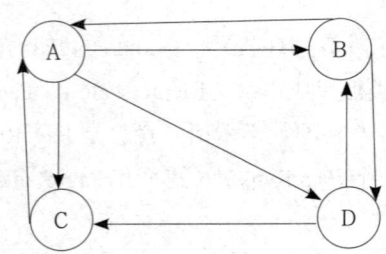

图 5-1　一个设想的 Web 例子示意图

假定一个随机冲浪者从图 5-1 所示的页面出发,由于 A 链向 B、C 和 D,所以它会以各 1/3 的概率分别访问 B、C 和 D,但是下一步继续访问 A 的概率为 0。同样,到达 B 点的随机冲浪者下一步会分别以 1/2 的概率访问 A 和 D,而到 B 或 C 的概率为 0。

一般地,可定义一个 Web 转移矩阵来描述随机冲浪者的下一步访问行为。如果网页数目为 n,则该矩阵 M 为一个 n 行 n 列的方阵。如果网页 j 有 k 条出链,那么对每一个侧边链向的网页 i,矩阵第 j 列的矩阵元素 m_{ij} 值为 $1/k$,而其他网页的 $m_{ij}=0$。

例如,有对应的 Web 转移矩阵为

$$M = \begin{bmatrix} 0 & \frac{1}{2} & 1 & 0 \\ \frac{1}{3} & 0 & 0 & \frac{1}{2} \\ \frac{1}{3} & 0 & 0 & \frac{1}{2} \\ \frac{1}{3} & \frac{1}{2} & 0 & 0 \end{bmatrix}$$

该矩阵中,页面按照最自然的 A、B、C、D 来排序。因此,第 1 列表示的是上面所提到的事实,即处于 A 的随机冲浪者将以各 1/3 的概率访问其他 3 个网页。第 2 列表示 B 处的冲浪者将以各 1/2 的概率访问 A 和 D。第 3 列表示 C 处的冲浪者下一步一定会访问 A。最后一列表示 D 处的冲浪者下一步将以各 1/2 的概率访问 B 和 C。

随机冲浪者位置的概率分布可以通过一个 n 维列向量来描述,其中向量中的第 j 个分量代表冲浪者处于网页 j 的概率,为理想化的 PageRank 函数值。

假定随机冲浪者处于 n 个网页的初始概率相等,那么初始的概率分布向量即为一个每维均为 1 的 n 维向量 v_0。假定 Web 转移矩阵为 M,则第 1 步之后随机冲浪者的概率分布向量为 M_{v_0},第 2 步之后的概率分布向量为 $M(M_{v_0})=M^2_{v_0}$,其余以此类推。总的来说,随机冲浪经过 i 步之后的位置概率分布向量为 $M^i_{v_0}$。

为了理解当前概率分布为 v 时下一步的概率分布为 $x=Mv$,下面给出相关的推导过程。假定随机冲浪者下一步处于节点 i 的概率为 x_i,那么

$$x_i = \sum_j m_{ij} v_j$$

公式中 m_{ij} 表示处于节点 j 的冲浪者下一步访问节点 i 的概率(因为 j 到 i 不存在链接,所以该概率经常为 0);

v_j 表示当前处于节点 j 的概率。

上述行为实际上是一个称为马尔可夫过程(Markov process)的古典理论的一个例子。众所周知,如果满足下列两个条件,则随机冲浪者的分布将逼近一个极限分布 V,该分布满足 $V=Mv$。

1. 图为强连通(strongle connected)图,即可以从任一节点到达其他节点。

2. 图不存在终止点（deal-end），即不存在出链的节点。

当 M 乘上当前概率分布向量之后，值不再改变时就达到了极限。对于这一点，也可以采用其他的表达方式。我们知道，矩阵 M 的特征向量（eigenvector）是指对于某个特征值（eigenvalue）λ 满足 $v=\lambda MV$ 的向量 v。而前面提到的极限向量 v 正好为转移矩阵 M 的特征向量。实际上，由于 M 为一个随机向量，即它的每一列之和为 1，此时 v 为 M 的主特征向量（principal eigenvector，即最大特征值对应的特征向量），其对应主特征向量的最大特征值为 1。

M 的主特征向量给出的是长时间后冲浪者最可能处于的位置。回想一开始提到的内容，PageRank 表示的直观意义是指冲浪者处于某个页面的概率越大，则该页面越重要。这样可以从初始向量 v_0 出发，不断左乘矩阵 M，直到前后两轮迭代产生的结果向量差异很小时停止，从而得到 M 的主特征向量。实际中，对于 Web 本身而言，错误控制在双精度的情况下，迭代 50～75 次已经足够收敛。

二、相关算法

（一）PageRank

PageRank 的基本思想为：如果网页 T 存在一个指向网页 A 的链接，则表明 T 的所有者认为 A 比较重要，从而把 T 的一部分重要性得分赋予 A。这个重要性得分值为 PR(T)/C(T)。其中，PR(T) 为 T 的 PageRank 值，C(T) 为 T 的出链数，则 A 的 PageRank 值为一系列类似于 T 的页面重要性得分值的累加。

优点：PageRank 是一个与查询无关的静态算法，所有网页的 PageRank 值通过离线计算获得；有效减少在线查询时的计算量，极大降低了查询响应时间。

不足：人们的查询具有主题特征，PageRank 忽略了主题相关性，导致结果的相关性和主题性降低；另外，PageRank 对新网页的歧视很严重。

（二）Topic-Sensitive PageRank（主题敏感的 PageRank）

主题敏感的 PageRank 的基本思想：针对 PageRank 对主题的忽略而提出。核心思想：通过离线计算出一个 PageRank 向量集合，该集合中的每一个向量与某一主题相关，即计算某个页面关于不同主题的得分。主要分为两个阶段：主题相关的 PageRank 向量集合的计算和在线查询时主题的确定。

优点：根据用户的查询请求和相关上下文判断用户查询相关的主题（用户的兴趣）返回查询结果准确性高。

不足：没有利用主题的相关性来提高链接得分的准确性。

（三）Hilltop

Hilltop 的基本思想：与 PageRank 的不同之处是仅考虑专家页面的链接。主要包括两个步骤：专家页面搜索和目标页面排序。

优点：相关性强，结果准确。

不足：专家页面的搜索和确定对算法起关键作用，专家页面的质量决定了算法的准确性，而专家页面的质量和公平性难以保证；忽略了大量非专家页面的影响，不能反映整个 Internet 的民意；当没有足够的专家页面存在时，返回的结果为空，所以 Hilltop 适合对查询排序进行求精。

三、PageRank 算法

为了计算大图结构上的 PageRank，由 PageRank 的核心思想可得一个直观的公式如下：

$$R(i) = \sum_{j \in B(i)} R(j) \quad (5-1)$$

式中 $R(i)$ 表示 i 的 PageRank，$B(i)$ 表示所有指向 i 的网页。

公式（5-1）的意思为一个网页的重要性等于指向它的所有网页的重要性相加之和。粗看之下，公式（5-1）将核心思想准确地表达出来了。但仔细观察即会发现，公式（5-1）有一个缺陷：无论 j 有多少个超链接，只要 j 指向 i，i 都将得到与 j 一样的重要性。当 j 有多个超链接时，这个思想即造成不合理的情况。例如，一个新开的网站 N 只有两个指向它的超链接，一个来自门户网站 F，另一个来自网站 U。根据公式（5-1），即会得到 N 比 F 更优质的结论。这个结论显然不符合人们的常识。

弥补这个缺陷的一个简单方法是假设个数为 N，每个链接得到的重要性为 $\dfrac{R(j)}{N}$，于是公式（5-1）即变成公式（5-2）。

$$R(i) = \sum_{j \in B(i)} \dfrac{R(j)}{N(j)} \quad (5-2)$$

$N(j)$ 表示 j 页面的超链接数。

从图 5-2 中可以看出，如果要得到 N 比 F 更优质的结论，就要求 N 得到很多重要网站的超链接或者海量不知名网站的超链接，而这是可接受的。因此，可以认为公式（5-2）将核心思想准确地表达出来了。为了得到标准化的计算结果，在公式（5-2）的基础上增加一个常数 C，得到

$$R(i) = C \sum_{j \in B(i)} \dfrac{R(j)}{N(j)} \quad (5-3)$$

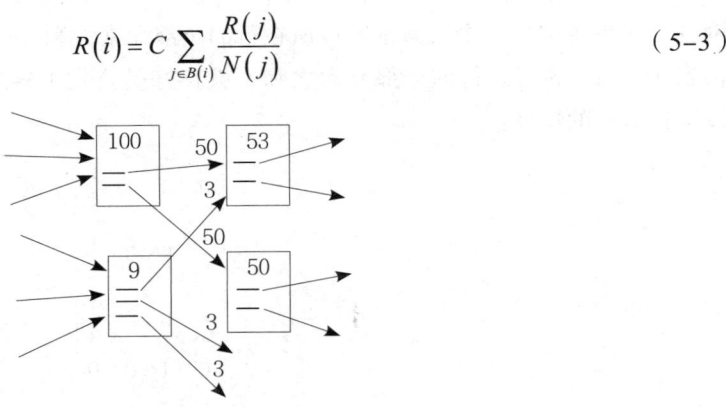

图 5-2 网站超链接

由公式（5-3）可知，PageRank 是递归定义的。换句话说，要得到一个页面的 PageRank，就要先知道另一些页面的 PageRank。因此，需要设置合理的 PageRank 初始值。不过，如果有办法得到合理的 PageRank 初始值，还需要这个算法吗？或者说，这个严重依赖于初始值的算法有什么意义吗？

依赖于合理初始值的 PageRank 算法是没意义的，那么不依赖于初始值的 PageRank 算法就是有意义的。也就是说，如果存在一种计算方法，无论怎样设置初始值，最后都会收敛到同一个值就行了。要做到这点，就要从线性代数的角度看问题。

将页面看成节点，超链接看成有向边，整个互联网就变成一个有向图了。此时，用邻接矩阵 M 表示整个互联网，若第 i 个页面存在到第 j 个页面的超链接，那么矩阵元素 $m_{ij}=1$，否则 $m_{ij}=0$，如图 5-3 所示。

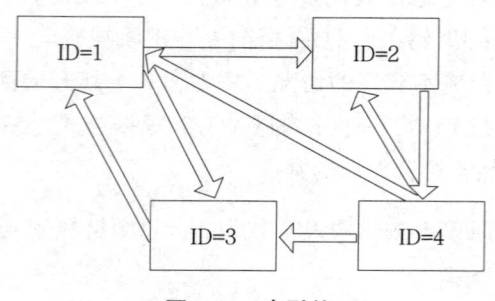

图 5-3　索引值

矩阵 M 为

$$M = \begin{bmatrix} 0 & 1 & 1 & 0 \\ 0 & 0 & 0 & 1 \\ 1 & 0 & 0 & 0 \\ 1 & 1 & 1 & 0 \end{bmatrix}$$

观察矩阵 M 可发现，M 的第 i 行表示第 i 个网页指向的网页，M 的第 j 列表示指向 j 的网页。如果将 M 的每个元素都除以所在行的全部元素之和，然后再将 M 转置（交换行和列），得到 M^T。M^T 的每一行的全部元素之和不就正好是公式（5-3）中的吗？例如，由图 5-3 可以得到这样的矩阵：

$$M^T = \begin{bmatrix} 0 & 0 & 1 & \frac{1}{3} \\ \frac{1}{2} & 0 & 0 & \frac{1}{3} \\ \frac{1}{2} & 0 & 0 & \frac{1}{3} \\ 0 & 1 & 0 & 0 \end{bmatrix}$$

将 R 看作一个 N 行 1 列的矩阵，公式（5-3）变为

$$R = CM^TR \tag{5-4}$$

在公式（5-4）中，R 可以看作 M^T 的特征向量，其对应的特征值为 $1/C$（可以回忆一下线性代数中对特征向量的定义——对于矩阵 A，若存在着列向量 X 和一个数 c，使 $AX=cX$，则 X 称为 A 的特征向量，c 称为 A 的特征值）。幂法（power method）计算主特征向量与初始值无关，因此只要把 R 看作主特征向量计算，即可解决初始值的合理设置问题。

幂法得到的结果与初始值无关，是因为最终都会收敛到某个值。因此，使用幂法之前，要确保能够收敛。但是，在互联网的超链接结构中，一旦出现封闭的情况，就会使幂法不能收敛。所谓的封闭，是指若干个网页互相指向对方，但不指向别的网页。具体的例子如图 5-4 所示。在图 5-4 中的 4 个白色网页就是封闭情况。这种情况会使这些网页的 PageRank 在计算的时候不断累加，从而使结果不能收敛。仔细研究就会发现黑色网页的 PageRank 给了白色网页后，白色网页就将这些 PageRank 吞掉了。Larry Page 将这种情况称为 Rank Sink。

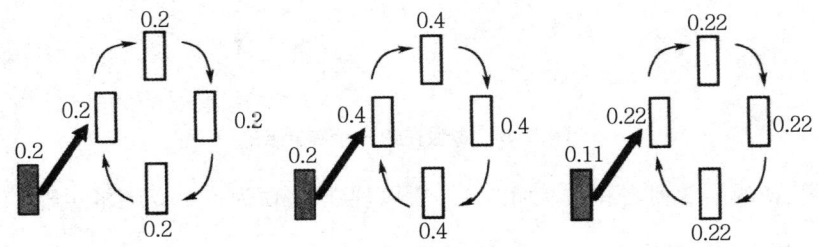

图 5-4 网页封闭情况

如果沿着网页的链接一直点下去，发现老是在同样的几个网页中徘徊，怎么办？没错，把当前页面关掉，再开一个新的网页。上述情况正好与 Rank Sink 类似，也就意味着可以借鉴这个思想解决 Rank Sink。因此，在公式（5-3）的基础上加一个逃脱因子 E，得到

$$R(i) = C \sum_{j \in B(i)} \frac{R(j)}{N(j)} + CE(i) \tag{5-5}$$

公式中 $E(i)$ 为第 i 个网页的逃脱因子。

将公式（5-5）变为矩形形式，即有

$$R = CM^TR = CE = C(M^TR + E) \tag{5-6}$$

式中，列向量 R 的 1 范数（1 范数指的是全部矩阵元素相加）为 1。

将公式（5-6）重写为

$$R = C(M^T + E \times 1)R \tag{5-7}$$

公式中的 1 是指一行 N 列的行向量，且每个元素都为 1。

在公式（5-7）中，只要将 R 看作 $(M^T+E \times 1)$ 的特征向量，即可同时解决初始值设置问题和封闭的情况。

四、避免终止点

一个没有出链的网页称为终止点。如果允许终止点存在，那么由于 Web 的转移矩阵中某些列之和不为 1 而为 0，则该转移矩阵就不再为随机矩阵。一个列的和最多为 1 的矩阵称为亚随机（substochastic）矩阵。给定一个亚随机矩阵，如果不断增加 i 来计算 $M^i v$，那么向量的部分或者全部分量会变为 0。也就是说，重要性不断从 Web 中"抽出"，从而最终无法得到任何有关网页相对重要性的信息。

例如，在图 5-1 中去掉 C 到 A 的边得到图 5-5，此时 C 即变成一个终止点。对于随机冲浪者来说，一旦到达 C，那么下一轮它会消失。图 5-5 的转移矩阵为 M。

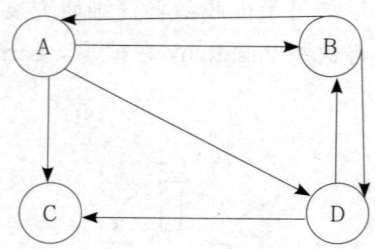

图 5-5　C 现在为一个终止点

由于矩阵 M 的第 3 列之和为 0 而非 1，所以现在的 M 为一个亚随机矩阵。下面的矩阵为初始向量（各分量值都为 $\frac{1}{4}$）不断左乘 M 得到的向量序列。

$$M = \begin{bmatrix} 0 & \frac{1}{2} & 0 & 0 \\ \frac{1}{3} & 0 & 0 & \frac{1}{2} \\ \frac{1}{3} & 0 & 0 & \frac{1}{2} \\ \frac{1}{3} & \frac{1}{2} & 0 & 0 \end{bmatrix}$$

可看到，随着迭代的进行，随机冲浪者在任何网页出现的概率都为 0。

$$\begin{bmatrix} \frac{1}{4} \\ \frac{1}{4} \\ \frac{1}{4} \\ \frac{1}{4} \end{bmatrix} \begin{bmatrix} \frac{3}{24} \\ \frac{5}{24} \\ \frac{5}{24} \\ \frac{5}{24} \end{bmatrix} \begin{bmatrix} \frac{5}{48} \\ \frac{7}{48} \\ \frac{7}{48} \\ \frac{7}{48} \end{bmatrix} \begin{bmatrix} \frac{21}{288} \\ \frac{31}{288} \\ \frac{31}{288} \\ \frac{31}{288} \end{bmatrix} \cdots \begin{bmatrix} 0 \\ 0 \\ 0 \\ 0 \end{bmatrix}$$

有两种方法可以处理上述终止点问题。

1. 将终止点及其入链从图中删除。这样做后可能又会创建更多的终止点，继续迭代剔除终止点。但是，最终会得到一个强连通子图，其中所有节点都为非终止点。

2. 可以修改随机冲浪者在 Web 上的冲浪过程。这种称为"抽税"的方法也能解决采集器陷阱的问题。

如果采用上述第一种迭代删除终止点的方法，那么可采用任意合适的方法来解决剩余的图 G，包括若干 G 中存在采集器陷阱时所采用的抽税法。然而，恢复到原图，但是仍然保留 G 中节点的 PageRank 值。不在 G 中的节点，如果所有链向它的网页都在 G 中，那么这些网页的 PageRank 除以出链数然后求和即可得到该节点的 PageRank。还有一些其他节点，虽然不在 G 中，但所有链向它的网页的 PageRank 都已计算出，那么可采用同样的过程得到它的 PageRank。最终，所有 G 之外的节点都可计算出 PageRank 值。如果确保计算时的顺序与删除的顺序相反，那么这些节点的 PageRank 值则一定可由计算得到。

例如，图 5-6 为图 5-5 的一个变形，其中引入了 C 的一个后继节点 E。但 E 本身为一个终止点。如果把节点 E 以及节点 C 的入边删除，则发现这时节点 C 会变为一个终止点。删除节点 C 后，由于剩下的节点 A、B、C 都有出链，所以它们都不能删除。最终得到的结果如图 5-7 所示。

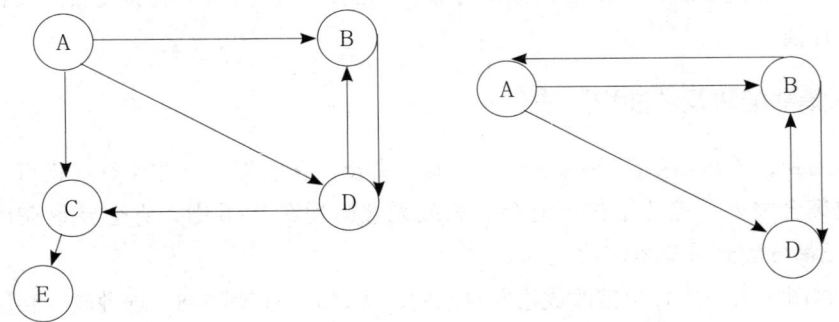

图 5-6　一个具有两层终止点结构的图　图 5-7　迭代删除终止点后的无终止点图

图 5-7 对应的转移矩阵为

$$M = \begin{bmatrix} 0 & \frac{1}{2} & 0 \\ \frac{1}{2} & 0 & 1 \\ \frac{1}{2} & \frac{1}{2} & 0 \end{bmatrix}$$

该矩阵的行和列都按 A、B、D 的顺序排列。为了得到该矩阵对应的 PageRank，从一个所有分量均为 $\frac{1}{3}$ 的初始向量开始迭代计算，每次迭代都左乘矩阵 M。最终得到的向量序列为

$$\begin{bmatrix} 1/3 \\ 1/3 \\ 1/3 \end{bmatrix} \begin{bmatrix} 1/6 \\ 3/6 \\ 2/6 \end{bmatrix} \begin{bmatrix} 3/12 \\ 5/12 \\ 4/12 \end{bmatrix} \begin{bmatrix} 5/24 \\ 11/24 \\ 8/24 \end{bmatrix} \cdots \begin{bmatrix} 2/9 \\ 4/9 \\ 3/9 \end{bmatrix}$$

于是得到 A、B 和 D 的 PageRank 分别为 $\frac{2}{9}$、$\frac{4}{9}$ 和 $\frac{3}{9}$。接着仍需要按照刚才删除相反的顺序来计算 C 和 E 的 PageRank。由于 C 最后一个被删除,因此首先计算 C 的 PageRank,直到所有 C 的链入网页的 PageRank 都已知。而这些链入网页为 A 和 D。从图 5-1 中可以看出,A 有 3 条出链,因此它对 C 贡献了 $\frac{1}{3}$ 的 PageRank。而 D 的出链有两条,因此它对 C 贡献了 $\frac{1}{2}$ 的 PageRank。于是,C 的 PageRank 为 $\frac{1}{3} \times \frac{2}{9} + \frac{1}{2} \times \frac{3}{9} = \frac{13}{54}$。

接着,计算 E 的 PageRank。该节点只有一个链入节点 C,而 C 只有一条出链。因此,E 的 PageRank 等于 C 的 PageRank。值得注意的是,当前所有节点的 PageRank 和已经超过 1,因此它们已经不能代表随机冲浪者的概率分布。当然,它们仍然是能够反映网页相对重要程度的合理估计值。

五、采集器陷阱及"抽税"法

在前面提到,采集器陷阱指的是一系列节点集合,它们当中虽然没有终止点,但是却没有出链指向集合之外。这些结构可能会有意或无意出现在 Web 中,它会导致在计算时将所有 PageRank 都分配到采集器陷阱之内。

例如,将图 5-1 中的 C 出链改成指向自己的链接之后得到图 5-8。这种改变会使 C 变成一个简单的由单节点构成的采集器陷阱。值得注意的是,通常来说采集器陷阱会包含很多节点。

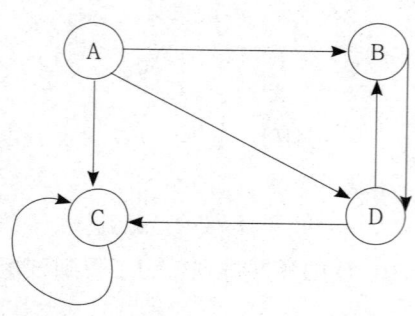

图 5-8 包含单节点采集器陷阱的图

图 5-8 的转移矩阵为

$$M = \begin{bmatrix} 0 & \frac{1}{2} & 0 & 0 \\ \frac{1}{3} & 0 & 0 & \frac{1}{2} \\ \frac{1}{3} & 0 & 1 & \frac{1}{2} \\ \frac{1}{3} & \frac{1}{2} & 0 & 0 \end{bmatrix}$$

按照通常的迭代方法来计算节点的 PageRank，得到如下向量序列：

$$\begin{bmatrix} \frac{1}{4} \\ \frac{1}{4} \\ \frac{1}{4} \\ \frac{1}{4} \end{bmatrix} \begin{bmatrix} \frac{3}{24} \\ \frac{5}{24} \\ \frac{11}{24} \\ \frac{5}{24} \end{bmatrix} \begin{bmatrix} \frac{5}{48} \\ \frac{7}{48} \\ \frac{7}{48} \\ \frac{7}{48} \end{bmatrix} \begin{bmatrix} \frac{21}{288} \\ \frac{31}{288} \\ \frac{205}{288} \\ \frac{31}{288} \end{bmatrix} \cdots \begin{bmatrix} 0 \\ 0 \\ 0 \\ 0 \end{bmatrix}$$

不出所料，由于随机冲浪者一旦到达 C 就无法离开，所以所有的 PageRank 值最终都落在 C 上面。

为了避免上述所示的问题，对 PageRank 的计算进行少许修改，即允许每个随机冲浪者能够以一个较小的概率随机跳转（teleport）到一个随机网页，而不一定要沿着当前网页的出链前进。于是，根据前面的 PageRank 估计值 v 和转移矩阵 M 估计新的 PageRank 向量 v' 的迭代公式为

$$v' = \beta M v + (1-\beta)\frac{e}{n}$$

式中 β 表示一个选定的常数，通常取值为 0.8 ~ 0.9；

e 表示一个所有分量都为 1，维数为 n 的向量；

n 表示 Web 图中所有节点的数目；

$\beta M v$ 表示随机冲浪者以概率 β 从当前网页选择一个出链前进的情况；

$(1-\beta)\frac{e}{n}$ 表示一个所有分量都为 $\frac{1-\beta}{n}$ 的向量，它代表一个新的随机冲浪者以 $(1-\beta)$ 的概率随机选择一个网页进行访问。

注意，如果图中没有终止点，那么引入新的随机冲浪者的概率与随机冲浪者决定不沿当前页面的出链前行的概率完全相等。这种情况下，把冲浪者想象成要么沿某个出链前行，要么随机跳转到某个随机网页是十分合理的。但是，如果图中存在终止点，那么就存在第三种

可能，即冲浪者无处可走。由于 $(1-\beta)\dfrac{e}{n}$ 并不依赖于向量 v 的分量之和，因此 Web 的冲浪者总有部分概率处于 Web 中。也就是说，即使存在终止点，v 的分量之和会小于 1，但是永远不会为 0。

六、影响 PageRank 的因素

影响 PageRank 的因素主要有以下几个：① 与 PageRank 高的网站做链接；② 与内容质量高的网站做链接；③ 加入搜索引擎分类目录；④ 加入免费开源目录；⑤ 链接出现在流量大、知名度高、频繁更新的重要网站上；⑥ Google 对 PDF 格式的文件比较看重；⑦ 安装 Google 工具条；⑧ 域名和 tilte 标题出现关键词与 meta 标签等；⑨ 反向链接数量和反向链接的等级；⑩ Google 抓取网站的页面数量，导出链接数量。

第三节　搜索引擎研究

互联网发展早期，以雅虎为代表的网站分类目录查询非常流行。网站分类目录由人工整理维护，精选互联网上的优秀网站，并简要描述，分类放置到不同目录下。用户查询时，通过一层层的单击来查找自己想找的网站。也有人把这种基于目录的检索服务网站称为搜索引擎。1990 年，加拿大麦吉尔大学（University of McGill）计算机学院的师生开发出 Archie。当时万维网（World Wide Web）还没有出现，人们通过 FTP 来共享交流资源。Archie 能定期搜集并分析 FTP 服务器上的文件名信息，提供查找分布在各个 FTP 主机中的文件。用户必须输入精确的文件名进行搜索，Archie 告诉用户哪个 FTP 服务器能下载该文件。虽然 Archie 搜集的信息资源不是网页（HTML 文件），但和搜索引擎的基本工作方式（自动搜集信息资源、建立索引、提供检索服务）一样自动搜集信息资源、建立索引、提供检索服务。

一、搜索引擎未来的发展方向

（一）原理

从字面意义上来解释，搜索引擎是用于帮助互联网用户查询信息的搜索工具，它以一定的策略在互联网中搜集、发现信息，对信息进行理解、提取、组织和处理，并为用户提供检索服务，从而起到信息导航的目的。

不过在早期的时候，互联网上面的搜索引擎和今天使用的搜索引擎有所不同。早期的搜索引擎更像是我们今天很多中文"ICP 网站"，把因特网中的资源服务器的地址收集起来，由其提供的资源类型的不同而分成不同的目录，再一层层地进行分类。人们要找自己想要的信息可按分类一层层进入，就能最后到达目的地，找到自己想要的信息。这其实是最原始的方式，只适用于因特网信息并不多的时候，因为如果信息一旦多起来，查找所花费的时间就会很长。

简单地说，搜索引擎的原理是起源于传统的信息全文检索理论，即计算机程序通过扫描每一篇文章中的每一个词，建立以词为单位的排序文件，检索程序根据检索词在每一篇文章中出现的频率和每一个检索词在一篇文章中出现的概率，对包含这些检索词的文章进行排序，最后输出排序的结果。互联网搜索引擎除了需要有全文检索系统之外，还要有所谓的"蜘蛛"（SPIDER）系统，即能够从互联网上自动收集网页的数据搜集系统。蜘蛛系统被 Michael Mauldin 融合到 Lycos 搜索引擎里面，它能够将搜集所得的网页内容交给索引和检索系统处理，形成常见的互联网搜索引擎系统。当然，一个完整的搜索引擎系统还需要有一个检索结果的页面生成系统，也就是要把检索结果高效地组装成万维网页面。

（二）历史

说到搜索引擎的历史，自然不能不说雅虎（Yahoo）了。正如计算机时代的很多新事物一样，雅虎起源于一个想法，随后变成一种业余爱好，最终成了使人全身心投入的一项事业。雅虎的两位创始人大卫·费罗（David Filo）和杨致远（Jerry Yang）是美国斯坦福大学电机工程系的博士生，于 1994 年 4 月建立了自己的网络指南信息库，将其作为记录他们个人对互联网的兴趣的一种方式。但是不久，他们将 Yahoo 变成了一个可定制的数据库，旨在满足成千上万的、刚刚开始通过互联网社区使用网络服务的用户的需要。他们开发了可定制的软件，帮助用户有效地查找、识别和编辑互联网上存储的资料。最初 Yahoo 存放在杨致远的学生工作站 akebono 上，而搜索引擎存放在 Filo 的计算机 konishiki 上（这些计算机的名称都来自于一些具有传奇色彩的夏威夷摔跤手），意想不到的是，雅虎大受欢迎，斯坦福大学的计算机网络由此受到来自外界的大浏览量的冲击。1995 年初，Netscape Communications 公司邀请大卫·费罗和杨致远将他们的文件转移到 Netscape 公司提供的更大的计算机上。这一做法不仅使斯坦福大学的计算机网络恢复了正常，而且令双方都有所受益。今天，雅虎含有链接到互联网上的成千上万台计算机中存储的信息。

从 1994 年 4 月中国科学院网首次与 Internet 互联开始，中文搜索引擎的发展速度就非常惊人，中国台湾和香港地区加入互联网的时间较早，建立和发展中文搜索引擎的历史较长，其发展速度也很快。在中国，内地的中文搜索引擎以天网、搜狐、网易、新浪搜索等为代表；中国台湾的中文搜索引擎以 Openfmd、奇摩、盖世引擎等为代表；中国香港的中文搜索引擎以茉莉之窗、网上行、悠游等为代表。国际上一些大型的搜索引擎公司也纷纷加入中文搜索引擎市场，最具代表性的是 Alta Vista、Yahoo（中文简体版和繁体版）和 Excite。

（三）现状

随着网上内容的爆炸式增长和内容形式花样的不断翻新，搜索引擎越来越不能满足挑剔的网民们的各种信息需求。目前的搜索引擎仍然存在不少的局限性。从 1996 年起，搜索引擎技术开始注重网页质量与相关性的结合，这主要是通过三种手段：① 对网上的超链接结构进行分析，如 Infoseek 和 Google；② 对用户的点击行为进行分析，如 Directhit（一种人工操作目录索引的美国搜索引擎，被 Ask Jeeves 收购）；③ 与网站目录相结合。

最新的趋势则是搜索的个性化和本地化。

1. 个性化

入门网站的个性化已经比较成熟了，但是搜索引擎的个性化并没有得到解决，不同的人使用相同的检索词得到的结果是相同的。也就是说，搜索引擎没有考虑人的地域、性别、年龄等方面的差别。

2. 本地化

本地化是比个性化更明显的趋势。随着互联网在全球的迅速普及，综合性的搜索引擎已经不能满足很多非美国网民的信息需求。近来，Yahoo、Inktomi、Lycos 等公司不断推出各国、各地区的本地搜索网站，搜索的本地化已经势不可当。

（四）未来

1. 自然语言理解技术

自然语言理解是计算机科学中一个引人入胜、富有挑战性的课题。从计算机科学，特别是从人工智能的观点来看，自然语言理解的任务是建立一种计算机模型，这种计算机模型能够像人那样理解、分析并回答。以自然语言理解技术为基础的新一代搜索引擎，我们称之为智能搜索引擎。由于它将信息检索从目前基于关键词层面提高到基于知识（或概念）层面，对知识有一定的理解与处理能力，能够实现分词技术、同义词技术、概念搜索、短语识别以及机器翻译技术等。因而，这种搜索引擎具有信息服务的智能化、人性化特征，允许网民采用自然语言进行信息的检索，为他们提供更方便、更确切的搜索服务。

2. P2P 对等网络

P2P 是 Peer-to-Peer 的缩写，意为对等网络。其在加强网络上人的交流、文件交换、分布计算等方面大有前途。长久以来，人们习惯的互联网以服务器为中心。人们向服务器发送请求，然后浏览服务器回应的信息。而 P2P 所包含的技术就是使联网计算机能够进行数据交换，但数据是存储在每台计算机里，而不是存储在既昂贵又容易受到攻击的服务器里。网络成员可以在网络数据库里自由搜索、更新、回答和传送数据。所有人都共享了他们认为最有价值的数据，这将使互联网上信息的价值得到极大的提升。

3. 多媒体搜索引擎

随着宽带技术的发展，未来的互联网是多媒体数据的时代。开发出可查寻图像、声音、图片和电影的搜索引擎是一个新的方向。目前，瑞典一家公司已经研制推出被称为"第五代搜索引擎"的动态的和有声的多媒体搜索引擎。图像、视频将很快取代文本成为互联网上主要的信息。

二、通用型搜索引擎

通用型搜索引擎，又称综合性引擎，信息覆盖范围大，用户广泛，如 Google、百度等。它们通常使用一个或多个 Web 信息提取器（网络蜘蛛）从 Internet 上收集各种数据（如 WWW、News、FTP），然后在自身服务器上为这些数据创建索引，当用户搜索时根据用户提交的查询条件从索引库中迅速查找出满足条件的信息返回给用户。

（一）通用型搜索引擎的分类

通用搜索引擎按照信息搜集方法和服务提供方式的不同，可分为以下三种。

1.全文搜索引擎

全文搜索引擎是指能够对网站的每个网页的每个单子进行检查，由此可见它是基于网页级的，如 Google、百度。在信息获取方式上，全文搜索引擎必须有一个网络蜘蛛来获取网页内容，从而建立此网页的全文索引。它的特点是查全率高、查准率低、搜索范围较广、提供的信息多而全、缺乏清晰的层次结构。

2.分类目录搜索引擎

分类目录搜索引擎将网络信息加以归类，利用传统的信息分类方式来组织信息，用户按照分类查找信息，因此它是基于网站级的。

在信息获取方式上，它们并不主动采集网站的任何信息，而利用各网站向"搜索引擎"提供网站信息时填写的关键词和网站描述等资料，经过人工审核编辑后，如果符合网站登录的条件，则输入数据库以供查询。雅虎即为其中的典型代表，国内的搜狐、新浪等搜索引擎也是从分类目录发展起来的。因此，从信息获取角度看，这种"搜索引擎"算不上真正的搜索引擎。它的特点为网页丰富、较高的查准率、查全率低、搜索范围窄、层次结构清楚。

3.元搜索引擎

元搜索引擎为一种使用其他独立搜索引擎的引擎。元搜索引擎并不像全文搜索引擎那样拥有自己的索引数据库，而是当用户提交搜索申请时，通过对多个独立搜索引擎的整合和调用，然后按照元搜索引擎自己设定的规则将搜索结果进行取舍和排序并反馈给用户。因此，从信息获取角度看，这种"搜索引擎"也算不上真正的搜索引擎。

从用户的角度来看，利用多元搜索引擎的优点在于可以同时获得多个源搜索引擎（即被元搜索引擎用来获取搜索结果的搜索引擎）的结果，但由于元搜索引擎在信息来源和技术方面都存在一定的限制，因此搜索结果实际上并不理想。目前，尽管有数以百计的多元搜索引擎，但还没有一个能像 Google 等独立搜索引擎那样受到用户的广泛认可。

（二）关键技术

1.信息获取

网上信息收集和存储一般为人工和自动两种方式。人工方式采用传统信息收集、分类、存储、组织和检索的方法。研究人员对网站进行调查筛选、分类、存储，再由专业人员手工建立关键字索引，再将索引信息存入计算机相应的数据库中。自动方式通常由搜索程序完成信息的获取，搜索程序（如 robot、spider 等）为一种自动运行的软件，其功能为搜索 Internet 上的网站或网页。这种软件定期在 Internet 上漫游，通过网页间的超链接搜索新的地址，当遇到新的网页时，就索引该页并把它加到搜索引擎的数据库中，因此搜索引擎的数据库得以定期更新。一般来说，人工方式收集信息的准确性要优于搜索程序，但其收集信息的效率和信息覆盖面要低于搜索程序。

当进行自动信息收集时，怎样遍历 Internet，怎样提高 Internet 的遍历效率，怎样下载资源内容以及资源内容的字符编码处理等都是搜索程序需要解决的问题。当前，很多站点在传输 Web 页时采用了不同的压缩算法以提高传输速度，怎样将下载的 Web 页内容解压缩也是搜索程序需要解决的问题。

2. 信息索引

信息索引即为创建文档信息的特征记录，以使用户能够快捷地检索到所需信息。一个搜索引擎的有效性很大限度上取决于索引的质量，所以信息索引为搜索引擎的核心，而建立索引主要涉及以下几个问题。

（1）信息语词切分和词语词法分析。语词为信息表达的最小单位，对于英文来讲为英语单词，比较容易提取，因为单词间有天然的分隔符（空格）。而对于中文等连续书写的语言，则必须进行语词切分。由于语词切分中存在切分歧义，切分需要参考各种上下文知识。词语词法分析是为识别出各个词语的词干，以便根据词干建立信息索引。

（2）进行词性标注。词性标注是指利用基于规则和统计（马尔可夫链）的数学方法对语词进行标注。基于马尔可夫链随机过程的元语法统计分析在词性标注中能达到较高的精度，可以利用多种语法规则识别出重要的短语结构。

（3）索引器的索引算法。索引器可以采用集中式索引算法或分布式索引算法。当数据量很大时，必须实现即时索引（Instant Indexing），否则不能够跟上信息量急剧增加的速度。索引算法对索引器的性能（如大规模峰值查询时的响应速度）有很大影响。

（4）建立检索项索引。使用倒排文件的方式建立检索项索引，一般包括"检索项""检索项所在文件位置信息"以及"检索项权重"。

另外，如今 Internet 上发布的信息格式多种多样，这就要求搜索引擎提供格式转换功能，将 .doc、.ppt、.pdf 等非纯文本格式文档进行格式转换，获取文字内容，从而对文档进行索引。

3. 信息检索

信息检索是指从信息索引库中获得与要求最接近的记录，其主要技术包括对用户提交关键词的基本截词、布尔逻辑组配、词位限制等。

能否将最满足用户需求的结果最先展现给用户，为一个搜索引擎能否在商业上取得成功的关键，因此搜索引擎还要对检索结果进行排序。排序的主要根据是待选网页与查询条件的匹配度。匹配度越高，相关度就越高，排序就越靠前。常用的匹配算法有布尔模型、模糊逻辑模型、向量空间模型、概率检索模型。

（三）组成原理

由于分类目录搜索引擎和元搜索引擎算不上真正的搜索引擎，这里对它们不做深入探讨，将重点介绍全文搜索引擎的组成和实现原理。

搜索引擎位于信息检索系统层次的底层，以 Web 信息为处理对象，虽然各个搜索引擎具体实现不尽相同，但一般包括 5 个基本部分，即 robot、解析器、索引器、检索器和用户接口，如图 5-9 所示。

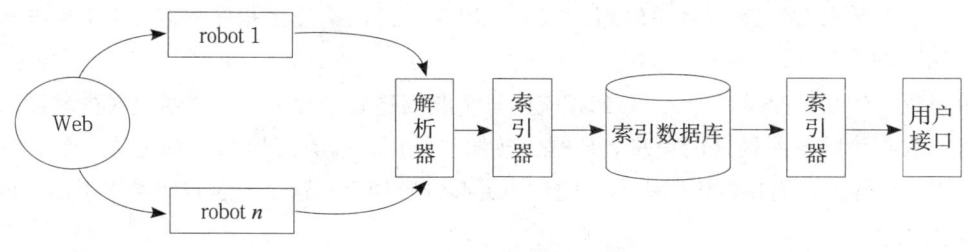

图5-9 全文搜索引擎的组成

1. robot（spider/crawler/wander）

采用广度优先（或深度优先）策略对 Web 进行遍历并下载文档，robot 系统中维护一个超链接队列（或堆栈），其中包括一些起始 URL，robot 从这些 URL 出发，下载相应的页面，并从中抽取出新的超链接加入队列（或者堆栈）中，robot 不断重复上述过程直到队列（或者堆栈）为空。为了提高网页抓取效率，搜索引擎中一般会有多台服务器并行地遍历不同的 Web 子空间。目前，大多数的 robot 并不能够访问基于框架的 Web 页面和需要访问权限的页面以及动态生成的页面。

在 Internet 中，信息是使用 HTML 语言描述的，不同的 HTML 页面通过其中所包含的超链接互相连接。这些超链接是以 URL 的方式被表示出来的。依靠这些相互指向的 URL，Internet 中的信息形成了一个巨大的信息网络。在 Internet 中，人们用 URL 来定位具体的信息资源。robot 程序从一个起始的 URL 集合开始，顺着 URL 中的超链接在互联网中搜集信息。这些起始 URL 的选取通常为一些质量较高、非常流行、含有很多超链接的站点，如新浪、搜狐、雅虎等门户网站。一个 URL 定义一个源文件，robot 将其全部抓回并交给解析器进行解析处理。

robot 程序通过 HTTP 协议获取指定 URL 的资源，而且其在进行网页搜集时遵循一定的协议，对于那些不愿意被访问的网页会有一定的标明，robot 将不会抓取这样的网页，因此 robot 也被称为网络中的君子。

2. 解析器

对 robot 下载的文档进行分析以用于索引。文档分析技术一般包括分词、过滤和转换等。这些技术往往与具体的语言以及系统的索引模型密切相关。在分词时，大部分搜索引擎的解析器从全语言中抽取词条，而有些则仅从文档的某些部分（如 title、header）中抽取。词条的类型也有多种，包括字、词或短词等。分词后通常要使用禁用词表（stop list）来去除出现频率很高的词条，有些系统还对词条进行单复数转换、词频去除、同义词转换等工作。

分析程序通过一些特殊算法，从 robot 程序抓回的网页源文件中抽取主题词，并对其赋予不同的权值，以表明这些主题词网页内容的相关程度，判断网页内容。如一篇文章的题目往往能够概括文章的核心内容，其必须会被赋予一个较高的权值。

同时，解析程序将此网页中的超链接提取出来，返回给搜集程序，以便 robot 进一步在 Web 上深入搜集信息。

解析程序的目的是从一个 URL 到相应网页主题词建立一种关联，并通过对主题词的提取和分析，判断该网页所描述的信息。但是，按照终端用户搜索习惯通常都是从一个关键词入手查找相应的网页，而在解析器中形成的对应关系恰恰相反，这个问题将留给索引器完成。

3. 索引器

将文档表示为一种便于检索的方式存储在索引数据库中。例如，在矢量空间索引模型中，每个文档 d 被表示为一个范化矢量 $V(d) = (t_1, w_1(d); \cdots; t_i, w_i(d); \cdots t_n, w_n(d))$，其中 t_i 为词条项，$w_i(d)$ 为 t_i 在 d 中的权值，索引的质量为 Web 信息检索系统成功的关键因素。一个好的索引模型应该易于实现和维护，检索速度快，空间需求低。搜索引擎普遍借鉴了传统信息检索中的索引模型，包括倒排文档、矢量空间模型、概率模型等。

4. 检索器

从索引库中找出和用户查询请求相关的文档。首先，采用和解析、索引文档类似的方法来处理用户查询请求。例如，在矢量空间索引模型中，用户查询也被表示为一个范化矢量。其次，按照某种方法来计算用户查询与索引数据库中的每个文档间的相关度。例如，在矢量空间索引模型中，相关度可表示为查询矢量与文档矢量间的夹角余弦。再次，将相关度大于阈值的所有文档按照相关度递减的顺序排列，并返回给用户。

5. 用户接口

为用户提供可视化的查询输入和结果输出界面。在查询输入界面中，用户按照搜索引擎查询语法指定待检索词条及各种简单、高级检索条件。在输出界面中，搜索引擎将检索结果展现为一个线性的文档列表。由于检索结果中相关文档和不相关文档相互混杂，用户需要人工浏览以找出所需文档。

三、主题型搜索引擎

主题型搜索引擎，又称专业搜索引擎，主要提供某一主题或学科领域的 Web 信息，信息覆盖范围小，仅适用于某一特定用户群，如 Softseck、Torrentspy 等。

主题型搜索引擎和通用型搜索引擎存在巨大的差别。

第一，服务目的不同。通用型搜索引擎面向大众用户，主题型搜索引擎则面向专业用户。

第二，搜索方式不同。通用型搜索引擎以遍历整个 Web 为目标，主题型搜索引擎则采用一定的策略预测对相关网页进行预测，动态调整网络蜘蛛的爬行方向，使系统尽可能围绕设定主题进行爬行，从而节约网络资源。

第三，硬件要求不同。通用型搜索引擎对硬件要求非常高，主题型搜索引擎要求低。

下面详细介绍主题型搜索引擎。

（一）产生背景

通用型搜索引擎的出现很大限度上解决了人们在互联网上查找信息的困难，但由于其覆盖一切、追求普适的设计目标，已经不能满足人们对个性化信息检索服务日益增长的需要。目前，通用型搜索引擎在使用中面临着较多待解决的问题。

1. 超大规模的分布式数据源。Web 信息分布在数以亿计的互联网上，搜索起来非常困难，搜索引擎很难索引所有 Web 资源。

2. Web 信息的质量问题。互联网上的信息无论从数量和类型都呈现出指数增长的趋势，这导致搜索引擎的实时性很难保证。

3. 搜索要求的精度表达问题。在信息搜索领域，一个突出的问题为：用户很难简单地用关键字来准确地表达它所需要的真正信息，表达的困难将导致检索结果不理想。

4. 搜索引擎的硬件要求越来越高。由于 Web 信息的海量性，搜索引擎要对这么大量的信息进行抓取、索引，同时有相应大量用户的查询请求，需要有众多的服务器协作完成信息获取、索引、存储，处理用户查询请求。

近些年，科学技术在国民经济中的带动作用越发明显，各产业的科技含量也在不断提高。怎样为科技工作者提供新的科技信息，对科技和经济发展都是至关重要的。由此，对搜索引擎提出了新的要求：

1. 搜索引擎能运行在普通的软硬件基础之上；

2. 只搜集某一特定学科领域的 Internet 信息资源；

3. 能够方便地运行搜索主题和学科的自定义搜索配置。

为满足以上要求，主题型搜索引擎应运而生。

（二）关键技术

1. 主题型搜索引擎的实现存在的两个难点

（1）起始种子站点和词库的设置。因为主题型引擎并不遍历整个 Web，所以起始站点集合的设置显得非常重要。词库作为评价网页是否与主题相关的标准关键词的集合，它的合理配置将对检索结果的准确性产生直接影响。

（2）搜索效率的考虑。由于要进行有选择性的 Web 信息提取，由此带来的主题相关性判断会直接影响搜索引擎的工作效率。

此外，主题信息的表示、信息的提取、信息的过滤和主题相关性站点的选择策略都是系统实现的难点。

2. 面向主题的网络信息检索的两种主要技术

（1）基于内容的搜索。此类检索方式为传统信息检索技术的延伸。它的主要方式为在搜索引擎内部建立一个主题对应的关键词表，搜索引擎的爬行器根据其内设的关键词集合对网上信息进行索引。

（2）基于链接结构分析的检索。一些学者认为，互联网上的网页间的链接关系同社会关系网络中的人际关系存在着很多相似的地方。通过对链接结构进行分析，可找出网页间的引用关系。由于引用网页与被引用网页内容上一般都比较相关，所以可按照引用关系将大量网页分类。

（三）研究现状

目前，有关主题型搜索引擎的研究正在成为一个热点研究领域，一大批主题性的搜索引擎像雨后春笋般涌现，如军事医学主题搜索引擎、林业主题搜索引擎、健康主题的搜索引擎等。随着信息多元化的增长，千篇一律地给所有用户同一个入口显然已经不能满足特定用户更深入的查询需求。同时，这样的通用搜索引擎在目前的硬件条件下，要定时更新以得到互联网上较全面的信息是非常困难的。针对这种情况，需要一个分类细致精确、数据全面深入、更新及时的面向主题的搜索引擎。由于主题搜索运用了人工分类以及特征提取等智能优化策略，所以它比上面提到的搜索引擎将更加有效和准确，主题搜索已经被引入该领域的研究。

其于本体论（Ontology）的搜索开始出现。一个本体强制相关领域的本质概念，同时强调概念间的本质联系，以本体为基础建立主题搜索引擎的关键词表可以更好地显示一个领域中的各个概念及它们间的关系，从而更好地表现一个主题。

一些学者提出了概念空间的理论，用概念空间来描述主题，实现语义索引。概念空间为某个领域中一组对象概念的集合，并且在这组概念间存在一定的语义上的联系。

四、性能指标

从本质上说，Web信息的搜索为一个信息检索问题，即在由Web网页组成的文档集中检索出满足用户查询需求的文档，所以可以用召回率（Recall）和精度（Precision）来衡量传统信息检索系统的性能。

召回率为检索出的相关文档数和文档库中所有的相关文档数的比率，衡量的是系统的查全率。对于一个检索系统来讲，查全率和查准率通常为相互矛盾的。对于目前的搜索引擎系统来讲，很难搜集到所有的Web网页，所以召回率很难计算。

精度是各个搜索引擎最为关心的指标。以Google为例，其通过不断优化自己的文档和查询的表示方法、关键字相关性的匹配策略和查询结果的排序方法等一系列相关措施，使Google具有较高的查准率，从而得到用户的认可。

第四节　链接作弊

链接作弊是指通过不正当的方法获取大量链接，从而提高网站在搜索引擎的排名。这类网站一般是灰色站点，不认真做网站内容，不注重用户体验，利用链接算法的漏洞快速获得排名，带来流量，获取利益。

超链作弊主要有三种：黑链、群发链接、购买链接。

（一）黑　　链

黑链手法很多，如入侵高权重站点（包括政府类、公益类、教育类等网站）挂隐藏链接、生成内页做链接或设置子域名并附带链接的行为，比较严重的还会采用蜘蛛劫持，生成成千上万的外链，据说效果非常明显，短期内就可以使网站排名靠前。正如柳焕斌（网站SEO专家）所说："这种做法已属职业道德操守之列，非SEO技术讨论范畴"，是很恶劣的黑帽手法，不仅损害了用户的搜索体验，同时影响了很多网站的正常运行，必然是各个搜索引擎要打压的。

（二）群发链接

群发链接就没有黑链那么高端了，基本上网上买个群发工具傻瓜式操作就能开始运作了，这也带来了大量的网络垃圾，所以搜索引擎肯定也要解决这个问题。

（三）购买链接

购买链接一般就是直接购买站点的友情链接，借此提高网站关键词的权重和排名。一般购买的链接分为两种，一种是黑链，一种是明链。两者购买的性质都属于反向链接。搜索引擎不会因为外链过多，或者购买链接而影响搜索引擎的自然排名。如果要购买链接，就要全局统筹，根据价格、需求、质量等方面分析所购买的链接。

一、垃圾农场的架构

为了提高某个或某些特定网页的PageRank的目的而构建一个网页集合称为垃圾农场（spam farm）。图5-10给出了垃圾农场的最简单形式。按照此观点，整个Web分成三部分。

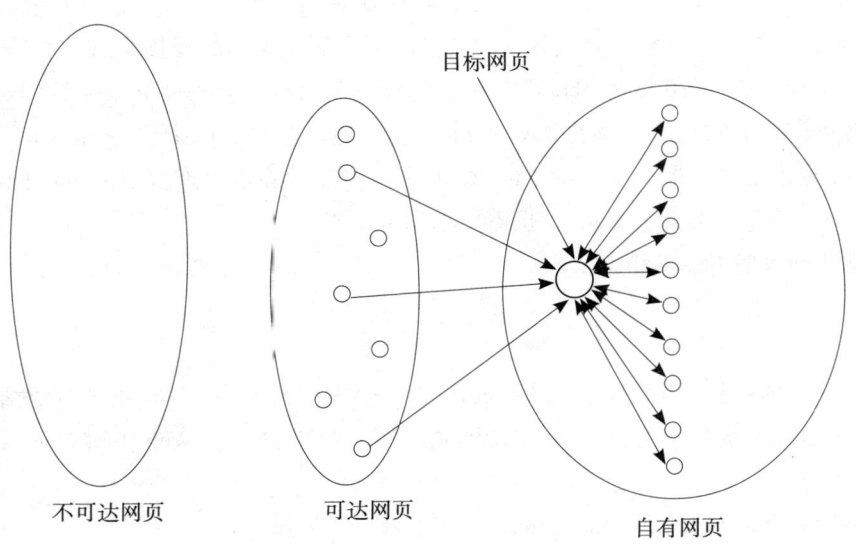

图 5-10　链接作者眼中的 web 组成

（一）不可达网页或不可达页（inaccessible page）

不可达网页是作者无法影响的网页。web中大部分网页都属于这一类。

（二）可达网页或可达页（accessible page）

可达网页虽然不受作者控制，但是作者可以影响它们。

（三）自有网页或自有页（own page）

作者拥有并完全控制的网页。作者的自有网页按照某种特定方式来组织（图5-10），而垃圾农场由作者的自有网页和从一些可达网页指向它们的链接共同组成。如果没有外部的链接，垃圾农场不可能被一般搜索引擎的采集器所采集，毫无价值。至于可达网页，看起来可能有些奇怪，因为在不归作者所有的情况下它们却受影响。但是，现在很多网站，如博客或者报纸等，它们都邀请用户在网站上发表评论。为了从外部流入尽可能多的PageRank到自有网页，作者会发表很多诸如"我同意，请访问链接……"等这类的评论。

垃圾农场中有一个页面称为目标网页或目标页（target page），作者试图尽可能将更多的PageRank放在该页面上。存在数目为m的大量支持网页或支持页（supporting page）用于积聚平均分布给所有网页的PageRank（即PageRank的$1-\beta$部分，其代表冲浪者到达一个随机页面）。由于每一轮迭代都有随机跳转的可能，因此支持页面同时可以尽量避免页面t的PageRank被丢失。值得注意的是，t到每个支持页面都有链接，而每个支持页面同时都只链向t。

二、垃圾农场的分析

假定PageRank计算时的参数为β，通常取0.82左右。也就是说，该参数β代表的是当前网页的PageRank在下一轮迭代被分发给其链向网页的比例。假设整个Web中有个n网页，其中部分网页构成图5-10所示的垃圾农场，内含一个目标网页t和m个支持网页。令x为所有可达网页为垃圾农场所提供的PageRank总量，也就是说，x为所有指向t的可达网页p的PageRank分量之和，即每个p的PageRank乘以β然后除以出现次数之后进行累加求和。最后，令y为t的未知的PageRank，接着要求出y。

每个支持网页的PageRank为

$$\frac{\beta y}{m}+\frac{(1-\beta)}{n}$$

上式的第一项代表t的贡献，t的PageRank y会被"抽税"，只有βy会分发给t的链向网页。该PageRank会平均分给m个支持网页。第二项来自整个Web中所有网页所平均分到的那一部分。

接着，计算目标网页t的PageRank y，其来自三个信息源：

1. 刚才假设的外部贡献x。

2. β乘以每个支持网页的PageRank，即$(\beta m \frac{\beta y}{m}+\frac{1-\beta}{n})$。

3. $\frac{1-\beta}{n}$ 同样这一部分来自此中所有网页平均分到的那一部分。这部分值很小，为简化分析，将在后面忽略。

因此，基于上述信息，有

$$y = x + \beta m \left(\frac{\beta y}{m} + \frac{(1-\beta)}{n} \right) = x + \beta^2 y + \frac{\beta(1-\beta)m}{n}$$

解上述方程可得

$$y = \frac{x}{1-\beta^2} + c\frac{m}{n}$$

公式中，

$$c = \frac{\beta(1-\beta)}{1-\beta^2} = \frac{\beta}{1+\beta}$$

三、TrustRank

TrustRank 为面向主题的 PageRank，这里所说的"主题"指的是一个值得信赖的可靠网页集合。

（一）背　景

由于搜索引擎在计算网页排名的时候，非常依赖链接，而且链接的质量越来越重要，所以需要对链接的来源站点质量进行判断。更重要的是，以前依靠链接和相关性来决定排名的方式，已遭到了各种各样作弊行为的挑衅，Spam 的横行直接导致 Google 必须找到一种新的反作弊机制，以确保高质量的站点来获得搜索引擎的青睐。这种情况下，Sandbox 和 TrustRank 被提了出来，意图确保好的站点能获得更高的搜索表现，并加强对站点的审核。Google 自己关于 TrustRank 的最初论述也提到了这些。

（二）由　来

TrustRank 算法最初来自于 2004 年斯坦福大学和雅虎的一项联合研究，用来检测垃圾网站，并于 2006 年申请专利。TrustRank 算法发明人还发表了一份专门的 PDF 文件，说明 TrustRank 算法的应用。

（三）定　义

TrustRank 可以翻译为"信任指数"，顾名思义，它衡量的是网站在 Google 上的信任度。网站的 TrustRank 值越高，意味着网站质量越高。

（四）影响网站 TrustRank 的因素

影响网站 TrustRank 的因素有多种，主要表现在以下几方面：

1. 域名注册时间在五年或五年以上。
2. 网站托管在专用服务器上。
3. 网站加载时间快。

4. 网站内容是原创的。

5. 访客在每个网页的停留时间超过 90s。

6. 网站被多个国际 IP 段引用。

7. 网站在其所属行业中拥有权威性。

虽然 TrustRank 算法最初是作为检测垃圾的方法，但在现在的搜索引擎排名算法中，TrustRank 概念使用更为广泛，常常影响大部分网站的整体排名。所以，TrustRank 才是真正重要，真正值得关注的。

四、垃圾质量

垃圾质量的思想是度量来自垃圾的 PageRank 的比例。在计算普通的 PageRank 的同时，计算基于某个可靠的随机跳转网页集合的 TrustRank。假设页面 p 的 PageRank 为 r，TrustRank 为 t。那么，p 的垃圾质量（spam mass）为 $\frac{r-t}{r}$。如果该值为负或一个很小的正数，意味着 p 可能不是一个垃圾网页，而如果该值接近 1，则表明 p 可能为垃圾网页。这样，就可能在 Web 搜索引擎的索引中去掉这些具有较高垃圾质量值的网页，从而可以在不用识别垃圾农场所使用的特定结构的情况下，剔除大部分作弊垃圾信息。

五、导航页和权威页

在 PageRank 首次实现后不久，有人提出了一个称为"导航页和权威页"（hubs and authorities）的思想。计算导航页和权威页的算法与 PageRank 的计算有很多相似之处，因其也通过矩阵—向量的反复相乘来进行某个不动点的迭代计算。然而，这两个思想间也存在着显著的差异，两者不能互相替代。该算法有时称为 HITS（Hyperlink-Induced Topic Search），其最早提出时并非在搜索查询处理之前的预处理中进行，而是在查询处理过程中用于与查询相关的结果的排序。然而，接着仍将其表述成对整个 Web 或采集的部分 Web 进行计算。有理由相信，事实上，ASK 搜索引擎曾经使用了类似的技术。

（一）HITS 直观意义

PageRank 对于每个网页使用了一维的重要性概念，而 HITS 算法却认为每个网页具有二维的重要性。

1. 由于某些网页提供了有关某个主题的信息，因此它们具有非常重要的价值，这些网页被称为权威页（authority）。

2. 有些网页提供了有关某个主题的信息，但由于它们可以给出找到有关该主题的网页的信息，所以它们具有重要价值。这些网页称为导航页（Hub）。

（二）HITS 的算法

由于 Web 链接结构存在某些局限性，人们提出了另外一种重要的 Web 页面，称为 Hub。Hub 为一个或多个 Web 页面，它提供了指向权威页面的链接集合。Hub 页面本身可能并不突出，可能没有几个链接指向它们。但是，Hub 页面却提供了指向就某个公共话题而言最为突出的站点链接。此类页面可以为主页上的推荐链接列表，如一门课程主页上的推荐参考文献站点或商业站点上的专业装配站点。Hub 页面起到了隐含说明某话题权威页面的作用。一般来说，好的 Hub 网页指向许多好的权威网页；好的权威网页为有许多好的 Hub 页面指向的 Web 网页。这种 Hub 与 Authoritive 网页之间的相互加强关系，可用于权威网页的发现与 Web 结构和资源的自动发现，这就是 Hub/Authority 方法的基本思想。

那么，怎样利用 Hub 页去找出权威页？算法 HITS 是利用 Hub 的搜索算法来实现的。

首先，将查询 q 提交给传统的基于关键字匹配的搜索引擎，HITS 由查询词得到一初始结果集。例如，由基于索引的搜索引擎得到 200 个页面。这些页面构成了根集（root set）。由于这些页面中的许多页面是假定与搜索内容相关的，因此它们中应包含指向最权威页面的指针。其中，根集可进一步扩展为基本集（base set），它包含了所有由根集中的页所指向的页以及所有指向根集页的页，可以为基本集设定一个上限，如 1 000 ~ 5 000 页，用于指明扩展的一个尺度。

其次，开始权重传播（weight-propagation）阶段。这为一个递规过程，用于决定 Hub 与权威权重的值。值得一提的是，如果两个具有相同 Web 域（即 URL 具有相同一级域名）的页面进行链接，它们得到的导航对权威没有贡献，此类链接可从权重传播分析中去除。

先为基本集中的每一页面赋予一个非负的权威权重 a_p 和非负的 Hub 权重 h_p，并将所有的 a 和 h 值初始为同一个常数。权重被规范处理，保证不变性，如所有权重的平方和为 1。

$$a_p = \sum_{q \text{ 满足 } q \to p} h_q \tag{5-8}$$

$$h_p = \sum_{q \text{ 满足 } q \to p} a_q \tag{5-9}$$

公式（5-8）反映了若一个页面由多个 hub 组成，则其权威权重会相应增加（即权重增加为所有指向它的页面的现有 Hub 权重之和）。公式（5-9）反映了若一个页面指向许多好的权威页，则 Hub 权重也会相应增加（即权重增加为该页面链接的所有页面的权威权重之和）。

这两个等式可以按如下的矩阵形式重写。用 $\{1, 2, \cdots, n\}$ 表示页面，并定义邻接矩阵 A 为 $n \times n$ 矩阵，其中如果页面 i 链接到页面 j，则 $A(i, j)$ 设为 1，否则设为 0。同样，定义权威权重向量 $a = (a_1, a_2, \cdots, a_n)$ 和 hub 权重向量 $(h_1, h_2, \cdots, h_n)$。

这样，有 $h = A \times a$，$a = A^T \times h$。其中 A^T 为矩阵 A 的转置。根据线性代数，当规范化后，两迭代序列分别趋于特征向量 AA^T 和 A^TA 这也证明了权威和 Hub 权重为彼此链接页面的本质特征，它们与权重的初始设置无关。

最后，HITS 算法输出一组具有较大 Hub 权重的页面和具有较大权威权重的页面。许多实验表明，HITS 对许多查询具有非常良好的搜索结果。

由此可有以下的 HITS 算法：

（1）令 N 为最邻接图中节点集合。

（2）对于 N 中的每一个节点，令 $H[n]$ 为其 Hub 值，$A[n]$ 为其 authority 值。

（3）对 N 中的所有节点 n，初始化 $H[n]$ 为 1。

（4）假如矢量 H 和 A 没有收敛。

· 对于 N 中的每一个 n，$A[n]=\sum_{(n',n) \in N}H[n']$。

· 对于 N 中的每一个 n，$H[n]=\sum_{(n',n) \in N}A[n']$。

标准化矢量 H 和 A。

虽然基于链接的算法可带来很好的结果，但这种方法由于忽略文本的内容，也遇到一些困难。例如，当 Hub 页包含多个话题的内容时，HITS 有时会发生偏差。这一问题可按如下的方法加以克服，即将等式 1 和等式 2 置换为相应权重的和，降低同一站点内多链接的权重，使用 anchor 文本（Web 页面中与超链接相连的文字）调整参与权威计算的链接的权重，将大的 hub 页面分裂为小的单元。

基于 HITS 算法的系统包括 Clever。Google 也基于了同样的原理。这些系统由于纳入了 Web 链接和文本内容的信息，查询效果明显优于基于此类索引引擎产生的结果。

第六章 大规模文件系统 MapReduce 技术的研究

MapReduce 是谷歌提出的一个软件架构，用于大规模数据集（大于 1TB）的并行运算。概念 Map（映射）和 Reduce（化简）与它们的主要思想，都是从函数式编程语言借来的，还有从矢量编程语言借来的特性。

第一节 分布式文件系统

分布式文件系统（Distributed File System）是指文件系统管理的物理存储资源不一定直接连接在本地节点上，而是通过计算机网络与节点相连。分布式文件系统的设计基于客户/服务器模式。一个典型的网络可能包括多个供多用户访问的服务器。另外，对等特性允许一些系统扮演客户机和服务器的双重角色。例如，用户可以"发表"一个允许其他客户机访问的目录，一旦被访问，这个目录对客户机来说就像使用本地驱动器一样。下面是三个基本的分布式文件系统。

一、分布式文件系统简介

（一）网络文件系统

网络文件系统（NFS）最早由 Sun 微系统公司作为 TCP/IP 网上的文件共享系统开发。Sun 公司估计现在大约有超过 310 万个系统在运行 NFS，大到大型计算机，小至 PC，其中至少有 80% 的系统是非 Sun 平台。

NFS 是一个分布式的客户/服务器文件系统。NFS 的实质在于用户间计算机的共享。用户可以连接到共享计算机并像访问本地硬盘一样访问共享计算机上的文件。管理员可以建立远程系统上文件的访问，以至于用户感觉不到他们是在访问远程文件。

NFS 是一个到处可用和广泛实现的开放式系统。

1.NFS 最初的设计目标

（1）允许用户像访问本地文件一样访问其他系统上的文件。

（2）提供对无盘工作站的支持，以降低网络开销。

（3）简化应用程序对远程文件的访问，不要因访问这些文件而调用特殊的过程。

（4）使用一次一个服务请求，以使系统能从已崩溃的服务器或工作站上恢复。采用安全措施保护文件免遭偷窃与破坏。

（5）使NFS协议可移植和简单，以便它们能在许多不同计算机上实现，包括低档的PC。大型计算机、小型计算机和文件服务器运行NFS时，都为多个用户提供了一个文件存储区。

工作站只需要运行TCP/IP协议来访问这些系统和位于NFS存储区内的文件。工作站上的NFS通常由TCP/IP软件支持。对DOS用户，一个远程NFS文件存储区看起来是另一个磁盘驱动器盘符。对Macintosh用户，远程NFS文件存储区即为一个图标。

2.NFS部分功能

（1）服务器目录共享。服务器广播或通知正在共享的目录，一个共享目录通常叫作出版或出口目录。有关共享目录和谁可访问它们的信息放在一个文件中，由操作系统启动时读取。

（2）客户机访问。在共享目录上建立一种链接和访问文件的过程叫作装联（mounting），用户将网络当作一条通信链路来访问远程文件系统。

NFS的一个重要组成是虚拟文件系统（VFS），它是应用程序与低层文件系统间的接口。

（二）Andrew文件系统

Andrew文件系统（AFS）结构与NFS相似，由卡内基·梅隆大学信息技术中心（ITC）开发，现由前ITC职员组成的Transarc公司负责开发和销售。AFS较NFS功能有所增强。

1. AFS基本操作

AFS可提供以下一些基本操作：

（1）close：文件关闭操作。

（2）create：文件生成操作。

（3）fsync：将改变保存到文件中。

（4）getattr：取文件属性。

（5）link：用另一个名字访问一个文件。

（6）lookup：读目录项。

（7）mkdir：建立新目录。

（8）open：文件打开操作。

（9）rdwr：文件读写操作。

（10）remove：删除一个文件。

（11）rename：文件改名。

（12）rmdir：删除一目录。

（13）setattr：设置文件属性。

AFS是专门为在大型分布式环境中提供可靠的文件服务而设计的。它通过基于单元的结构生成一种可管理的分布式环境。一个单元是某个独立区域中文件服务器和客户机系统的集合,这个独立区域由特定的机构管理。通常代表一个组织的计算资源。用户可以和同一单元中的其他用户方便地共享信息,也可以和其他单元内的用户共享信息,这取决于那些单元中的机构所授予的访问权限。

2. 实现进程

(1) 文件服务器进程。这个进程响应客户工作站对文件服务的请求,维护目录结构,监控文件和目录状态信息,检查用户的访问。

(2) 基本监察(BOS)服务器进程。这个进程运行于有 BOS 设定的服务器。它监控和管理运行其他服务的进程并可自动重启服务器进程,而不需要人工帮助。

(3) 卷宗服务器进程。此进程处理与卷宗有关的文件系统操作,如卷宗生成、移动、复制、备份和恢复。

(4) 卷宗定位服务器进程。该进程提供了对文件卷宗的位置透明性。即使卷宗被移动了,用户也能访问它而不需要知道卷宗移动了。

(5) 鉴别服务器进程。此进程通过授权和相互鉴别提供网络安全性。用一个"鉴别服务器"维护一个存有口令和加密密钥的鉴别数据库,此系统是基于 Kerberos 的。

(6) 保护服务器进程。此进程基于一个保护数据库中的访问信息,使用户和组获得对文件服务的访问权。

(7) 更新服务器进程。此进程将 AFS 的更新和任何配置文件传播到所有 AFS 服务器。

AFS 还配有一套用于差错处理、系统备份和 AFS 分布式文件系统管理的实用工具程序。例如,SCOUT 定期探查和收集 AFS 文件服务器的信息。信息在给定格式的屏幕上提供给管理员。设置多种阈值向管理者报告一些将发生的问题,如磁盘空间将用完等。另一个工具是USS,可创建基于带有字段常量模板的用户账户。Ubik 提供数据库复制和同步服务。一个复制的数据库是一个其信息放于多个位置的系统,以便于本地用户更方便地访问这些数据信息。同步机制保证所有数据库的信息是一致的。

(三) 分布式文件系统

分布式文件系统(DFS)是 AFS 的一个版本,作为开放软件基金会(OSF)的分布式计算环境(DCE)中的文件系统部分。图 6-1 为一个分布式文件系统图。

如果文件的访问仅限于一个用户,那么分布式文件系统就很容易实现。可惜的是,在许多网络环境中这种限制是不现实的,必须采取并发控制来实现文件的多用户访问,表现为如下几种形式。

1. 只读共享

任何客户机只能访问文件而不能修改它,这实现起来很简单。

2. 受控写操作

采用这种方法,可有多个用户打开一个文件,但只有一个用户进行写修改。而该用户所做的修改并不一定出现在其他已打开此文件的用户的屏幕上。

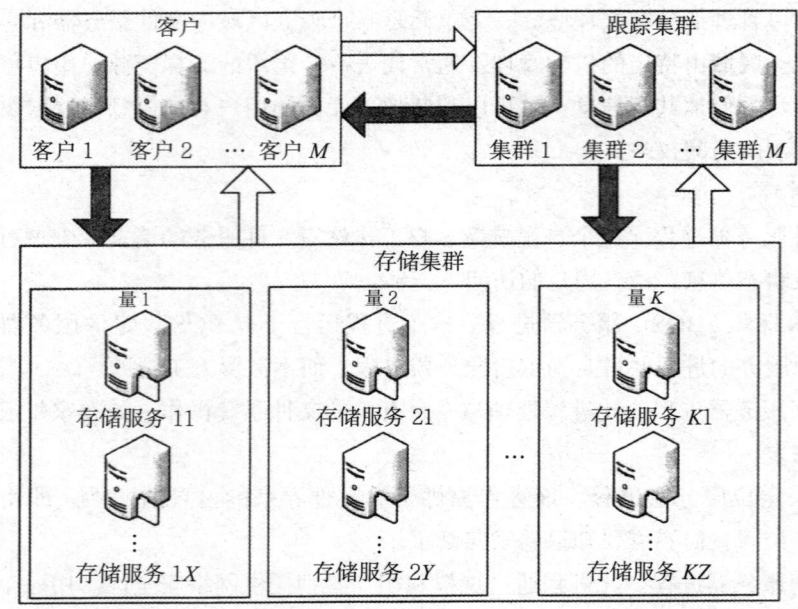

图 6-1 分布式文件系统图

3.并发写操作

这种方法允许多个用户同时读写一个文件。但是，这需要操作系统做大量的监控工作，以防止文件重写，并保证用户能够看到最新信息。这种方法即使实现得很好，许多环境中的处理要求和网络通信量也可能使它变得不可接受。

二、NFS 和 AFS 的区别

NFS 和 AFS 的区别在于对并发写操作的处理方法。当一个客户机向服务器请求一个文件（或数据库记录）时，文件被放在客户工作站的高速缓存中，若另一个用户也请求同一文件，则它也会被放入那个客户工作站的高速缓存中。当两个客户都对文件进行修改时，从技术上而言就存在着该文件的三个版本（每个客户机一个，再加上服务器上的一个）。有两种方法可以在这些版本之间保持同步。

（一）无状态系统

在这个系统中，服务器并不保存其客户机正在缓存的文件的信息。因此，客户机必须协同服务器定期检查是否有其他客户改变了自己正在缓存的文件。这种方法在大的环境中会产生额外的 LAN 通信开销，但对小型 LAN 来说，这是一种令人满意的方法。NFS 就是个无状态系统。

（二）回呼（Callback）系统

在这种方法中，服务器记录它的那些客户机的所作所为，并保留它们正在缓存的文件信息。服务器在一个客户机改变了一个文件时，使用一种回叫应答（callbackpromise）技术通知其他客户机。这种方法减少了大量网络通信。AFS即为回叫系统。客户机改变文件时,持有这些文件副本的其他客户机就被回叫并通知这些改变。

无状态操作在运行性能上有其长处,但AFS通过保证不会被回叫应答充斥也达到了这一点。方法是在一定时间后取消回叫。客户机检查回叫应答中的时间期限,以保证回叫应答为当前有效的。回叫应答的另一个有趣的特征是向用户保证文件的当前有效性。换句话说,若一个被缓存的文件有一个回叫应答,则客户机就认为文件是当前有效的,除非服务器呼叫指出服务器上的该文件已改变了。

三、计算节点的物理结构

并行计算架构有时也称为集群计算(cluster computing),它的组织方式如下。计算节点存放在机架中,每个机架可以安放 8～64 个节点。单个机架上的节点之间通过网络互联,此处通常采用千兆以太网。计算节点可能需要多个机架来安放,这些机架之间采用另一级网络或交换机互连。机架间的通信带宽一般略微高于机架内以太网的带宽,但是考虑到机架间可能需要通信的节点对数目,这样的带宽是必要的。图 6-2 给出了一个大规模计算系统的架构。不过,实际中可能有更多的机架,而每个机架上也可能安放更多的计算节点。

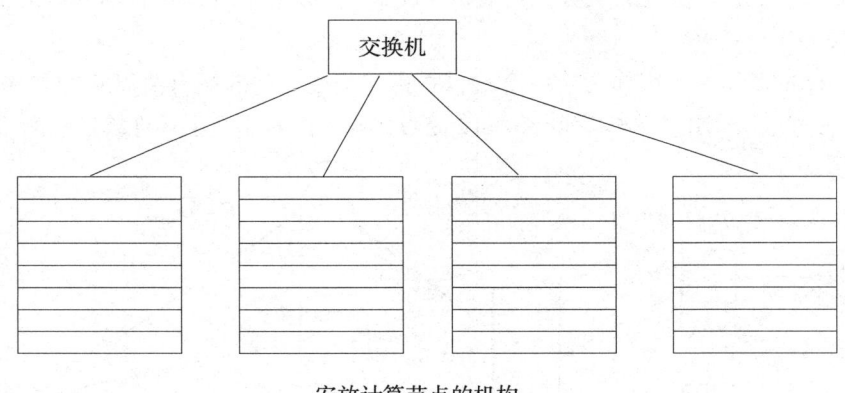

安放计算节点的机构

图 6-2 计算节点安放机构示意图

在现实生活中部件会出现故障,而且系统的部件(如计算节点和互联网络)越多,在任意给定时间内系统非正常运行的频度也越高。对于图 6-2 给出的系统来说,主要的故障模式包括单节点故障(如某节点上的硬盘发生崩溃)和单机架故障(如机架内节点间的互联网络及当前机架到其他机架的互联网络发生故障)。

一些重要的计算会在上千个计算节点上运行数分钟甚至数小时,如果一旦某个部件出现故障就必须终止并重启计算过程,那么该计算过程可能永远都不会成功完成。上述问题的解决方式有两种。

1. 文件必须多副本存储。如果不把文件在多个计算节点上备份,那么一旦某个节点出现故障，在节点被替换之前，它上面的所有文件将无法使用。如果根本不备份文件，那么一旦硬盘崩溃，文件将会永久丢失。

2. 计算过程必须要分成多个任务。这样，一旦某个任务失败，可以在不影响其他任务的情况下重启这个任务。MapReduce 编程系统就采用了这种策略。

第二节　MapReduce 模型

MapReduce 是一种计算模式，并已有多个实现系统。可以通过某个 MapReduce 实现系统来管理多个大规模计算过程，并且保障对硬件故障的容错性。简而言之，基于 MapReduce 的计算过程如下。

第一，有多个 Map 任务，每个任务的输入是 DFS 中的一个或多个文件块。Map 任务将文件块转换成一个键值（key-value）对序列。从输入数据产生键值对的具体方式由用户编写的 Map 函数代码决定。

第二，主控制器（master controller）从每个 Map 任务中收集一系列键值对，并将它们按照键值大小排序。这些键又被分到所有的 Reduce 任务中，所以具有相同键的键值对应该归到同一 Reduce 任务中。

第三，Reduce 任务每次作用于一个键，并将与此键关联的所有值以某种方式组成起来。具体的组合方式取决于用户所编写的 Reduce 函数代码。图 6-3 是上述计算过程的示意图。

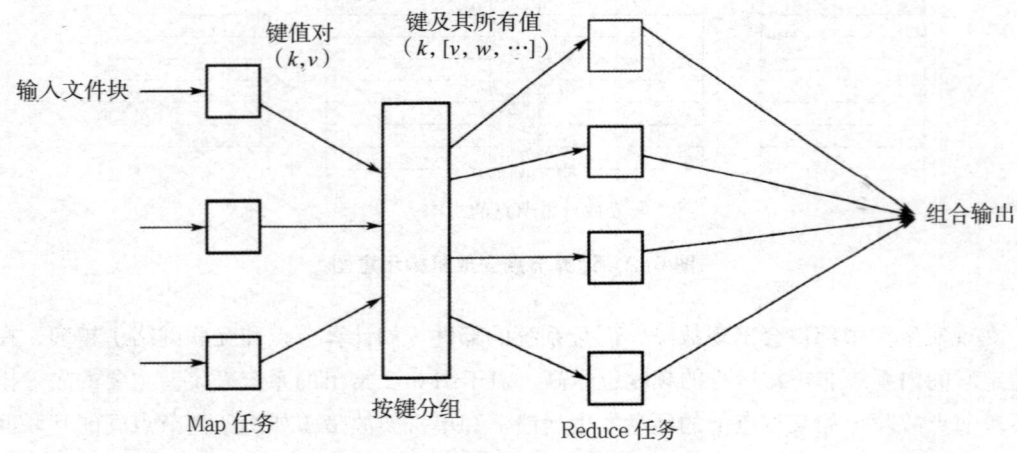

图 6-3　MapReduce 计算过程示意图

一、Map 任务

Map 的输入文件可以看成由多个元素（element）组成，而元素可以是任意类型，如一个元组或一篇文档。文档文件块是一系列元素的集合，同一个元素不能跨文件块存储。所以，所有 Map 任务的输入和 Reduce 任务的输出都是键值对的形式，但输入元素中的键通常无关紧要，应当忽略。之所以坚持输入/输出采用键值对的形式，主要是希望能够允许多个 MapReduce 过程进行组合。

Map 函数将输入元素转换成键值对，其中的键和值都可以是任意类型。另外，这里的键并非通常意义上的"键"，并不要求它们具有唯一性。

二、分组与聚合

不管 Map 和 Reduce 任务具体做什么，分组（grouping）和聚合（aggregation）都基于相同的方式来处理。主控进程知道 Reduce 任务的数目。该数目通常由用户指定并通知 MapReduce 系统。然后，主控进程通常选择一个哈希函数作用于键并产生一个 0 ~ -1 的统编号。Map 任务输出的每个键都被哈希函数作用，根据哈希函数结果其键值对将被放入个本地文件中的一个。每个文件都会被指派给一个 Reduce 任务。

当所有 Map 任务都成功完成后，主控进程将每个 Map 任务输出的面向某个特定 Reduce 任务的文件进行合并，并将合并文件以"键值表"对（key-list-of-value pair）序列传给该进程。也就是说，对每个键 k，处理键 k 的 Reduce 任务的输入形式为（k，[v_1，v_2，…，v_n]），其中（k，$v1$），（k，v_2），…，（k，$v2$）为来自所有 Map 任务的具有相同键 k 的所有键值对。

三、Reduce 任务

Reduce 函数将输入的一系列键值表中的值以某种方式组合。Reduce 任务的输出是键值对序列，其中每个键值对中的键 k 是 Reduce 任务接收到的输入键，而值是其接收到的与 k 关联的值表的组合结果。所有 Reduce 任务的输出结果会合并成单个文件。

下面通过一个例子来详细说明这个过程。

WordCount 是 Hadoop 自带的一个例子，目标是统计文本文件中单词的个数。假设有如下两个文本文件来运行 WorkCount 程序：

Hello World Bye World

Hello Hadoop GoobBye Hadoop

（一）Map 函数输入

Hadoop 针对文本文件默认使用 LineRecordReader 类来实现读取，一行一个 key/value 对，key 取偏移量，value 为行内容。

如下是 map1 的输入数据：

Key1

Value1

0

Hello World Bye World

如下是 map2 的输入数据：

Key1

Value1

0

Hello Hadoop GoodBye Hadoop

（二）Map 函数输出

如下是 map1 的输出结果：

Key2

Value2

Hello

1

World

1

Bye

1

World

1

如下是 map2 的输出结果

Key2

Value2

Hello

1

Hadoop

1

GoodBye

1

Hadoop

1

（三）Combine 输出

Combiner 类实现将相同 key 的值合并起来，它也是一个 Reducer 的实现。

如下是 combine1 的输出：

Key2

Value2

Hello

1

World

2

Bye

1

如下是 combine2 的输出：

Key2

Value2

Hello

1

Hadoop

2

GoodBye

1

（四）reduce 输出

Reducer 类实现将相同 key 的值合并起来。如下是 reduce 的输出：

Key2

Value2

Hello

2

World

2

Bye

Hadoop

2

GoodBye

1

第三节　MapReduce 使用算法

　　MapReduce 框架并不能解决所有问题，甚至有些可以基于多计算节点并行处理的问题也不宜采用 MapReduce 来处理。要知道，整个分布式文件系统只在文件巨大、更新的情况下才有意义。因此，在管理在线零售数据时，不论采用 DFS 还是 MapReduce 都不太合适，即使使用数千计算节点来处理 Web 请求的大型在线零售商 Amazon.com 也不适合。主要原因在于，Amazon 数据上的主要操作包括应答商品搜索需求、记录销售情况等计算相对较小但更改数据库的过程。但是，Amazon 可以使用 MapReduce 来执行大数据上的某些分析型查询，如为每个用户找到和他购买模式最相似的那些用户。谷歌采用 MapReduce 的最初目的是处理 PageRank 计算过程中必需的大矩阵——向量乘法。

一、向量乘法实现

假定有一个 $n \times n$ 的矩阵 M，其第 i 行第 j 列的元素记为 m_{ij}。假定有一个 n 维向量 v，其第 j 个元素记为 v_j。于是，矩阵 M 和向量 v 的乘积结果是一个 n 维向量 x，其第 i 个元素 x_i 为

$$x_i = \sum_{j=1}^{n} m_{ij} v_j$$

如果 n=100，即没有必要使用 DFS 或 MapReduce。但上述计算却是搜索引擎中 Web 网页排序的核心环节，因此数据 n 达到上百亿兆字节。接着先假定 n 很大，但还没有到向量 v 不足以放入内存的地步，而该向量的 Map 任务实现一部分的输入。值得注意的是，MapReduce 的定义中并没有禁止对多个 Map 任务提供完全相同的输入。

矩阵 M 和向量 v 各自都会在 DFS 中存成一个文件。假设每个矩阵元素的行列下标都是可知的，不论是从文件中的位置就可推断出来还是其下标本来即被显式地存放成三元组（i, j, m_{ij}）。同样，假设向量 v 的元素 v_j 的下标可以通过类似的方法来获得。

Map 函数即是指每个 Map 任务将整个向量 v 和矩阵 M 的一个文件块作为输入。对每个矩阵元素 m_{ij}，Map 任务会产生键值对（i, j, m_{ij}）。因此，计算 x_i 的所有 n 个求和项 $m_{ij} v_j$ 的键值都相同。Reduce 函数使用 Reduce 任务将所有与给定键 i 关联的值相加即可得到 (i, x_i)。

二、内存处理

如果向量很大，那么其在内存中可能无法完整存放。当然，也不一定要将它放入计算节点的内存中，但若不放入，那么由于计算过程中需要多次将向量的一部分导入内存，会导致大量的磁盘访问。所以，一种替代的方案是，将矩阵分割成多个宽度相同的垂直条（vertical stripe），同时将向量分割成同样数目的水平条（horizontal stripe），每个水平条的高度等于矩阵垂直条的宽度。我们的目标是使用足够的条以保证向量的每个条能够方便地放入计算节点的内存中。图 6-4 为上述分割的示意图，其中矩阵和向量都分割成 5 个条。

矩阵第 n 个垂直条只和向量的第 n 个水平条相乘。因此，可以将矩阵的每个条存成一个文件，同样将向量的每个条存成一个文件。矩阵某个条的一个文件块及对应的完整向量条输送到每个 Map 任务。然后，Map 和 Reduce 任务可以按照描述的过程来运行，不同的是，Map 任务在那里获得了完整的向量。

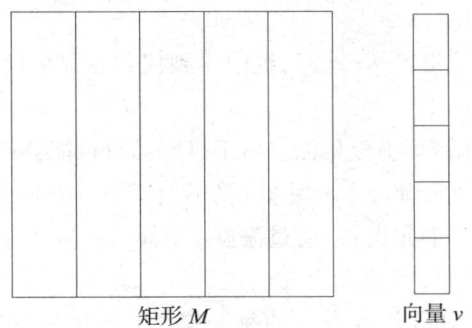

图 6-4 矩阵 M 与向量 v 的分割示意效果图

三、关系运算

在规模数据上的很多运算都用于数据库查询。在很多传统数据库应用中，即使数据库本身很大，上述查询也只返回少量的数据结果。例如，一个查询希望得到某个具体账户的银行余额。在这类查询上应用 MapReduce 效果并不明显。

然而，数据上的很多运算可以很容易地采用通用数据库查询原语句来表述，即使这些查询本身并不在数据库管理系统中执行。因此，考查 MapReduce 应用的一个好的起点就是考虑关系上的标准运算。假定读者对数据库系统、查询语言 SQL 及关系模型已经非常熟悉，但是在此还是对这些内容做个简要回顾。关系（relation）可看成由列表头（称为属性）组成的表。关系中的行称为元组（tuple），关系中的属性集合称为关系的模式（schema）。经常写像 $R(A_1, A_2, \cdots, A_n)$ 这样的表达式，表达关系的名称为 R，其属性为为 $A_1, A_2, \cdots, A_n$。

查询可以基于多个标准的关系运算来实现，这些运算通常称为关系代数（relational algebra），而查询本身常常通过写 SQL 语句实现。接下来将讨论关系代数运算中常用的几个。

（一）选择（Selection）

对关系 R 的每一个元组应用条件 C，得到仅满足条件 C 的元组。该选择运算的结果记为 $\sigma_C(R)$。

MapReduce 的选择运算实际上并不需要施展 MapReduce 的全部能力。尽管它们只需要单独的 Reduce 部分即可完成，但是最方便的方式却是只采用 Map 部分。以下给出了选择运算 $\sigma_C(R)$ 的一种 MapReduce 实现。

Map 函数：对 R 中的每个元组 t，检测它是否满足 C。如果满足，则产生一个键值对（t, t），也就是说，键和值都是 t。

Reduce 函数：Reduce 函数的作用类似于恒等式，其仅仅将每个键值传递到输出部分。

值得注意的是，由于输出结果包含键值对，所以它并不是一个关系。然而，只需要使用输出结果中的部分或键部分就可以得到一个关系。

（二）投影（Projection）

对关系 R 的某个属性子集 S 从每个元组中得到仅包含 S 中属性的元素。该投影运算的结果记为 $\pi_S(R)$。

投影运算的处理和选择运算十分相似。由于投影运算可能会产生多个相同的元组，因此 Reduce 函数必须要剔除冗余元组。可采用如下方式计算 $\pi_S(R)$。

Map 函数：对 R 中的每个元组 t，通过剔除 t 中属性不在 S 中的字段得到元组 t'，输出键值对 (t', t')。

Reduce 函数：对任意 Map 任务产生的每个键 t'，将存在一个或多个键值对 (t', t')，Reduce 函数将 $(t'[t', t', ..., t'])$ 转换成 (t', t')，以保证对该键 t' 只产生一个 (t', t') 对。

观察到 Reduce 函数实现就是在剔除冗余。该操作满足结合律和交换律，因此，与每个 Map 任务关联的组合进程，可以剔除那些局部产生的冗余对，但仍然需要 Reduce 任务来剔除来自不同 Map 任务的两个相同元组。

（三）并（Union）、交（Intersection）及差（Difference）

这些集合运算可以应用于两个具有相同模式的关系的元组集合上。在 SQL 中也存在这些运算的包（bag，也称多重集）版本。

1. 并运算

假定关系 R 和 S 具有相同的模式。Map 任务将从 R 或 S 中分配文件块。具体从哪个关系分配并不重要。Map 任务实际上什么都不做，而只是将它们的输入元组作为键值对输给 Reduce 任务，而后者只需要像投影运算一样剔除冗余。

Map 函数：将每个输入元组 t 转变为键值对 (t, t)。

Reduce 函数：和每个键 t 关联的可能有一个或两个值，两种情况下都输出 (t, t)。

2. 交运算

为计算两个关系的交，可使用与上述相同的 Map 函数。然而，Reduce 函数仅当两个关系都包含某个相同元组时，才必须产生一个元组。如果键 t 有两个值 $[t, t]$ 与之关系，那么 Reduce 任务会输出元组 (t, t)。然而，如果与 t 相关联的值仅仅是意味着 R 或 S 中不包含 t，则不需要为该交运算生成一个元组。此时，需要一个值来表示"无元组"，如 SQL 中的值 NULL。当基于输出结果构建关系时，这类元组将被忽略。

Map 函数：将每个输入元组 t 转变为键值对 (t, t)。

Reduce 函数：如果键 t 的值表示为 $[t, t]$，则输出 (t, t)，否则输出 (t, NULL)。

3. 差运算

R 和 S 的差 $R-S$ 的计算要稍微复杂一点。只有出现在 R，但不出现在 S 中的元组 t，才能出现在最终结果中。Map 函数可以将 R 和 S 中的元组输送给 Reduce 函数，但必须告知每个元组到底来自 R 还是 S。因此，要把关系本身放进去作为键 k 的值。Map 和 Reduce 函数的具体操作过程如下。

Map 函数：对于 R 中的元组 t，产生键值对 (t, R)。对于 S 中的元组 t，产生键值对 $(t,$

S）。值得注意的是，此处的值只是关系 R 或 S 的名称，而非整个关系本身。

Reduce 函数：对每个键 t，进行如下处理。

·如果相关联的值表为 [R]，则输出（t, t）。

·如果相关联的值表为其他任何情况，只包括 [R, S][S, R] 或 [5]，都输出（t, NULL）。

（四）自然连接（Natural Join）

为了理解基于 MapReduce 的自然连接运算的实现，将考查一个特殊的例子，即将取 R（A, B）和 S（B, C）进行自然连接运算。该自然连接运算实际上要去寻找字段 B 相同的元组，即 R 中元组的第二个字段值等于 S 中元组的第一个字段值。接下来将使用两个关系中元组的 B 字段值作为键，值为关系中的另一个字段和关系的名称，因此 Reduce 函数会知道每个元组到底来自哪一个关系。

Map 函数：对于 R 中的每个元组（a, b），生成键值对（b,（R, a）），对 S 中的每个元组（b, c），生成键值对（b,（S, c））。

Reduce 函数：每个键值 b 会与一系列对相关联，这些对要么来自（R, a），要么来自（S, c）。基于（R, a）和（S, c）构建所有的对。键 b 对应的输出结果为（b, [（a_1, b, c_1），（a_2, b, c_2），…]），也就是说，与 b 相关联的元组列表由来自 R 和 S 中的具有共同 b 值的元组组合而成。

对于上述连接算法有以下的观察结果。

1. 连接结果对应的关系可以根据出现在任意键输出列表中的所有元组来恢复。

2. MapReduce 在很多实现中（如 Amazon）会按键排序将值输送给 Reduce 任务。

如果这样做，那么判断来自两个关系的所有元组是否包含公共键 b 就比较容易了。如果 MapReduce 的另一种实现方法中并不按照键将键值对排序，那么 Reduce 仍然可以通过按键排序对键值对进行本地哈希运算来高效处理。如果桶的数量足够，那么大部分桶就只包含一个键。最后，如果 R 和 S 中分别有 n 个和 m 个元组的 B 字段值 b，那么结果中就有 mn 个元组的第二个字段值为 b。在极端情况下，R 和 S 中所有的元组的 B 字段值都为 b，那么此时 R 和 S 的自然连接实际上就是笛卡儿积计算。然而，绝大多数情况下，R 和 S 中字段 B 值相等的元组数目较小，这样 Reduce 的时间复杂度更接近线性大小，而不是平方级数。

（五）分组和聚合（Grouping and Aggregation）

给定关系 R，分组是指按照属性集合（称为分组属性）G 中的值对元组进行分割，然后对每个组的值按照某些其他属性进行聚合。通常允许的聚合运算包括 SUM、COUNT、AVG、MIN 和 MAX，每个运算的意义都十分明确。值得注意的是，MIN 和 MAX 运算要求聚合的属性类型必须具备可比性，如数字或字符串类型。SUM 和 AVG 则要求属性是数值型。关系 R 上的分组—聚合运算记为 $\gamma_X(R)$，其中 X 为一个元素表，而其他元素如下。

1. 一个分组属性。

2. 表达式外 $\theta(A)$，其中 ∂ 为上述一种聚合运算之一（如 MAX），而 A 为一个非分组属性。该运算对每个分组都输出一个元组结果。该元组由多个字段组成，其中每个分组属性对应一个字段，其字段值为该分组中的公共值，每个聚合运算也对应一个字段，字段值为对应分组的聚合值。

与讨论连接操作一样，可通过一个极其简单的例子来说明基于 MapReduce 的分组和聚合运算的实现。整个讨论中假定只有一个分组属性和一次聚合运算，假定对关系 $R(A,B,C)$ 施加运算 $\gamma_{A,\theta(B)}(R)$，那么 Map 函数主要负责分组运算，而 Reduce 函数则负责聚合运算。

Map 函数：对每个元组 (a,b,c)，生成键值对 (a,b)。

Reduce 函数：每个键 a 代表一个分组，即对与键 a 关联的字段 B 的值表 $[b_1,b_2\cdots,b_n]$ 施加 θ 操作。输出结果为 (a,x)，幻对，其中 x 是在上述值表上应用 θ 操作的结果。例如，如果 θ 为 MAX 运算，那么 x 为 $b_1,b_2\cdots,b_n$ 中的最大值；如果 θ 为 SUM 运算，那么 $x=b_1+b_2+\cdots+b_n$。

如果存在多个分组属性，那么此时键就是这些属性对应的属性值表组成的一个元组。如果存在多个聚合运算，那么会在给定键的值表上应用 Reduce 函数进行每个聚合运算，产生包含键（若有多个分组属性，则基于这些分组属性来构建键）以及每个聚合运算的结果。

（六）矩阵乘法

矩阵 M 中第 i 行第 j 列的元素记为 m_{ij}，矩阵 N 中第 j 行第 k 列的元素记为 n_{jk}，矩阵 $P=MN$，其第 i 行第 k 列的元素记为 p_{ik}，则

$$p_{ik} = \sum_{j}^{k} m_{ij} n_{jk}$$

值得指出的是，上述矩阵乘法中必须要求 M 的列数等于 N 的行数，上式才有意义。可把矩阵看成一个带有如下三个属性的关系：行下标、列下标、行列下标对应的值。因此，可把矩阵 M 看成关系 $M(I,J,V)$，其元组为 (i,j,m_{ij})。而矩阵 N 可看成关系 $N(J,K,W)$，其元组为 (j,k,n_{jk})。大型矩阵通常会十分稀疏（大多数元素为 0），由于 0 元素可以被忽略，所以大矩阵特别适合采用关系表示。然而，在文件中矩阵元素的下标 i,j,k 可能并不和元素一起显式出现。在这种情况下，Map 函数就必须根据数据的位置来构建元组 I,J 和 K 字段。

矩阵乘积 MN 差不多即为一个自然连接运算再加上分组和聚合运算。也就是说，关系 $M(I,J,V)$ 和 $N(J,K,W)$ 的自然连接只有一个公共属性 J，对于 M 中的每个元组 (i,j,v) 和 N 中的 (j,k,w)，两个关系的自然连接会产生元组 (i,j,k,v,w)。该五字段元组代表两个矩阵的元素对 (m_{ij},n_{jk})。实际目标是对元素求积，即产生四字段元组 $(i,j,k,v\times w)$。一旦在 MapReduce 操作后得到该结果关系，接着即可进行分组和聚合运算，其中 I 和 K 为分组属性，$V\times W$ 的和作为聚合结果。也就是说，矩阵乘法可通过两个 MapReduce 运算串联实现，其实现过程如下。

Map 函数：将每个矩阵元素 m_{ij} 传给键值对 $(j,(M,i,m_{ij}))$，将每个矩阵元素 n_{jk} 传给键值对 $(j,(N,k,n_{kj}))$。

Reduce 函数：对每个键 j，检查与之关联的值的列表。对每个来自 M 的值 (M,i,m_{ij}) 和来自 N 的值 (N,k,n_{kj})，产生元组 (i,k,m_{ij},n_{kj})。对于键 j，Reduce 函数输出满足 $(i,$

k，m_{ij}，n_{kj}）形式的所有元组列表作为值。

接下来通过另外一个 MapReduce 运算来进行分组聚合运算。

Map 函数：上面 Reduce 函数的输出结果传递给该 Map 函数，这些结果的形式为
$$(j,[i_1,k_1,v_1],[i_2,k_2,v_2],\cdots,[i_p,k_p,v_p])$$

其中，每个 v_p 为对应的 m_{iqj} 和 n_{jkq} 的乘积。基于该元素可以产生 p 个键值对
$$((i_1,k_1),v_1),((i_2,k_2),v_2),\cdots,((i_p,k_p),v_p)$$

Reduce 函数：对每个键（i,k），计算与此键关联的所有值的和，结果记为（（i,k），v）。其中，v 为矩阵 $P=MN$ 的第 i 行第 k 列的元素值。

（七）单步矩阵乘法

对于同一个问题而言，可以采用的 MapReduce 实现策略通常不止一种。对于上小节的矩阵乘法 $P=MN$ 问题，可能期望只通过单步 MapReduce 过程来实现。实际上，如果在两个函数中分别加入更多工作，这个期望是可以实现的。利用 Map 函数来创建需要的矩阵元素集合，以计算结果 $P=MN$ 中的每个元素。注意，M 或 N 的一个元素会对结果中的多个元素有用，因此一个输入元素将会转变为多个键值对。键的形式是（i,k），其中 i 是 M 的一行，k 是 N 的一列。

Map 和 Reduce 函数的主要实现操作如下。

Map 函数：对于矩阵 M 中的每个元素 m_{ij}，产生一系列键值对（（i,k），（M,j,m_{ij}）），其中 k=1，2，…，直到矩阵 N 的列数。同样，对于矩阵 N 中的每个元素 n_{jk}，也产生一系列键值对（（i,k），（N,j,n_{jk}）），其中 i=1，2，…，直到矩阵 M 的行数。

Reduce 函数：每个键（i,k）相关联的值（M,j,m_{ij}）及（N,j,n_{jk}）将组成一个表，其中 j 对应所有可能的值。Reduce 函数的每个键值必须具有相同的 j 值。一个简单的方法是将所有（M,j,m_{ij}）及（N,j,n_{jk}）分别按照 j 值排序并放到不同的列表中。将两个列表的第 j 个元组中的 m_{ij} 和 n_{jk} 抽出来相乘，然后将这些积相加，最后与键（i,k）组对作为 Reduce 函数的输出结果。

如果 M 的一行或 N 的一列过大，不能放进内存，那么 Reduce 任务将不得不使用外部排序方法来对给定键（i,k）所关联的值排序。但在这种情况下，矩阵本身也会很大，可能有 1 020 个元素，如果矩阵很密集，不太可能会尝试上述计算方法；如果矩阵比较稀疏，对任意键相关联的值会少得多，此时对积的求和运算即可以在内存中进行。

四、分布文件系统应用实践

下面主要介绍分布文件系统的实际应用。

（一）矩阵相乘算法设计

1. MapReduce 程序设计过程

（1）<key,value> 对。<key,value> 对是 MapReduce 编程框架中基本的数据单元，其中 key 实现了 WritableComparable 接口，value 实现了 Writable 接口，这使框架可对其序列化并可对 key 执行排序。

（2）数据输入。InputFormat、InputSplit、RecordReader 是数据输入的主要编程接口。InputFormat 主要实现的功能是将输入数据分切成多个块，每个块都是 InpiitSplit 类型；而 RecordReader 负责将每个 InputSplit 块分解成多个 <key1,value1> 对传送给 Map。

（3）Mapper 阶段。此阶段设计的编程接口主要有 Mapper、Reducer、Partitioner。实现 Mapper 接口主要是实现其 Map 方法，Map 主要用来处理输入 <key1,value1> 对并产生输出 <key2,value2> 对。在 Map 处理过 <key1,value1> 对之后，可实现一个 Combiner 类对 Map 的输出进行初步的规约操作，此类实现了 Reducer 接口。而 Partitioner 主要根据 Map 的输出 <key2,value2> 对的值，将其分发给不同 Reduce 任务。

（4）Reducer 阶段。此阶段需要实现 Reduce 接口，主要是实现 Reduce 方法，框架将 Map 输出的中间结果根据相同的 key2 组合成 <key2,list(value2)> 对作为 Reduce 方法的输入数据并对其进行处理，同时产生输出数据 <key3,value3> 对。

5）数据输出。数据输出阶段主要实现两个编程接口，其中 FileOutputFormat 接口用来将数据输出到文件，RecordWriter 接口负责输出一个 <key,value> 对。

2. 矩阵相乘

一般来说，矩阵相乘就是左矩阵乘右矩阵结果为积矩阵，左矩阵的列数与右矩阵的行数相等，设左矩阵为 $a \times b$ 的矩阵，右矩阵为 $b \times c$ 的矩阵，左矩阵的行与右矩阵的列对应元素乘积之和为积矩阵中的元素值。

矩阵相乘也是这种传统算法，左矩阵的一行和右矩阵的一列组成一个 InputSplit，其存储 b 个 <key,value> 对，key 存储积矩阵元素位置，value 为生成一个积矩阵元素的 b 个数据对中的一个；Map 方法计算一个 <key,value> 对的 value 中数据对的积；Reduce 方法计算 key 值相同的所有积的和。

3. 实现的程序代码

（1）程序中的类

① matrix 类用于存储矩阵。

② IntPair 类实现 WriableComparable 接口，用于存储整数对。

③ matrixInputSplit 类继承了 InputSplit 接口，每个 matrixInputSplit 包括个 <key,value> 对，用来生成一个积矩阵元素。key 和 value 都为 IntPair 类型，key 存储的是积矩阵元素的位置，value 为计算生成一个积矩阵元素的个数据对中的一个。

④ 继承 InputFormat 的 matrixInputFormat 类，用来输入数据。

⑤ matrixRecordReader 类继承了 RecordReader 接口，MapReduce 框架调用此类生成 <key,value> 对赋给 map 方法。

⑥ 主类 matrixMulti，其内置类 MatrixMapper 继承了 Mapper，并重写覆盖了 Map 方法。同样，FirstPartitioner、MatrixReducer 也是如此。在 main 函数中，需要设置一系列的类。

⑦ MultipleOutputFormat 类用于向文件输出结果。

⑧ LineRecordWriter 类被 MultipleOutFormat 中的方法调用，向文件输出一个结果

<key, value> 对。

（2）部分实现代码

① matrixInputFormat 类代码。

```
public class matnxlnputFormat extends InputFormat<IntPair,IntPair>
{
    // 新建两个 matrix 实例，m[0] 为左矩阵，m[1] 为右矩阵
    public matnx[] m=new matnx[2] ;
    public list<InputSplit>getSplits(JobContext context)throws IOException,InterruptedException
    {
        // 在文件中读取矩阵填充 m[0]，m[1]
        int NumOfFiles=readFile(context);
        for(int n=0;n<row;n++){           //row 为 m[0] 的行数
            for(int m=0;m<col;m++){       //col 为 m[1] 的列数
// 以 m[0] 的第行与 [1] 的第 m 列为参数实例化一个 matrixInputSplit
                matrixInputSplit split=new matrixInputSplit(n,this.m[0],m,this.[1]);
                splits.add（split）;
            }
        }
returnsplits
}
```

② matrixMulti 类代码。

```
public class matrixMulti
{
    public static class MatrixMapper extends Mapper<IntPair,IntPair,IntPair,IntWritable>
    {
        public void map（IntPair key，IntPair value，Context context）throws IOException,
            InterruptedException{
            int left=value.getLeft();
            int right=value.getRight();
            intWritable result=new IntWritable(left*right);
            context.write(key，result);
        }
    }
    public static class FirstPartitioner extends Pantitioner<IntPair,IntWritable>{
```

```
            public int getPartition(IntPair key,IntWritable value,int numPartitions){
            // 按 key 的左值即行号分配 <key，value> 对到对应的 Reduce 任务，numPartitions
为 Reduce 任务的 // 个数
            int abs=Math.abs(key.getLeft());
            return bas；
            }
        }
    public static class MatrixReducer extends Reducer<IntPair,IntWritable,IntPair,
IntWritable>
        {
            private IntWritable result=new IntWritabIe();
            public void reduce(IntPair key，Iterabie<IntWritable>values,Context context)
                tnrows IOException,lnterruptednxception{
                int sum=0;
                for(IntWritable val:values）{
                    int v=val.get();
                    sum+=v;
                }    // 对 key 值相同的 value 求和
                result.set(sum);
                context.write(key，result);
                    }
                }
            }
```

（3）程序的运行过程

① 程序从文件中读出数据到内存，生成 matrix 实例，通过组合左矩阵的行与右矩阵的列生 $a \times c$ 个 matrixInputSplit。

② 一个 Mapper 任务对一个 matrixInputSplit 中的每个 <key1，value1> 对调用一次 Map 方法将 value1 中的两个整数相乘。输入的 <key1,value1> 对中 key1 和 value1 的类型均为 IntPair，其输出为 <key1,value2> 对，key1 不变，value2 为 IntWritable 类型，值为 value1 中的两个整数的乘积。

③ MapReduce 框架调用 FirstPartitioner 类的 getPartition 方法将 Map 输出。<key1,value2> 对分配给指定的 Reducer 任务（任务个数可以在配置文件中设置）。

④ Reducer 任务对 key1 值相同的所有 value2 求和，得出积矩阵中的元素 k 的值。其输入为 <key1,list（value2）> 对，输出为 <key1,value3> 对，key1 不变，value3 为 IntWritable 类型，值为 key1 值相同的所有 value2 的和。

⑤ MapReduce 框架实例化一个 MultipleOutputFormat 类，将结果输出到文件。

（二）倒排索引实例

1. 倒排索引概述

倒排索引是文档检索系统中最常用的数据结构，被广泛地应用于全文搜索引擎。其主要是用来存储某个单词（或词组）在一个文档或一组文档中的存储位置的映射，即提供了一种根据内容来查找文档的方式。由于不是根据文档来确定文档所包含的内容，而是进行了相反的操作，因而称为倒排索引（Inverted Index）。一般情况下，倒排索引由一个单词（或词组）及相关的文档列表组成，文档列表中的文档或是标识文档的 ID 号，或是指定文档所在位置的 UR1，如图 6-6 所示。

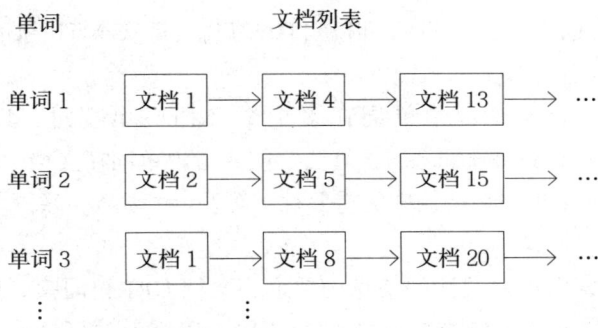

图 6-5　倒排索引结构示意图

从图 6-5 中可以看出，单词 1 出现在 { 文档 1，文档 4，文档 13，…} 中，单词 2 出现在 { 文档 3，文档 5，文档 15，…} 中，而单词 3 出现在 { 文档 1，文档 8，文档 20，…} 中。在实际应用中，还需要给每个文档添加一个权值，用来指出每个文档与搜索内容的相关度，如图 6-6 所示。

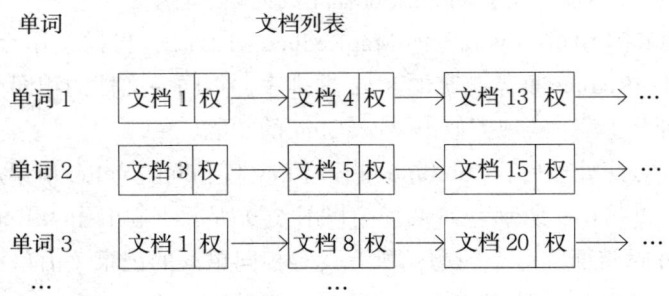

图 6-6　添加权重的倒排索引示意图

最常用的是使用词频作为权重，即记录单词在文档中出现的次数。以英文为例，如图 6-7 所示。

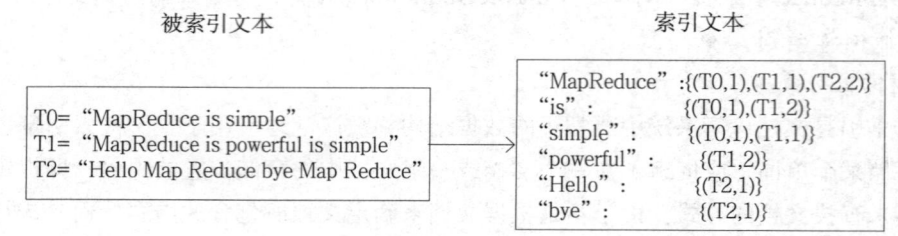

图 6-7 倒排索引示意图

索引文件中的 MapReduce 一行表示：MapReduce 这个单词在文本 T0 中出现过 1 次，T1 中出现过 1 次，T2 中出现过 2 次。当搜索条件为 MapReduce、is、simple 时，对应的集合为 {T0，T1，T2} ∩ {T0，T1} ∩ {T0，T1}={T0，T1}，即文本 T0 和 T1 包含了所要索引的单词，而且只有 T0 是连续的。

更复杂的权重可能还要记录单词在多少个文档中出现过，以实现 TFIDF（Term Frequency-Inverse Document Frequency）算法，或者考虑单词在文档中的位置信息（单词是否出现在标题中，反映了单词在文档中的重要性）等。

2. 分析与设计

本节实现的倒排索引主要关注的信息为单词、文档 URI 和词频，如图 5-7 所示。但在实现过程中，索引文件的格式与图 5-10 会略显不同，以避免重写 OutputFormat 类。下面根据 MapReduce 的处理过程给出倒排索引的设计思想。

（1）Map 过程。先使用默认的 TextInputFormat 类对输入文件进行处理，得到文本中每行的偏移量及其内容。显然，Map 过程必须先分析输入 <key，value> 对，得到倒排索引中需要的三个信息：单词、文档 URI 和词频，如图 6-8 所示。这里存在两个问题：第一，只能有两个值，在不使用 Hadoop 自定义数据类型的情况下，需要根据情况将其中两个值合并成一个值，作为 key 或 value 值；第二，通过一个 Reduce 过程无法同时完成词频统计和生成文档列表，所以必须增加一个 Combine 过程完成词频统计。

这里将单词和 URI 组成 key 值（如 MapReduce：1.txt），将词频作为 value，这样做的好处是可以利用 MapReduce 框架自带的 Map 端排序，将同一文档的相同单词的词频组成列表，传递给 Combine 过程，实现类似于 WordCont 的功能。

（2）经过 Map 方法处理后，Combine 过程将 key 值相同的 value 值累加，得到一个单词在文档中的词频，如图 6-9 所示。如果直接将图 6-9 所示的输出作为 Reduce 过程的输入，在执行 Shuffle 过程时将面临一个问题：所有具有相同单词的记录（由单词、URI 和词频组成）应该交由同一个 Reduce 处理，但当前的 key 值无法保证这一点，所以必须修改 key 值和 value 值。这次将单词作为 key 值，URI 和词频组成 value 值（如 1.txt：1）。这样做的好处是可利用 MapReduce 框架默认的 HashPartitioner 类完成 Shuffle 过程，将相同单词的所有记录发送给同一个 Reduce 进行处理。

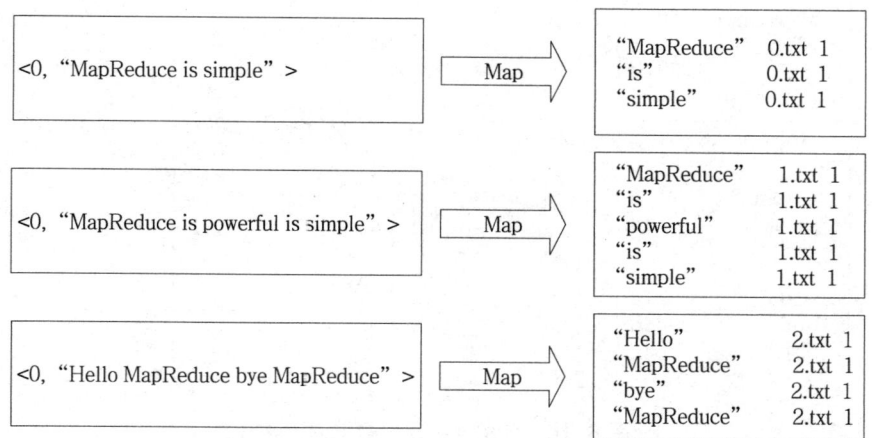

图 6-8　Map 过程输入/输出示意图

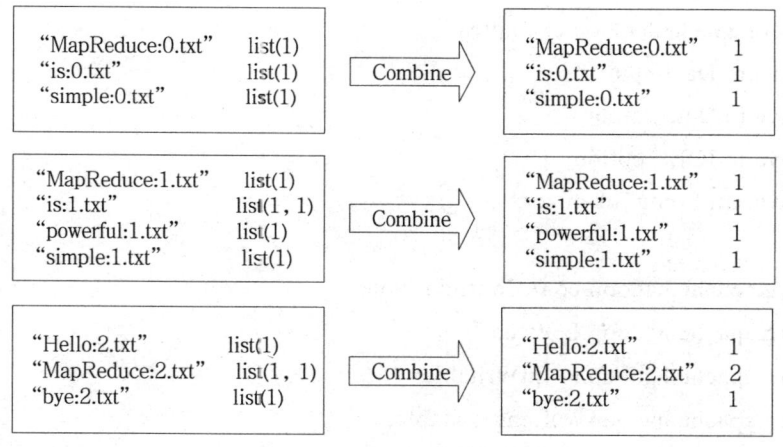

图 6-9　Combine 过程的输入/输出

（3）Reduce 过程。经过上述两个过程后，Reduce 过程只需将相同 key 值的 value 值组合成倒排索引文件所需的格式即可，剩下的事情就可以直接交给 MapReduce 框架进行处理了，如图 6-10 所示。索引文件的内容除分隔符外与图 6-7 的解释相同。

（4）需要解决的问题。设计的倒排索引在文件数目上没有限制，但是单个文件不宜过大，要保证每个文件对应一个 split，否则，由于 Reduce 过程没有进一步统计词频，最终结果可能会出现词频未统计完全的单词。可通过重写 InputFormat 类将每个文件作为一个 split，避免上述情况。或者执行两次 MapReduce，第一次 MapReduce 用于统计词频，第二次 MapReduce 用于生成倒排索引。除此之外，还可以利用复合键值对等实现包含更多信息的倒排索引。

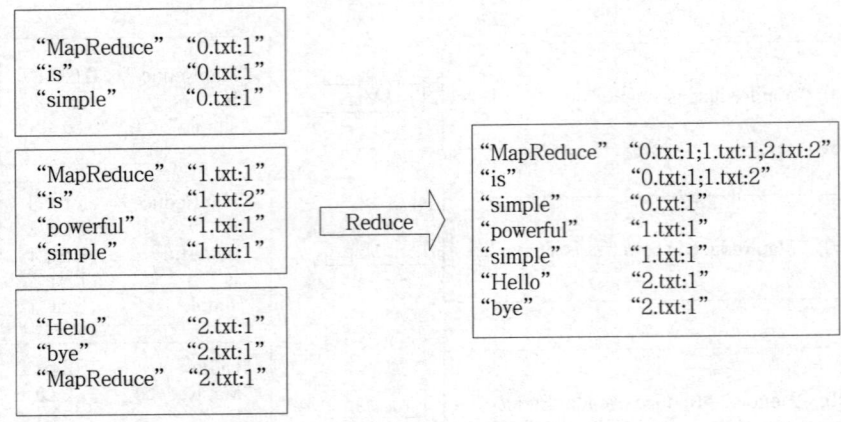

图 6-10　Reduce 过程的输入／输出

（3）实现倒排索引的完整代码

根据以上的分析可编写以下的完整源代码。

package org.apache.hadoop.examples;

import lava.io.DataInput;

import java.io.DataOutput;

import java.io.IOException;

import java.util.StnngTokemzer;

import org.apache.hadoop.conf.Configuration;

import org.apache.hadoop.fs.Path;

import org.apache.hadoop.io.IntWritable;

import org.apache.hadoop.io.LongWritable;

import org.apache.hadoop.io.RawComparator;

import org.apache.hadoop.io.Text;

import org.apache.hadoop.io.WritableComparable;

import org.apache.hadoop.io.WritableComparator;

import org.apache.hadoop.mapreduce.lib.input.FileInputFormat;

import org.apache.hadoop.mapreduce.lib.output.FileOutputFormat;

import org.apache.hadoop.mapreduce.Job;

import org.apache.hadoop.mapreduce.Mapper;

import org.apache.hadoop.mapreduce.Partitioner;

import org.apache.hadoop.mapreduce.Reducer;

import org.apache.hadoop.util.GenericOptionsParser;

```java
public class SecondarySort {
    public static class IntPair
        implements WritableComparable<IntPair> {
        private int first = 0;
        private int second = 0;
        public void set(int left, int right) {
            first=left;
            second=right;
        }
        public int getFirst(){
            return first;
        }
        public int getSecond(){
            return second;
        }
        @Override
        public void readFields(DataInputin)throwsIOException{
            first=in.readInt()+Integer.MIN_VALUE;
            second=in.readInt()+Integer.MIN_VALUE;
        }
        @Override
        public void write(Data Output out)throws IOException{
            out.writeInt(first – Integer.MIN_VALUE);
            out.writeInt(second – Integer.MIN_VALUE);
        }
        @Override
        public int hashCode(){
            return first* 157+second;
        }
        @Override
        public Boolean equals(Objectright){
            if(right instanceof IntPair){
                IntPair r=(IntPair)right;
                return r.first==first && r.second==second;
```

```java
        } else {
           returnfalse;
        }
     }
     public static class Comparator extends WritableComparator{
        public Comparator(){
           super(IntPair.class);
        }

        public int compare(byte[]b1,int s1,int11,
                           byte[]b2,ints2,int12){
           return compareBytes(b1,s1,11,b2,s2,12);
        }
     }
     static {
        WritableComparator.define(IntPair.class,new Comparator());
@Override
publicintcompareTo(IntPairo){
   if(first!  =o.first){
     return first<o.first?-1 : 1;
   } else if(second!=o.second){
     return second<o.second ?  -1 : 1;
   } else {
     return 0;
   }
  }
 }
}
public static class FirstParritioner extends Partitioner<IntPair,IntWritable>{
   @Ovemde
   public int getPartition(IntPair key,IntWritable value,int numPartitions){
      return Math.abs(key.getFirst()*127)%numPartitions;
   }
 }
public static class FirstGroupingComparator
              implementsRawComparator<IntPair>{
```

```
    @Override
    public int compare(byte[]b1,int s1,int11,byte[]b2,ints2,int12） {
    return WritableComparator.compareBytes(b1,s1,Integer.SIZE/8,b2,s2,Integer.SIZE/8);
}
    @Override
    publicintcompare(IntPair o1,IntPair o2){
        int 1=o1.getFirst();
        int r=o2.getFirst();
        return 1==r?0：(1<r?-1：1);
    }
}
public static class MapClass
        extends Mapper<LongWritable,Text,IntPair,IntWritable>{

private final IntPair key=new IntPair();
private final IntWritable value=new IntWritable();

@Ovemde
public void map(LongWritableinKey,TextinValue,
                Context context)throws IOException,InterruptedException{
    StringTokenizer itr=new StringTokenizer(inValue.toString());
    int left=0;
    intright=0;
    if(itr.hasMoreTokens()){
        left=Integer.parseInt(itr.nextToken());
        if(itr.hasMoreTokens()){
            right=Integer.parseInt(itr.nextToken());
        }
        key.set(left,right);
        value.set(ngnt);
        context.write(key,value);
        }
    }
}
public static class Reduce
```

```java
            extends Reducer<IntPair,IntWritable,Text,IntWritable>{
    private static final Text SEPARATOR=
        newTextf("------------------------------------------------");
private final Text first=newText();
@Override
public void reduce(IntPair key,Iterable<IntWritable>values,
                        Context context
                            )throws IOException,InterruptedException{
    context.write(SEPARATOR,null);
    first.set(Integer.toString(key.getFirst()));
    for(IntWritablevalue : values){
        context.write(first,value);
    }
}
}
public stati cvoid main(String[] args)throws Exception{
    Configuration conf=new Configuration();
    String[] otherAigs=new GenericOptionsParser(conf,args).getRemainingArgs();
    if(otherArgs.length!=2){
        System.err.println(" Usage:secondarysrot<in><out>");
        System.exit(2);
    }
    Job job=new Job(conf," secondary sort");
    job.setJarByClass(SecondarySort.class);
    job.setMapperClass(MapClass.class);
    job.setReducerClass(Reduce.class);
    job.setPartitionerClass(FirstPartitioner.class);
    job.setGroupingComparatorClass(MrstGroupingComparator.class);
    job.setMapOutputKeyClass(IntPair.class);
    job.setMapOutputValueClass(IntWritable.class);
    job.setOutputKeyClass(Text.class);
    job.setOutputValueClass(IntWritable.class);
    FileInputFormat.addInputPath(job,new Path(otherArgs[0]));
    FileOutputFormat.setOutputPath(job,new Path(otherArgs[1]));
    System.exit(job.waitForCompletion(true)?0 : 1);
```

        }
    }

第四节　MapReduce 复合键值对的使用

在一般的不需要考虑很多性能因素的简单程序中，键值对 <key，value> 的使用方法通常比较简单，但是在很多情况下，可以巧妙地使用复合键值对来完成很多高级的处理。

一、合并键值

Map 计算过程中所产生的中间结果键值对将需要通过网络传递给 Reduce 节点。因此，如果程序产生大量的中间结果键值对，将导致网络数据通信量的大幅增加，既增加了网络通信开销，又降低了程序执行速度。为了提供一个基本的减少键值对数量的优化手段，MapReduce 设计并提供了 Combiner 类在每个 Map 节点上合并所产生的中间结果键值对。但是，仍然有大量的特定应用的情况是 Combiner 所无法处理的。尤其是很多应用中，可以用适当的方式把大量小的键值对合并为较大的键值对，以此大幅减少传递给 Reduce 节点的键值对数量。

例如，在单词同现矩阵计算中，单词 a 可能会与多个其他的单词共同出现，因此一个 Map 节点可能会产生单词 a 与其他单词间的很多小的键值对。如图 6–11 所示，这些键值对可以在 Map 过程中合并成右侧的一个大的键值对；在 Reduce 阶段，把每个单词 a 的键值对进行累加，即可获取单词 a 与其他单词的同现关系及其具体的次数。

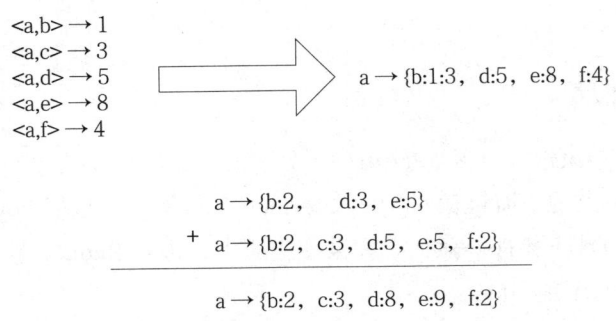

图 6–11　把小的键值对合并成大的键值对

采用了这种合并方法后，单词同现矩阵计算时间开销和网络通信开销都得到大幅降低。Jimmy Lin 对单词同现矩阵计算进行了研究，对来自 Associated Press Worldstream（APW）的 227 万个文档、多达 5.7GB 的语料库进行了键值对合并对比研究，如图 6–12 所示。

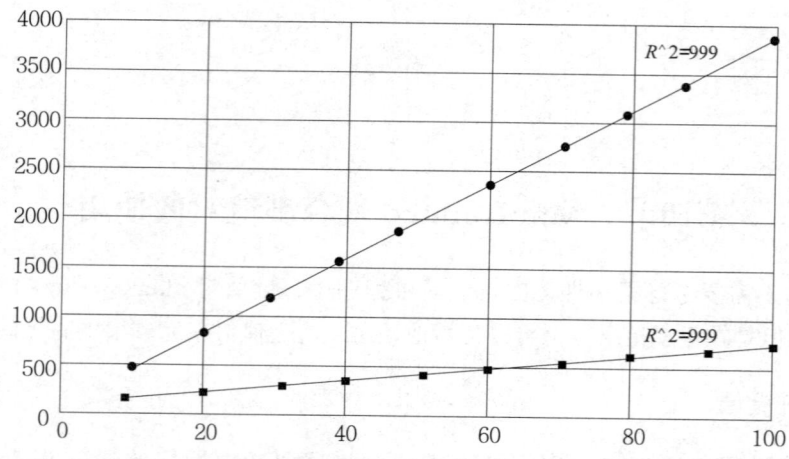

图 6-12　小键值对合并成大键值对时同现矩阵计算性能对比

研究结果表明，计算时间从小键值对时的约 62min 下降到大键值对时的约 11min。在数据量方面，使用小键值对时，Map 节点共产生了 26 亿条中间键值对，经过 Combiner 处理后降低到 1 亿条，最终 Reduce 节点输出了 1.46 亿条结果键值对；使用大键值对时，Map 节点仅产生了 4.63 亿条中间键值对，经过 Combiner 处理后进一步大幅降低到 2 880 万条，最终 Reduce 节点仅输出了 160 万条结果键值对。

图 6-12 显示了在处理不同的语料库数据量时两种方法的性能对比。结果表明，采用合并成大键值对的方法比小键值对的方法的计算速度要快得多，而且语料数据量越大，速度提升越大，原因是语料数据量越大，每个单词的键值对合并机会越大。

在运行自己的 MapReduce 计算程序时，若需要观察键值对合并前后 Map、Combiner 和 Reduce 阶段在具体的数据量上的变化，可以用 JobTracker 的 Web 监视用户界面查看详细的统计数据。

二、用复合键排序

在 Map 计算过程结束进行分区（Partition）处理时，系统自动按照 Map 的输出进行排序，因此，进入 Reduce 节点的所有键值对 <key，{value}> 将保证是按照 key 值进行排序，而键值对中的 {value} 值可能不排序。然而，在某些应用中，进入 Reduce 节点的 {value} 列表有时恰恰希望是以某种顺序排序的。

解决这个问题的一个办法是，在 Reduce 过程中对 {value} 列表中的各个 value 进行本地排序。但当 {value} 列表数据量巨大、无法在本地内存中进行排序时，将需要使用复杂的外排序。因此，这个解决方法缺少良好的可扩展性。

一个具有可扩展性的办法是，将 value 中需要排序的部分加入到 key 中形成复合键，这样将能利用 MapReduce 系统的排序功能自动完成排序。

为了具体说明如何使用复合键让系统完成排序，下面以"带词频的文档倒排索引"程序为例展示具体的实现方法。

设有如下三个文本文档及其所包含的具体内容：

doc1:read file，read data

doc2:data file，text file

doc3:read text file

为了能对这三个文档进行全文检索，需要对其建立如下的文档倒排索引：

data → doc1:1，doc2:1

file → doc1:1，doc2:2，doc3:1

read → 1:2，d3:1

text → doc2:1，doc3:1

上述文档倒排索引的基本格式为 t → <d:f>。其中，t 为单词，<d, f> 称为文档词频项，d 为单词 t 所出现的文档，f 为单词 t 在文档 d 中出现的频度。当一个单词在多个文档中出现时，该单词的倒排索引将包含多个 <d:f> 文档词频项，这样一组文档词频项称为"文档词频列表"，如上例中 file 包含 doc1:1、doc2:2、doc3:1 这三个文档词频项。

如图 6-13 所示，先用最基本的 MapReduce 处理方法来生成倒排索引。其中，Map 阶段键值对 <key,value> 的格式为 <t,< d:f>>，而最后 Reduce 输出的键值对的格式为 <t,<t:f,d:f,d:f, ⋯>>。

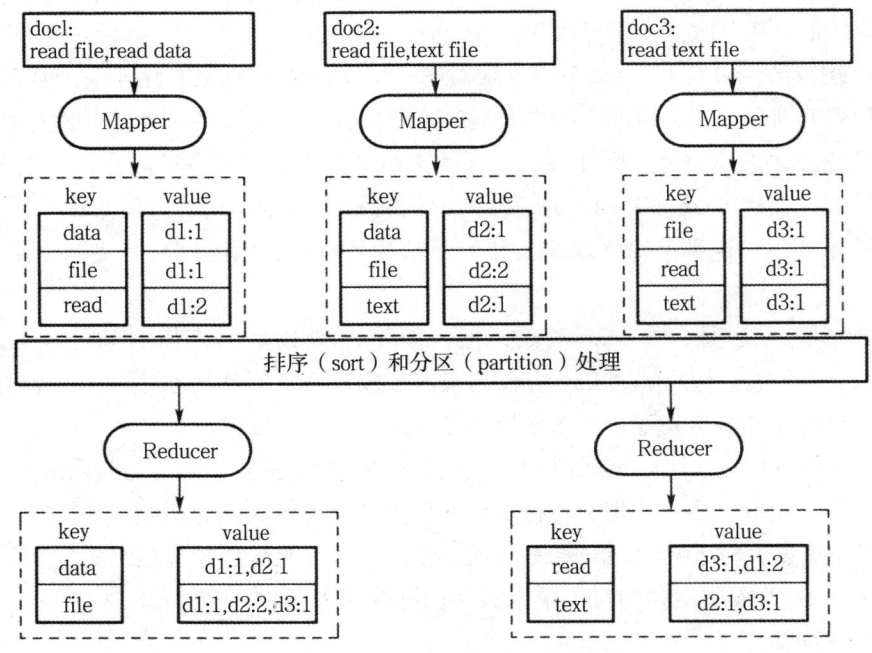

图 6-13　带词频的文档倒排索引基本的 MapReduce 处理方法图

需要注意的是，最后生成的倒排索引中，每个单词对应的文档词频列表中，文档词频项 <d:f> 之间在默认状态下并不保证有任何排序，如果需要排序，则需要在 Reduce 阶段加入一个本地排序处理。这种基本倒排索引的 Map 和 Reduce 程序的伪代码为：

class Mapper
method Map(docid n,doc d)
F ← new Array
for all t ∈ doc d do
F{t} ← F{t}+1
for all t ∈ F do
Emit(t,<d:F {t}>)
class Reducer
method Reduce(t,{d1:f1,d2:f2...})
L−new List
for all<d:f>e {d1:f,d2:f2...} do
Append(L,<d:f>)
Emit(t,L)

假定现在希望搜索引擎在列出所有击中的文档时，能根据所检索单词在文档中出现的频度从大到小的次序来显示出文档列表。这种情况下，上述方法所生成的倒排索引中文档词频列表就需要按照词频从大到小进行排序。

如前所述，虽然可在 Reduce 节点本地对每一个文档词频列表进行排序，但当一个单词的文档词频列表项数很大，可能无法在本地节点的内存中完成排序。在真实的搜索引擎中网页文档数可能会达到数十亿，因此一个单词的文档词频项数的确有可能会达到很大的数目，加上出现位置、文档 RUI 等辅助信息，很容易达到很大的数据量，以至难以在一个节点的本地进行排序处理。这种情况下就需要使用复杂的外排序，因此这种解决办法不具备可扩展性。

一个巧妙的方法是，在 Map 阶段，把需要排序的数据从键值对 <key，value> 后部的 value 中拆分出来，与前部的 key 组合起来，形成复合键，然后在进入 Reduce 前，利用 MapReduce 的排序和分区功能，由系统按照复合键自动完成排序。

在本例中的具体方法为，把 <d:f> 中需要排序的词频 f 拆分出来，与前面的 t 组合起来，形成 <t : f> 作为主键，而仅仅把文档标识号 d 作为键值对中的 value 部分。在 Reduce 阶段，再把频度值 f 从复合键 <t:f> 中拆回来，与文档标识号 d 重新合并为最终的文档词频列表。因此，在 Reduce 阶段所得到的每个单词的文档词频列表 <d:f，d:f，d:f，…> 就会成为按词频排序的有序列表。

根据这个思路，改进后的处理过程如图 6-14 所示。为了突出按词频排序的结果，文档词频列表中每一项把频度放在文档标识前面。

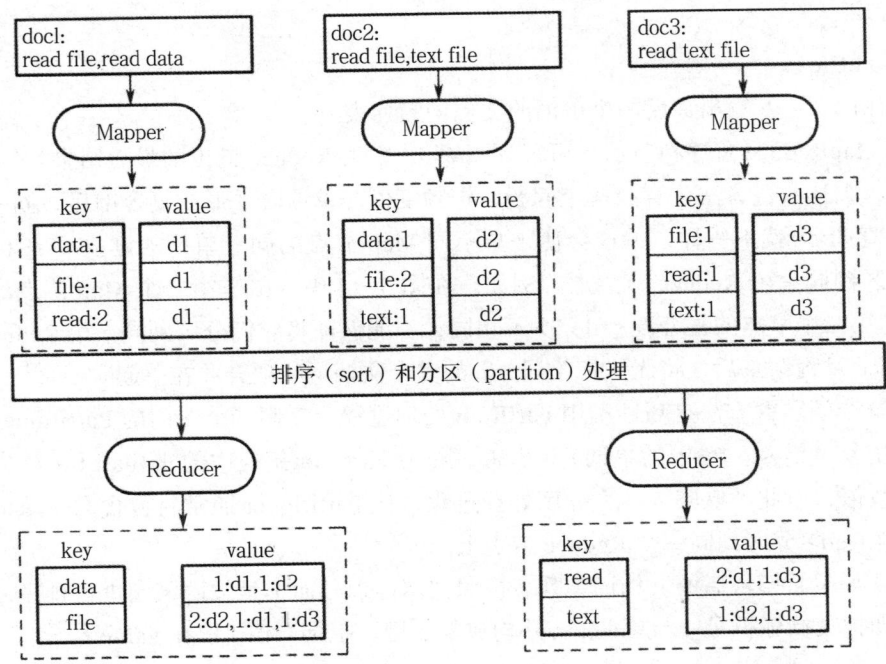

图 6-14 用复合键让系统自动完成文档词频列表频度排序图

改进后的倒排索引的 Map 和 Reduce 程序的伪代码为：
class Mapper
method Map(docid n, doc d)
F ← new Array
for all t ∈ doc d do
F{t} ← F{t}+1
for all t ∈ F do
Emit(t,<d:F{t}>,d)
class Reducer
method Setup // 初始化
tprev ← φ
L ← new List
method Reduce(<t:f>, {d1，d2，...})
if t ≠ tprev^tprev ≠ φ then
Emit(tprev，L)   // 输出前一条词的文档词频列表
L.RemoveAll()
for all d ∈ {d,d2,...} to
L.Add(<d:f>)   // 把一个文档词频项 <d:f> 添加到单词 t 的文档词频列表中

tprev ← t
method Close
Emit(t,L)　　// 输出最后一个单词的文档词频列表

上述 MapReduce 程序执行后，可得到图 6-14 中由 Reduce 输出的最后结果。

但是，上述改进方法还存在一个问题。把频度值与单词合并形成复合键后，同一个单词的复合键值 <t:f> 就不一样了，这会使来自不同 Map 节点的同一单词的键值对 <<t:f>,d> 无法正确分区到同一个 Reduce 节点上。例如，在图 5-14 中，由于第一个 Map 节点的复合键 <file:1> 与第二个节点的复合键 <file:2> 不相同，不能保证将它们分区到同一个 Reduce 节点，因而 Reduce 过程结束后，将无法把单词 file 的多个文档词频项合并在一起。

解决这个问题的方法是巧妙利用 Partition 处理过程。定制一个专门的 Partitioner 类，在该类中，把复合键 <t : f> 中的单词 t 拆出来，作为 Partitioner 类中的 getPartition() 方法的主键 key 参数值，以此"欺骗"一下分区处理过程，让 Partitioner 照常将包含同一单词的复合键值对 <<t:f>,d> 分区到同一个 Reduce 节点上。

同样，如果希望最后的文档词频列表按照文档标识号而不是按照词频进行排序，可做类似处理，即把文档标识号 d 与单词 t 合并构成复合键，把词频值 f 留在 value 部分。

第五节　链接 MapReduce 作业

当前做的数据处理任务都可由单个 MapReduce 作业完成。当能够更熟练地编写 MapReduce 程序，并处理更费时费力的数据处理任务时，会发现许多复杂的任务需要分解成一些简单的子任务，每个均需要通过单独的 MapReduce 作业来完成。例如，从引用的数据集中寻找 10 个被引用最多的专利时，可通过由两个 MapReduce 作业组成的一个序列来完成，第一个创建"倒排"引用数据集，并计算每个专利的引用数，而第二个作业再去寻找这个"倒排"数据中最大的 10 个。

一、顺序链接 MapReduce 作业

虽然上述两个作业可手动地逐个执行，但更为便捷的方式是生成一个自动化的执行序列。它可以将 MapReduce 作业按照顺序链接在一起，用一个 MapReduce 作业的输出作为下一个的输入。

mapreduce-1|mapreduce-2|mapreduce-3|……

顺序链接 MapReduce 作业是非常简单的。driver 为 MapReduce 作业创建一个带有配置参数的 JobConf 对象，并将该对象传递给 JobClient.runJob() 来启动这个作业。当 JobClient.mnJob() 运行到作业结尾处被阻止时，MapReduce 作业的链接会在一个 MapReduce 作业后调用另一个作业的 driver。每个作业的 driver 都必须创建一个新 JobConf 对象，将其输入路

径设置为前一个作业的输出路径，并可在最后阶段删除在链上每个阶段生成的中间数据。

二、复杂的 MapReduce 链接

有时，在复杂数据处理任务中的子任务并不是按顺序运行的，因此它们的 MapReduce 作业不能按线性方式链接。例如，mapreduce1 处理一个数据集，mapreduce2 独立处理另一个数据集，而 mapreduce3 对前两个作业的输出结果做内部联结。mapreduce3 依赖其他两个作业，仅当 mapreduce1 和 mapreduce2 都完成后才可执行。而 mapreduce1 和 mapreduce2 间并无相互依赖。

Hadoop 有一种简化机制，通过 Job 和 JobControl 类来管理这种（非线性）作业间的依赖。Job 对象是 mapreduce1 和 mapreduce2 作业的表现形式。Job 对象的实例化可通过传递一个 JobConf 对象到作业的构造函数中来实现。除了要保持作业的配置信息，Job 还通过设定 addDependingJob() 方法维护作业的依赖关系。对于 Job 对象 x 和 y，x.addDependingJob(y) 意味着 x 在 y 完成前不会启动。鉴于 Job 对象存储着配置和依赖信息，JobComrol 对象会负责管理并监视作业的执行。通过 addJob() 方法，可以为 JobControl 对象添加作业。当所有的作业和依赖关系添加完后，调用 JobControl 的 run() 方法生成一个线程来提交作业并监视其执行。

JobControl 有类似 allFinished() 和 getFailedJobs() 这样的方法来跟踪批处理中各个作业的执行。

三、前后处理的链接

大量的数据处理任务涉及对记录的预处理和后处理。例如，在处理信息检索的文档时，可能一步是移除 stop words（像 a、the 和 is 这种经常出现但不太有意义的词），另一步做 stemming（转换一个词的不同形式为相同的形式，如转换 finishing 和 finished 为 finish）。可以为预处理与后处理步骤各自编写一个 MapReduce 作业，并把它们链接起来。在这些步骤中可以使用 IdentityReducer（或完全不同的 reducer）。由于过程中每一个步骤的中间结果都需要占用 I/O 和存储资源，这种做法是低效的。另一种方法是自己写 mapper 去预先调用所有预处理步骤，再让 reducer 调用所有的后处理步骤。这种方式强制采用模块化和可组合的方式来构建预处理和后处理。Hadoop 在版本中引入了 ChainMapper 和 ChainReducer 类来简化预处理和后处理的构成。

由前所述，表达式将 MapReduce 作业的链接符号化地表达为：

[MAP|REDUCE]+

这里 REDUCE 为 reducer，位于名为 MAP 的 mapper 后，这个 [MAP|REDUCE] 序列可重复一次或多次，一个跟着一个。使用 ChainMapper 和 ChainReducer 所生成的作业表达式与此类似，为：

MAP+|REDUCE|MAP*

作业按序执行多个 mapper 来预处理数据，并在运行 reduce 后可选地按序执行多个 mapper 来做数据的后处理。这一机制的优点在于可将预处理步骤写为标准的 mapper。如果愿意，可以逐个运行它们，在 ChainMapper 和 ChainReducer 中调用 addMapper（）方法来分别组合预处理和后处理的步骤。全部预处理和后处理步骤在单一的作业中运行，不会生成中间文件，这大大减少了 I/O 操作。

假如有 4 个 mapper（Map1、Map2、Map3 和 Map4）和一个 reducer（Reduce），它们被链接为单个 MapReduce 作业，顺序为：

Map1|Map2|Reduce|Map3|Map4

在这个组合中，可以把 Map2 和 Reduce 视为 MapReduce 作业的核心，在 mapper 和 reducer 间使用标准的分区。可把 Map1 视为前处理步骤，而将 Map3 和 Map4 作为后处理步骤。处理步骤的数目可以变化。

可以使 driver 设定 mapper 和 reducer 序列的构成。确保一个任务输出的键和值类型能够匹配下一个任务的输入类型（类），代码为：

Connguration conf=getConfl[];
JobConr job=new JobConf(conf);
job.setJobName("ChainJob");
job .setInputF ormat(l extInputF ormat.class);
job.setOutputFormat(TextOutputFormat.class);

FileInputFormat.setInputPath(job,in);
F ileOutputFormat.setOutputPath(job,out);
JobConf map1Conf=new JobConf(false);
// 在作业中添加 Map1 阶段
ChainMapper.addMapper(job,Map1.class,longWritable.class,Text.class;TexLclass,Text.class,true,map 1Conf);

JobConf map2Conf=new JobConf(false);
// 在作业中添加 Map2 阶段
ChainMapper.addMapper(job,Map2.class,LongWritable.class,Text.class;Text.class,Textclass,true,map2Conf);

JobConf reduceConf=new JobConf(false);
// 在作业中添加 reduce 阶段
ChainMapper.addMapper(job,Reduce.class,LongWritable.class,Textclass;Textclass,Textclass,true,reduceConf);

JobConf map3Conf=new JobConf(false);
// 在作业中添加 Map3 阶段
ChainMapper.addMapper(jobMap3.class,LongWritable.class,Text.class;Text.class,Text.class,true,map3Conf);

JobConf map4Conf=new JobConf(false);
// 在作业中添加 Map4 阶段
CnainMapper.addMapper(job,Map4.class,LongWritable.class,Text.class;Text.class,Text.class,true,map4Corif);

JobClient.runJob(job)

driver 会先设置"全局"的 JobConf 对象，包含作业名、输入路径及输出路径等。其一次性地添加这个由 5 个步骤链接在一起的作业，以步骤执行先后为序。它用 ChainMapper.addMapper() 添加位于 Reduce 前的所有步骤，用静态的 ChainReducer.setReducer() 方法设置 reducer，再用 ChainReducenaddMapperO 方法添加后续的步骤。全局的 JobConf 对象（作业）经历所有 5 个 add* 方法。此外，每个 mapper 和 reducer 都有一个本地 JobConf 对象（map1Conf、map2Conf、map3Conf、map4Conf 和 reduceConf），其优先级在配置各自 mapper/reducer 时高于全局的对象。建议本地 JobConf 对象采用一个新的 JobConf 对象，且在初始化时不设置默认值——new JobConf（false）。

可通过 ChainMapper.addMapper() 方法的签名来详细了解如何一步步地链接作业。ChainReducer.setReducer() 的签名和功能与 ChainReducer.addMapper() 类似。

public static<K1,V1,K2,V2>void addMapper
(JobConfjob,Class<?extendsMapper<K1,V1,K2,V2>>kiass,
Class<?extendsK1>inputKeyClass,
Class<?extendsV1>inputValueClass,
Class<?extendsK2>outputKeyClass,
Class<?extendsV2>outputValueClass,
Boolean by Value,
JobConf mapperConf）

该方法有 8 个参数。第一个和最后一个分别为全局和本地的 JobConf 对象。第二个参数（kiass）是 Mapper 类，负责数据处理。余下 4 个参数 inputValueClass、inputKeyClass、outputKeyClass 和 outputValueClass 是这个 Mapper 类中输入/输出类的类型。

在标准的 Mapper 模型中，键值对输出序列之后写入磁盘，等待被洗牌到一个可能完全不同的节点上。形式上认为这个过程采用的是值传递（passed by value），发送的是键值对的副本。在目前情况下可将一个 Mapper 与另一个相链接，在相同的 JVM 线程中一起执行。因此，键值对的发送有可能采用引用传递（passed by reference），初始 Mapper 的输出放在内存中，后续的 Mapper 直接引用相同的内存位置。当 Map1 调用 OutputCollector.collect（Kk，Vv）时，对象 k 和 v 直接传递给 Map2 的 map() 方法。Mapper 之间可能有大量的数据需要传递，利用 map() 方法可避免将重复数据传递给 Map2。Mapper 之间可能有大量的数据需要传递，避免复制这些数据可让性能得以提高。但是，这样做会违背 Hadoop 中 MapReduceAPI 的一个更为微妙的"约定"，即对 OutputCollector.collect（Kk，VV）的调用一定不会改变 k 和 v 的内容。Map1 调用 OutputCollector.collect（Kk，VV）后，可继续使用对象 k 和 V，并完全相信它们的值会保持不变。

如果将这些对象通过引用传递给 MaP2，接下来 Map 可能会改变它们，这就违反了 API 的约定。如果确信 Map1 的 map() 方法在调用 OutputCollector.collect（Kk，VV）后不再使用 k 和 V 的内容，或者 Map2 并不改变 k 和 v 在其上的输入值，可以通过设置 byValue 为 false 来获取一定的性能提升。如果对 Mapper 的内部代码不太了解，安全起见最好设置 byValue 为 true，仍旧采用值传递模式，确保 Mapper 会按预期的方式工作。

四、链接不同的数据

在数据分析中不可避免地需要从不同的来源提取数据。例如，对于所用的专利数据集，如果想知道某些国家引用的专利是否来自另一个国家，就必须查看引用数据（city75_99.txt）以及专利数据中的国家信息（apat63_99.txt）。在数据库领域中，这只是两个表的链接，而大多数数据库都会自动提供对链接的处理。不过，Hadoop 中数据的链接更为复杂，并有几种可能的方法，需要做不同的权衡。

下面通过示例来演示链接不同来源的数据。

（一）数据应用示例

用一个具体的例子展示如何用不同的连接方法实现连接多数据源。

设有两个文本数据源：一个为顾客（Customers），另一个为顾客订单（Orders）。顾客数据集为：

CustomerID，Name，PhoneNumber
1，张三，027-3333-3333
2，张六，025-4444-4444
3，陈四，026-1111-1111
4，王贵，023-2222-2222

顾客订单数据集为：

Customer ID,Order ID,Price,Purchase Data
2，订单1，100，2012.1.5
3，订单2，125，2012.1.8
1，订单3，140，2012.1.15

2，订单4，160，2012.1.18

以 Customer ID 进行内连接（inner join）后的数据记录为：

Customer ID,Name,PhoneNumber,Order ID,Price,Purchase Data

1，张三，027-3333-3333，订单3，140，2012.1.15

2，张六，025-4444-4444，订单1，100，2012.1.5

2，张六，025-4444-4444，订单4，160，2012.1.18

3，王贵，023-2222-2222，订单4，160，2012.1.18

（二）用 DataJoin 类实现 Reduce 端连接

1. 基本处理方法及过程

Hadoop 的 MapReduce 框架提供了一种较为通用的多数据源连接法。该方法用 DataJoin 类库为程序员提供了完成数据连接所需的编程框架和接口，尽可能帮助程序员完成一些数据连接所必须考虑的操作，以简化数据连接处理时的编程实现。用 DataJoin 类库完成数据源连接的基本处理方法和过程如下。

为了能完成不同数据源的连接，先要为不同数据源下的每个数据记录定义一个数据源标签（Tag）。例如，上例中把两个数据源标签分别设置为 Customers 和 Orders。进一步，为了能准确地标识一个数据源下的每个数据记录并完成连接处理，需要为每个待连接的数据记录确定一个连接主键（GroupKey），如上例中，用每个数据记录中的 CustomerID 作为连接主键。

接着，DataJoin 类库分别在 Map 阶段和 Reduce 阶段提供一个处理框架，并尽可能帮助程序完成一些处理工作，仅留下一些必须由程序员来实现的部分让程序员完成。

（1）Map 处理过程。DataJoin 类库先提供了一个抽象的基类 DataJoinMapperBase。该基类实现了 map() 方法，帮助程序员对每个数据源下的文本数据记录生成一个带标签的数据记录对象 Map 处理过程中，将由程序员指定每个数据源的标签 Tag 是什么，将用哪个字段作为连接主键 GroupKey（在本例中，主键为 CustomerID）。Map 过程结束后，这些确定了标签和连接主键的数据记录将被传递到 Reduce 阶段进行后续的处理。Map 阶段的处理过程如图 6-15 所示。

经过以上的 Map 处理后，所有带标签的数据记录将根据连接主键 GmupKey 进行分区处理，因而所有带有相同连接主键 GroupKey 的数据记录将被分区到同一个 Reduce 节点上。

（2）Reduce 处理过程。Reduce 节点接收到这些带标签的数据记录后，如图 6-16 所示，Reduce 处理过程将对不同数据源标签下具有同样 GroupKey 的记录进行笛卡儿叉积，自动生成所有不同的叉积组合。然后，对每一个叉积组合，由程序员实现一个 combineO 方法，根据应用程序的需求将这些具有相同 GroupKey 的不同数据记录进行适当的合并处理，以此最终完成类似于关系数据库中不同实体数据记录的链接。

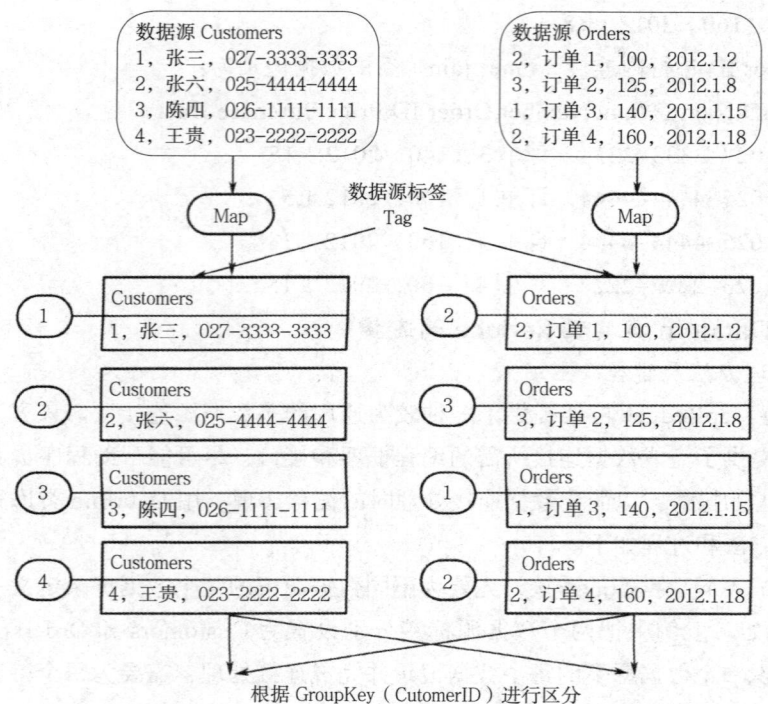

图 6-15 DataJoin 连接时的 Map 处理过程

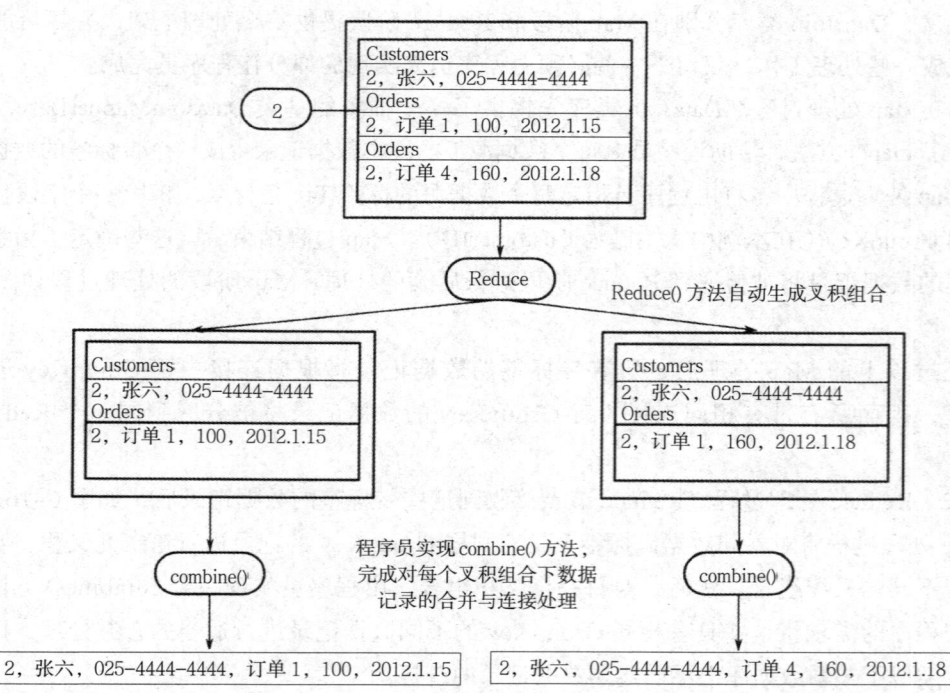

图 6-16 DataJoin 连接时的 Reduce 处理过程

DataJoin 类库提供了三个抽象类，以此提供基本的编程框架和接口。

（1）DataJoinMapperBase。程序员的 Mapper 类将继承这个基类。该基类已为程序员实现了 map() 方法用以完成标签化数据记录的生成，因此程序员仅需实现产生数据源标签、GroupKey 和标签化记录所需要的三个抽象方法。

（2）DataJoinReducerBase。程序员的 Reduce 类将继承这个基类。该基类已实现了 reduce() 方法用以自动生成多数据源记录的叉积组合，程序员仅需实现 combine() 方法以便对每个叉积组合中的数据记录进行合并连接处理。

（3）TaggedMapOutput。描述一个标签化数据记录，实现了 getTag() 和 setTag() 方法；作为 Mapper 的 key-value 输出中的 value 的数据类型，由于需要进行 I/O，程序员需要继承并实现 Writable 接口，实现抽象的 getData() 方法用以读取记录数据。

2. Mapper 的实现与基类 DataJoinMapperBase 的使用

为了在 Map 过程中能让程序员定义具体的数据源标签 Tag 及确定用什么字段作为连接主键 GroupKey，继承了抽象基类 DataJoinMapperBase 的 Mapper 类需要实现以下三个抽象方法。

（1）abstract Text generateInputTag（String inputFile）。通过该方法由程序员决定如何产生记录的数据源标签。数据源标签定义没有一定之规，程序员可使用任何有助于表示和区分不同数据源的标签。大多数情况下，可直接用文件名作为标签。例如，在上例中可使用顾客文本文件名 Customers 和订单数据文件名 Orders 作为标签。直接使用文件名作为标签的程序可用如下简单的代码进行实现：

protectedTextgenerateInputTag(String inputFile)
{
returnnewText(inputMle);
}

但是，当一个数据文件目录包含多个文件（如 part-00000、part-00001 等）并导致无法直接采用文件名时，可从这些文件名的公共部分或由程序员自定义一个标签名。其实，现代码为：

protected Text generateInputTag(String inputFile)
{
    // 取 "-" 前的 "part" 作为标签名
    String datasource=inputFile.spli('-')[0];
    return new Text(datasource);
}

（2）abstract TaggedMapOutput generate TaggedMapOutput（Objectvalue）。该抽象方法用于把数据源中的原始数据记录包装为一个带标签的数据记录。例如：

protected TaggedMapOutput generateTaggedMapOutput（Object value）

157

```
            {
                    // 设程序员继承实现的 TaggedMapOutput 子类为 TaggedRecordWritable
                    // 把 value 所表示的数据记录封闭为一个 TaggedMapOutput 对象
                    TaggedRecordWntableretv=new TaggedRecordWritable（Text）value）;
                    // 将 generateInputTag() 方法确定的、存储在 Mapper.inputTag 中的标签设为数据
源标签
                    retv.setTag(this.inputTag);
        returnretv;
            }
```

此外，每个记录的数据源标签可以是由 generateInputTag() 所产生的标签，但需要时也可以通过 SetTag() 方法为同一数据源的不同数据记录设置不同的标签。

（3）abstract Text generateGroupKey（TaggedMapOutput aRecord）。该方法主要用于根据数据记录确定具体的连接主键 GmupKey。例如，在顾客和订单数据记录示例中，把第一个字段 CustomerID 作为连接主键。其实现的代码为：

```
        protected Text generateGroupKey(TaggedMapOutput aRecord)
            {
                String line=((Text) aRecord.getData()).toString();
                String[] tokens=line.split(","）;
                // 取 CustomerID 作为 GroupKey
                String groupKey=tokens[0];
                return new Text(groupKey);
            }
```

基于以上介绍，实现顾客和订单数据连接的完整的 Mapper 代码如下：

```
        public static class MapClass extends DataJoinMapperBase
            {
                protected Text generateInputTag(Stnng inputFile)
                {
                    // 使用输入文件名作为标签
                    String datasource=inputFile.split("-")[0];
                    // 该数据源标签将被 map() 保存在 inputTag 中
                    return new Text(datasource);
                }
                protected Text generateGroupKey(TaggedMapOutput aRecord)
                {
                    String line=((Text) aRecord.getData()).toString○;
```

```
            String[] tokens=line.split( "," );
            String groupKey=tokens[0];
            // 用 Customer ID 作为 GroupKey(key) return new Text(groupKey)
    }
        protected TaggedMapOutput generateTaggedMapOutput(Object value)
        {
            TaggedRecordWritable retv=new TaggedRecordWritable((Text) value);
            // 把一个原始数据记录包装为标签化的记录
            retv.setTag(this.inputTag);
            return retv;
        }
    }
```

此外，为了能实现数据记录的序列化处理和数据输出，还需要实现抽象类 TaggedMapOutput 的一个子类（设为 TaggedRecordWritable），该子类中必须实现带标签数据记录的输入/输出操作及从中读取具体的数据记录的操作。代码为：

```
public static class TaggedRecordWntable extends TaggedMapOutput
{
    pnvate Writable data;
    public TaggedRecordWritable(Writable data)
    {
        this.tag=new Text( "" );
        this.data=data;
    }
    public Writable getData()
    {
        return data;
    }
    public void write(DataOutput out)throws IOException
    {
        this.tag.write(out);
        this.data.write(out);
    }
    public void readFields(DataInput in)throws IOException
    {
        this.tag.readFields(in);
```

```
        this.data.readFields(in);
    }
}
```

3. Reducer 的实现及基类 DataJoinReducerBase 的使用

系统所提供的抽象基类 DataJoinReducerBase 已经实现了 reduce() 方法，对从 Map 过程输出的带标签和连接主键的数据记录，具有同一 GmupKey 的数据记录将被分区到同一 Reduce 节点上。通过 reduce() 方法，将对这些来自不同数据源、具有同一 GroupKey 的数据记录自动完成叉积组合处理。然后对每一个叉积组合下的数据记录，程序员需要实现抽象方法 combine() 以告知系统如何具体完成数据记录的合并和连接处理。这里的 combine() 方法与 MapReduce 框架中的 Combiner 类完全不同，要注意区分。

基于 DataJoinReducerBase 实现 Reducer 的完整代码如下：

```
public static class ReduceClass extends DataJonReducerBase
{
    protected TaggedMapOutput combine(Object[] tags,Object[] values)
    {
        // 以下数据源，没有需要连接的数据记录 if(tags.length<2)
            return null;
        String joinedData="" ;
        for (int i=0;i<values.length;i++)
        {
            if(i>0)
                joinedData+="," ;
            TaggedRecordWritable trw=(TaggedRecordWritable)values[i];
            String recordLine=((Text)trw.getData()).toString();
            // 把 Customer ID 与后部的字段分为两段
            String[] tokens=recordLine.split(",",2);
            // 拼接一次 Customer ID
            if(i==0)
                joinedData+=tokens[0];
            // 拼接每个数据源记录后部的字段
        }
        TaggedRecordWniable retv=new TaggedRecordWritable(new TextgomedData));
        // 把第一个数据源标签设为 join 后记录的标签
        retv.setTag((Text)tags[0]);
        //join 后的数据记录将在 reduceO 中与 GroupKey 一起输出
```

           return retv;
        }
}
最后该示例程序的作业配置和执行代码如下：
public class DataJomDemo
{
    public static void main（Stnng[]args）throws Exception
    {
        Conrigurationconf=getConf（）；
        JobConfjob=new JobConf(conf,DataJoinDemo.class);
        Path in=new Path(args[0]);
        Path out=new Path(args[l]);
        FileInputFormat.setInputPaths(job,in);
        FileOutputFormat.setOutputPath(job.out);
        job.seUobName（''DataJoin"）；
        job.setMapperClass(MapClass.class);
        job.setReducerClass(Reduce.class);
        job.setlnputFormat(TextlnputFormat.class);
        job.setOutputForma:(TextOutputFormat.class);
        job.setOutputKeyClass(Text.class);
        job.setOutputValueClass(TaggedRecordWritable.class);
        job.set（"mapred.textoutputfonnat.separator''，"，"）；
        Job.waitForCompletion(true);
    }
}

第六节 MapReduce 递归扩展与集群算法

很多大规模计算实际上都是递归式求解。一个重要的例子就是后面章节介绍的 PageRank 计算。该计算简单而言即为一个矩阵—向量乘法不动点的计算。基于 MapReduce 计算 PageRank，可以通过迭代应用前面介绍的矩阵—向量乘法算法，或采用后面介绍的一种更为复杂的策略来实现。通常整个计算过程会迭代一个未知的步数，每一步都是一个 MapReduce 任务，直到连续两步迭代间的结果充分接近才认为计算过程收敛。

一、MapReduce 递归扩展

递归通常通过 MapReduce 过程的迭代调用实现，其原因是一个真正的递归任务并不具备独立重启失效任务所必需的特性。对于一个相互递归的任务集，其中每个任务的输出至少为某些其他任务的输入，不可能直到任务结束才产生输出。如果所有任务都遵循这个原则，那么任何任务永远都不能收到任何输入，任何工作都无法完成。因此，在存在递归工作流（即工作流图是有向的）的系统中，必须引入一些特别的机制来处理任务失效问题而不只是简单地重启。以下为考察一个采用工作流的递归实现样例，讨论处理任务失效的各种方法。

例如，假设有一个有向图，它的边可以通过关系 $E(X, Y)$ 来表示，$E(X, Y)$ 表示从节点 X 到节点 Y 有一条边。此处的目标是计算路径关系 $P(X, Y)$，即在 X 和 Y 之间存在一条路径，路径的长度至少为 1。一个简单的递归实现算法如下：

（1）令 $P(X, Y) = E(X, Y)$。

（2）当 P 发生改变时，将下列元组加入 P

$$\pi_{X,Y}(P(X,Y) \bowtie P(Z,Y))$$

也就是说，寻找节点 X 和 Y，其中 X 到某个节点 Z 存在路径，而 Z 到 Y 也存在路径。

图 6-17 所示是组织递归任务来执行计算的示意图。在此存在两类任务：连接任务和去重任务。其中，连接任务有 n 个，每个任务对应哈希函数 h 的一个输出结果。当发现 a、b 间存在路径时，元组 $P(a,b)$ 就会变成两个编号分别是 $h(a)$ 和 $h(b)$ 的连续任务的输入。当第 i 个连接任务收到输入元组 $P(a, b)$ 时，它的工作就是寻找某些以前看到过的元组。

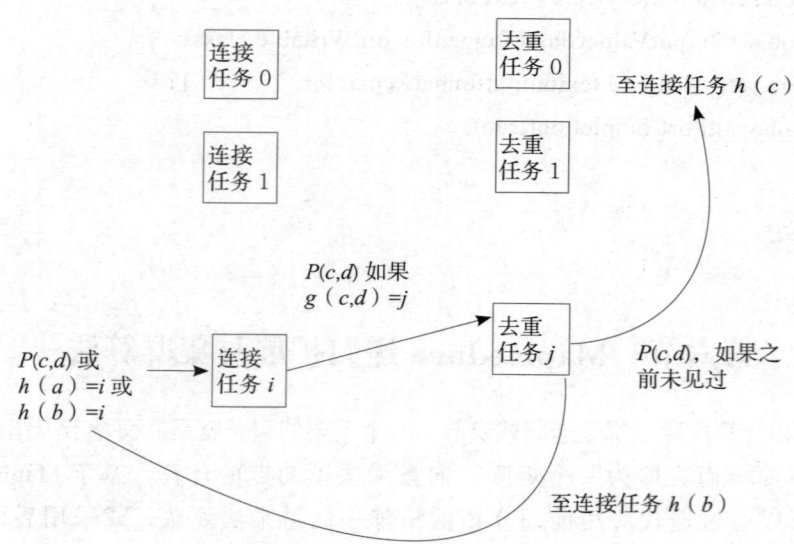

图 6-17 递归任务集上传递闭包的实现示意图

（1）将 $P(a, b)$ 存于本地。

（2）如果 $h(a)=i$，则寻找元组 $P(x,a)$ 并输出元组 $P(x,b)$。
（3）如果 $h(b)=i$，则寻找元组 $P(b,y)$ 并输出元组 $P(a,y)$。

注意，只有在极为罕见的情况下才会有 $h(a)=h(b)$，此时步骤（2）和步骤（3）才会同时执行。但通常来说，对于一个给定的输入元组，步骤（2）和步骤（3）只有一个会执行。

同时，存在 m 个查重任务，每个任务对应哈希函数 g 的一个输出结果，而 g 有两个输入参数，如果 $P(c,d)$ 为某个连接任务的输出，那么它将传递给第 j 个查看任务，其中 $j=g(c,d)$。收到 $P(c,d)$ 后，第 j 个查看任务会检查以前是否收到过该元组，因为这是查看任务。如果以前收到过，该元组将被忽略。否则，它将会在本地存放并传递给两个编号为 $h(c)$ 和 $h(d)$ 的连接任务。

每个连接任务会输出 m 个文件，每个文件都对应一个查看任务，而每个查看任务又会输出 n 个文件，每个对应一个连接任务。这些文件可以按照任一策略进行分布。一开始，$E(a,b)$ 这个表示边的元组分布到查看任务，$E(a,b)$ 将以 $P(a,b)$ 的方式传送到编号为 $g(a,b)$ 的查看任务。主控进程将一直等待直到每个连接任务完成对其完整输入的一轮处理。然后，所有的输出文件分布到查重任务作为它们自己的输入。查看任务的输出结果又传递连接任务作为它们下一轮的输入。另一种可选的方式为，每个任务可以一直等待，直到它产生足够的输出来证明传送输出文件到目标任务的合法性，即使该任务还没使用所有的输入时也可以这样做。

上例中，两类任务并不是必需的。其实，由于连接任务必须保存以前收到的元组，因此在收到重复元组时即可以进行去重处理。但是，当必须从任务失效中恢复时，采用上例的做法就具有优势。如果每个任务都保存其曾经产生的所有输出文件，并且连接任务和查重任务分别置放在不同的机架上，即可以处理任何单计算节点故障或单机架故障。也就是说，一个必须重启的连接任务能够获得所有以前产生的结果，这些结果是查看任务所必需的输入，反之亦然。

在上述计算传递闭包的例子中，防止重启任务产生原先任务产生过的结果并无必要。在传递闭包的计算中，某条路径的重新发现也不影响最终的结果。然而，很多计算不容忍的一种情况是原始任务和重启任务都将同样的输出传递给另外一个任务。例如，当计算的最后一步是聚合时，计算两次路径就会获得错误的结果。在这种情况下，主控进程会记录每个任务产生并传递给其他任务的文件是哪些，然后重启失效任务并忽略那些重启任务中再次产生的文件。

二、集群计算算法的效率问题

（一）集群计算的通信开销模型

设想某个算法基于无环网络组成的任务来实现。这些任务可以是标准 MapReduce 算法中 Map 任务输出给 Reduce 任务的方式，或者是多个 MapReduce 作业的串联，或者是一个更一般化的工作流结构，如果该结构中包含多个任务，每个任务实现了图 6-18 所示的工作流，即某个任务的通信开销即为输入的大小。该大小可以通过字节数来度量。但是，由于下面将以关系数据库运算为例，所以将元组的数目作为度量指标。

一个算法的通信开销是实现该算法的所有任务的通信开销之和。我们将集中关注通过通信开销来度量算法效率的方法。特别地，估计算法的运行时间并不考虑每个任务的执行时间。当存在例外时，即任务的执行时间占据主要比例，要通过以下原因来关注通信开销。

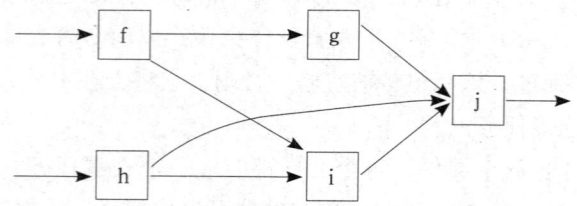

图 6-18　比两步 MapReduce 更复杂的工作流示意图

（1）算法中的每个执行任务一般都非常简单，时间复杂度最多和输入规模成线性关系。

（2）计算集群中典型的互联速度是 GB/s，这看上去似乎很快，但是与处理器执行指令的速度相比，还是要低一些。因此，在任务传输元素的同等时间内，计算节点可以在收到输入元素后做大量工作。

（3）即使任务在某个计算节点执行时该节点正好有任务所需要的文件块，但由于文件块通常存放在磁盘上，将它们输送到内存的时间可能会长于文件块到达内存后所需的处理时间。

假定通信开销占主要地位，那么为什么仅仅计算输入规模而不是输出规模？该问题的答案主要包括两个要点。

（1）如果任务的输出是另一个任务的输入，那么当度量接收任务的输入规模时，任务的输出规模已经被计算。因此，没有理由计算任务的输出规模，除非这些任务的输出直接构成整个算法的最终结果。

（2）实际应用中，任务的输出规模与输入规模或任务产生的中间数据相比，几乎都要更小一些。主要是因为大量的输出如果不进行概括或聚合处理就不能用。

例如，假设对价 $R(A, B)$、$S(A, B)$ 这两个关系进行连接运算，即求解 $R(A, B)$ $\bowtie S(A, B)$，关系 R 和 S 的规模分别为 r 和 s。R 和 S 文件的每个文件块传递给一个 Map 任务，因此所有 Map 任务的通信开销之和为 $r+s$。值得注意的是，在典型的执行过程中，每个 Map 任务将在一个拥有相应文件块的计算节点执行，因此 Map 任务的执行不需要节点间的通信。但是 Map 任务必须从磁盘读入数据。由于所有 Map 任务所做的只是将每个输入元组简单地转换成键值对，所以不论输入来自本地还是必须传送到计算节点，它们的计算开销相较通信开销都会很小。

Map 任务的输出规模与其输入规模大体相当。每个输出的键值对传给一个 Reduce 任务，该 Reduce 任务不太可能与刚才的 Map 任务在同一计算节点上运行。因此，Map 任务到

Reduce 任务的通信有可能通过集群的互联来实现，而不是从内存到磁盘的传输。该通信的开销为 $O(r+s)$，因此连接算法的通信开销是 $O(r+s)$。

注意，Reduce 任务可以使用所收到元组的哈希连接方式。该过程包括将收到的每一个元组基于万字段值进行哈希，该哈希函数不同于将元组分配给不同 Reduce 任务的哈希函数。本地的哈希连接花费的时间和收到的元组个数之间存在线性关系，因此其复杂度也是 $O(r+s)$。

连接的输出规模可能比 $r+s$ 大也可能比 $r+s$ 小，这取决于给定的 R 元组和 S 元组能够连接的可能性。举例来说，如果有很多不等的 B 字段值，那么可以想象结果的规模会较小，而如果不同的 B 字段值很小，输出的规模可能会很大。然而，将遵循如下假设：如果连接的输出规模较小，那么可以通过某些聚合操作来减少输出的规模。而聚合运算往往在 Reduce 任务中执行并输出结果。

（二）多路连接

为了理解怎样通过分析通信开销来选择集群计算环境下的算法，本节将以多路连接（Multiway Join）为例进行深入的考察。存在一个一般性理论可供进行如下处理。

（1）选定自然连接中的关系的某些属性并将它们的值哈希到一定数量的桶中。

（2）对每个属性选择桶的数目的乘积为 k，是即将使用的 Reduce 任务的数目。

（3）利用桶编号向量标记 k 个 Reduce 任务的每一个，其中向量的每一个分量对应属性上的哈希结果。

（4）将每个关系的元组传递给可能会找到元组与之连接的所有 Reduce 任务。也就是说，给定元组 t 的某些哈希属性值，因此可以对这些值进行哈希来确定 Reduce 任务标识向量中的部分分量。标识向量中的其他分量是未知的，因此 t 一定要传递给未知分量所有可能取值所对应的所有 Reduce 任务。

此处仅考察了三个关系的连接运算，即 $R(A,B) \bowtie S(A,B) \bowtie T(A,B)$。假定关系 R、S 和 T 的规模分别是 r、s 和 t。为简化起见，假定下列事件的概率为 p：

（1）一个 R 元组和一个 S 元组的 B 字段一致的概率。

（2）一个 S 元组和一个 T 元组的 C 字段一致的概率。

例如，假设 $b=c=4$，因此 $k=16$。这 16 个 Reduce 任务可以想象成按照矩形来安排，如果有一个假想的 S 元组 $S(v,w)$，其满足 $h(v)=2$ 且 $g(w)=1$。Map 任务仅将该元组传递给 Reduce 任务 (2, 1)。另一个 R 元组 $R(u,v)$，由于 $h(v)=2$，该元组被传递给所有形（如 (2, y)）的 Reduce 任务，其中 $y=1, 2, 3, 4$。最后，看到有一个 T 元组 $T(w,x)$，由于 $g(w)=1$，它应该被传递给所有形（如 (z, 1)）的 Reduce 任务，其中 $z=1, 2, 3, 4$。注意，这是在进行元组连接运算，这三个元组仅仅只在一个编号为 (2, 1) 的 Reduce 任务中才会相遇。

现假设 R、S 和 T 的规模各不相同，和前面一样，分别用 r、s 及 t 来表示。如果将 B 字段值哈希到 b 个桶，将 C 字段哈希到 c 个桶，其中 $bc=k$，那么将所有元组传递到合适的 Reduce 任务的总通信开销为下列值的和：

（1）s——将每个元组 S（v, w）仅仅传递一次到 Reduce 任务（h（v），g（w））。

（2）cr 将——每个元组 R（u, v）传递到 c 个 Reduce 任务（h（v），y），y 的可能取值有 c 个。

（3）bt——将每个元组 T(w, x) 传递到 b 个 Reduce 任务（z, g(w)），z 的可能取值有 b 个。

另外，将每个关系的每个元组输入某个 Map 任务还有 r+s+t 的开销，这个开销为固定的，与 b、c 和 k 无关。

必须选择 b 和 c，它们要满足限制条件 bc=k，并且要使 s+cr+bt 最小。可以采用拉格朗日乘子法求解，即令函数 s+cr+bt−λ（bc−k）对 b 和 c 的偏导数值为 0，即必须求解方程组：

$$\begin{cases} r - \lambda b = 0 \\ t - \lambda c = 0 \end{cases}$$

由于 r=λb，且 t=λc，将两个等式对应的左边与左边相乘、右边与右边相乘，有 rt = λ2bc，又由于 bc=k，于是得到 rt =λ2k，求得 $\lambda = \sqrt{\dfrac{rt}{k}}$。因此，当 $c = \dfrac{t}{\lambda} = \sqrt{\dfrac{kt}{r}}$，$b = \dfrac{r}{\lambda} = \sqrt{\dfrac{kr}{t}}$ 时通信开销取最小值。

将上述取值代入 s+cr+bt 得到 s+2$\sqrt{krt}$。这就是 Reduce 任务的通信开销，然后加上 Map 任务的通信开销 s+r+t。后者通常比前者小一个因子 $O(\sqrt{k})$，因此在大多数情况下只要 Reduce 任务的数目足够大即可以忽略不计。

第七章　HDFS 存储海量数据技术研究

互联网应用每时每刻都在产生数据。经过长期积累，这些数据文件总量非常庞大，存储这些数据需要投入巨大的硬件资源。如果能够利用已有空闲磁盘组成集群来存储这些数据，则可以不再需要大规模采集服务器存储数据或购买容量庞大的磁盘，减少了硬件成本，这种方法正是使用分布式存储思想来解决这个问题的。

第一节　HDFS 技术设计与结构

HDFS 是一个主/从（Master/Slave）体系结构。HDFS 集群有一个 NameNode 和一些 DataNode。NameNode 管理文件系统的元数据，DataNode 存储实际的数据。客户端通过同 NameNode 和 DataNode 的交互访问文件系统。客户端联系 NameNode 以获取文件的元数据，而真正的文件 I/O 操作是直接和 DataNode 进行交互的。

一、HDFS 的特点

下面从硬件故障、流式的数据访问、简单一致性模型、移动计算比移动数据更经济、轻便地访问异构的软硬件平台、名字节点和数据节点以及文件命名空间七个方面讨论 HDFS 的特点。

（一）**硬件故障**

硬件故障是常态，而不是异常。整个 HDFS（Hadoop Distributed File System，Hadoop 分布式文件系统）系统由数百或数千个存储着文件数据片断的服务器组成。实际上它里面有非常巨大复杂的组成部分，每一个组成部分都会频繁地出现故障，这就意味着 HDFS 里的一些组成部分总是失效的，因此故障的检测和自动快速恢复是 HDFS 一个核心的结构目标。

（二）**流式的数据访问**

运行在 HDFS 之上的应用程序必须流式地访问它们的数据集，其不是典型地运行在常规的文件系统之上的常规程序。HDFS 被设计成适合批量处理的，而不是用户交互式的。重点在于数据的吞吐量，而不是数据访问的反应时间，POSIX（Portable Operating System

Interface，可移植操作系统接口）不需要强制性的需求应用，去掉 POSIX 的很多关键性地方的语义以获得更好的数据吞吐率。大数据集运行在 HDFS 之上的程序有大量的数据集。这意味着典型的 HDFS 文件是 GB 到 TB 的大小，所以 HDFS 能够很好地支持大文件。其应该提供很高的聚合数据带宽，应该一个集群中支持数百个节点，每个节点支持数千万的文件。

（三）简单一致性模型

大部分的 HDFS 程序对文件操作的需要是一次写入，多次读取的。一个文件一旦创建、写入、关闭后就不需要再修改了。这个假定简单化了数据一致的问题和高吞吐量的数据访问。MapReduce 程序或者网络程序都非常完美地适合这个模型。

（四）移动计算比移动数据更经济

靠近要被计算的数据所存储的位置来进行计算是最理想的状态，尤其是在数据集非常巨大的时候。这样，就消除了网络的拥堵，提高了系统的整体吞吐量。这个假定就是将计算离数据更近比将文件移动到程序运行的位置更好。HDFS 提供了接口来让程序将自己移动到离数据存储的位置更近。

（五）轻便地访问异构的软硬件平台

HDFS 应该设计成这样一种方式，即简单轻便地从一个平台到另外一个平台，这将推动需要大数据集的应用更广泛地采用 HDFS 作为平台。

（六）名字节点和数据节点

HDFS 是一个主从结构的体系，每一个 HDFS 集群包含一个名字节点，它用来管理文件的命名空间和调节客户端访问文件的主服务器，还包含数据节点，用来管理存储。HDFS 暴露文件命名空间和允许用户数据存储成文件。HDFS 的内部机制是将一个文件分割成一个或多个块，这些块存储在一组数据节点中。名字节点操作文件命名空间的文件或目录操作，如打开、关闭、重命名等。其同时确定块与数据节点的映射。数据节点负责来自文件系统客户的读写请求。数据节点还要执行块的创建，删除和来自名字节点的块复制指示等操作。名字节点和数据节点都是软件运行在普通的机器之上，机器都为 Linux。HDFS 是用 Java 来编写的，任何支持 Java 的机器都可以运行名字节点或数据节点，利用 Java 语言的超轻便型，很容易将 HDFS 部署到大范围的机器上。典型的部署将有一个专门的机器来运行名字节点软件，机群中的其他机器运行一个数据节点实例。体系结构排斥在一个机器上运行多个数据节点的实例，但是实际的部署不会出现这种情况。集群中只有一个名字节点极大地简单化了系统的体系。名字节点是仲裁者和所有 HDFS 的元数据的仓库。系统设计成用户的实际数据不经过名字节点。

（七）文件命名空间

HDFS 支持传统的文件组织继承。一个用户或一个程序可以创建目录，存储文件到很多目录中。文件系统的名字空间层次和其他的文件系统相似，可以创建、移动文件，将文件从一个目录移动到另外一个，或重命名。HDFS 现在还没有实现用户的配额和访问控制等操作。HDFS 也不支持硬链接和软链接。然而，HDFS 结构不排斥在将来实现这些功能。名字节点维护文件系统的命名空间，任何文件命名空间的改变或属性变更都被名字节点记录。应用程序可以指定文件的复制数，文件的复制被称为文件的复制因子，这些信息由名字空间来负责存储。

二、HDFS 的设计需求

分布式文件系统的设计需求大概是这么几个：透明性、并发控制、可伸缩性、容错及安全需求等。

（一）透明性

如果按照开放分布式处理的标准确定就有 8 种透明性：访问的透明性、位置的透明性、并发的透明性、复制的透明性、故障的透明性、移动的透明性、性能的透明性、伸缩的透明性。

对于分布式文件系统，最重要的是能达到以下 5 个透明性要求。

1. 访问的透明性

用户能通过相同的操作来访问本地文件和远程文件资源。HDFS 可以做到这一点，如果 HDFS 设置成本地文件系统，而非分布式，那么读写分布式 HDFS 的程序可以不用修改地读写本地文件，要做修改的是配置文件。可见，HDFS 提供的访问的透明性是不完全的，毕竟它构建于 Java 之上，不能像 NFS 或者 AFS 那样去修改 UNIX 内核，同时将本地文件和远程文件以一致的方式处理。

2. 位置的透明性

使用单一的文件命名空间，在不改变路径名的前提下，文件或者文件集合可以被重定位。HDFS 集群只有一个 Namenode 来负责文件系统命名空间的管理，文件的 block 可以重新分布复制，block 可以增加或者减少副本，副本可以跨机架存储，而这一切对客户端都是透明的。

3. 移动的透明性

这一点与位置的透明性类似，HDFS 中的文件经常由于节点的失效、增加和 replication 因子的改变或者重新均衡等进行复制或者移动，而客户端和客户端程序并不需要改变什么，Namenode 的 edits 日志文件记录着这些变更。

4. 性能的透明性和伸缩的透明性

HDFS 的目的是构建大规模廉价机器上的分布方式系统集群，可增减其规模。HDFS 通过一个高效的分布式算法，将数据的访问和存储分布在大量的服务器中，在用户访问时，HDFS 将会计算使用网络最近的和访问量最小的服务器给用户提供访问，而不仅是从数据源提取，这是传统存储架构的一个颠覆性发展。

（二）并发控制

客户端对文件的读写不应该影响其他客户端对同一个文件的读写。要想实现近似原生文件系统的单个文件拷贝语义，分布式文件系统需要做出复杂的交互。例如，采用时间戳或者类似回调承诺（回调有两种状态，即有效或者取消。客户端通过检查回调承诺的状态来判断服务器上的文件是否被更新过）。HDFS 并没有这样做，它的机制非常简单，任何时间都只允许一个写的客户端，文件经创建并写入之后不再改变，它的模型是 write-one-read-many，一次写，多次读。这与它的应用场合是一致的，HDFS 的文件大小通常是 MB～TB 级的，这些数据不会经常修改，最经常的是被顺序读并处理，随机读很少，因此 HDFS 非常适合 MapReduce 框架或者 Web Crawler 应用。HDFS 文件的大小也决定了它的客户端不能像其他分布式文件系统那样可以缓存到几百或上千文件。

（三）文件复制功能

一个文件可以表示为其内容在不同位置的多个备份。这样做有两个好处：一是访问同一个文件时，可以从多个服务器中获取，从而改善服务的伸缩性；二是提高了容错能力，某个副本损坏了，仍然可以从其他服务器节点获取该文件。HDFS 文件的 block 为了容错都将被备份，根据配置的 replication 因子，默认是 3。副本的存放策略也很有讲究，一个放在本地机架的节点，一个放在同一机架的另一节点，还有一个放在其他机架上。这样可以最大限度地防止因故障导致的副本丢失。不仅如此，HDFS 读文件的时候也将优先选择从同一机架乃至同一数据中心的节点上读取 block。

（四）硬件和操作系统的异构性

由于构建在 Java 平台上，HDFS 的跨平台能力毋庸置疑，得益于 Java 平台已经封装好的文件 IO 系统，HDFS 可以在不同的操作系统和计算机上实现同样的客户端和服务端程序。

（五）容错能力

在分布式文件系统中，尽量保证文件服务在客户端或者服务端出现问题的时候能正常使用是非常重要的。HDFS 的容错能力大概可以分为两方面：文件系统的容错性，表现 Hadoop 本身的容错能力。文件系统的容错性主要通过以下几点体现。

（1）在 Namenode 和 Datanode 之间维持心跳检测。当由于网络故障之类的原因，导致 Datanode 发出的心跳包没有被 Namenode 正常收到的时候，Namenode 就不会将任何新的 IO 操作派发给那个 Datanode，该 Datanode 上的数据被认为是无效的，因此 Namenode 会检测是否有文件 block 的副本数目小于设置值，如果小于就自动开始复制新的副本并分发到其他 Datanode 节点。

（2）检测文件 block 的完整性。HDFS 会记录每个新创建的文件的所有 block 的校验和，当以后检索这些文件的时候，从某个节点获取 block，会先确认校验和是否一致，如果不一致，会从其他 Datanode 节点上获取该 block 的副本。

（3）集群的负载均衡。由于节点的失效或者增加，可能导致数据分布的不均匀，当某个 Datanode 节点的空闲空间大于一个临界值的时候，HDFS 会自动从其他 Datanode 迁移数据过来。

（4）Namenode 上的 Fsimage 和 EditLog 日志文件是 HDFS 的核心数据结构，如果这些文件损坏了，HDFS 将失效。因而，Namenode 可以配置成支持维护多个 FsImage 和 EditLog

的副本。任何对 FsImage 或者 EditLog 的修改，都将同步到它们的副本上。它总是选取最近的一致的 FsImage 和 EditLog 使用。Namenode 在 HDFS 中是单点存在的，如果 Namenode 所在的机器错误，就需要进行手动设置。

（5）文件的删除。删除并不是立即从 Namenode 中移除 namespace，而是放在 /trash 目录随时可恢复，直到超过设置时间才被正式移除。再说 Hadoop 本身的容错性，Hadoop 支持升级和返回，当升级 Hadoop 软件时出现 bug 或者不兼容现象，可以通过恢复到旧的 Hadoop 版本。最后一个即为安全性问题，HDFS 的安全性是比较弱的，只有简单的与 UNIX 文件系统类似的文件许可控制，未来版本会实现类似 NFS 的 kerberos 验证系统。

总的来说，HDFS 作为通用的分布式文件系统并不适合，它在并发控制、缓存一致性以及小文件读写的效率上是比较弱的。但它有自己明确的设计目标，那就是支持大的数据文件（MB ~ TB 级），这些文件以顺序读为主，以文件读的高吞吐量为目标，并且与 MapReduce 框架紧密结合。

三、HDFS 体系结构

HDFS 是一个主从结构体，如图 7-1 所示。

从最终用户的角度来看，其就像传统的文件系统一样，可通过目录路径对文件执行 CRUD（Create、Read、Update 和 Delete）操作，但由于分布式存储的性质，HDFS 集群拥有一个 NameNode 和一些 DataNode。DataNode 管理文件系统的元数据，DataNode 存储实际的数据。客户端通过同 DataNode 和 DataNode 的交互访问文件系统，客户端联系 DataNode 以获取文件的元数据，而真正的文件 I/O 操作是直接和 DataNode 进行交互的。

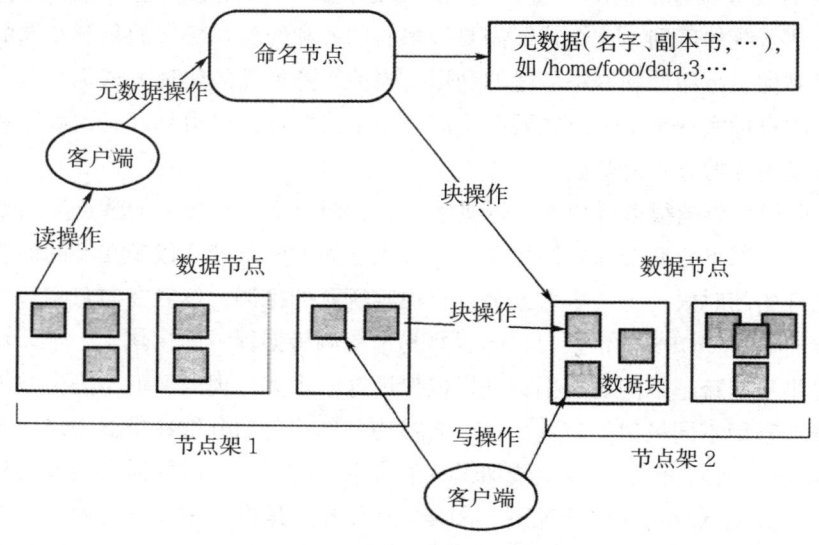

图 7-1　DHFS 的结构示意图

四、HDFS 的可靠性措施

HDFS 的主要设计目标之一就是在故障情况下也能保证数据存储的可靠性。HDFS 具备较为完善的冗余备份和故障恢复机制，可以实现在集群中可靠地存储海量文件。

（一）冗余备份

HDFS 将每个文件存储成一系列的数据块（Block），默认块大小为 64 MB（可配置）。为了容错，文件的所有数据块都会有副本（副本数量即复制因子，可配置）。HDFS 的文件都是一次性写入的，并且严格限制为任何时候都只有一个写用户。DataNode 使用本地文件系统来存储 HDFS 的数据，但是它对 HDFS 的文件一无所知，只是用一个个文件存储 HDFS 的每个数据块。当 DataNode 启动的时候，会遍历本地文件系统，产生一份 HDFS 数据块和本地文件对应关系的列表，并把这个报告发给 NameNode，这就是块报告（Blockreport）。块报告包括 DataNode 上所有块的列表。

（二）数据复制

HDFS 设计成可靠地在集群中的大量机器之间存储非常大量的文件，其以块序列的形式存储每一个文件。文件除了最后一个块外，其他块都是相同的大小。属于文件的块为了故障容错而被复制。块的大小和复制数可以为每个文件配置。HDFS 中的文件都是严格到在任何时候只有一个写操作。程序可以特别地为某个文件指定。

文件的复制数可以在文件创建的时候指定或者以后改变。名字节点来执行所有的块复制，其周期性地接受来自集群中数据节点的心跳和块报告。一个心跳的报告表示这个数据节点是健康的，是渴望服务数据的。一个块报告包括该数据节点上的所有的块列表。

复制块的放置位置的选择严重影响 HDFS 的可靠性和性能。这个特征是 HDFS 和其他的分布式文件系统的区别。这个特征需要很多的调节和经验。机架的复制布局的目的就是提高数据的可靠性、可用性和网络带宽的利用。当前，这方面的实现方式是在这个方向上的第一步。短期的目标实现是这个方式要在生产环境下去验证，以得到其行为和实现一个为将来的测试和研究更佳的方式的基础。

HDFS 运行在跨越很多机架的集群机器之上。两个不同机架上的节点通信是通过交换机的，在大多数情况下，两个在相同机架上的节点之间的网络带宽优于在不同的机架之上的两个机器。在开始的时候，每一个数据节点自检其所属的机架，然后在向名字节点注册的时候告知其机架的 ID。HDFS 提供接口以便很容易地检测机架标示的模块。一个简单但不是最优的方式就是将复制跨越不同的机架，这样以保证这个机架出现故障但不丢失数据，还能在读数据时充分地利用不同机架的带宽。这个方式均匀地将复制分散在集群中以简单化地实现了组件实效的负载均衡，但这个方式增加了写的成本，因为写的时候需要传输文件块到很多的机架。在大多数复制数为 3 的情况下，HDFS 放置方式是将第一个复制放在本地节点，将第二个复制放到本地机架上的另外一个节点，将第三个复制放到不同机架上的节点。这种方式减少了机架内的写流量，提高了写的性能。这种方式没有影响数据的可靠性和可用性。但是减少了读操作的网络聚合带宽，因为文件块存在 2 个不同的机架，而不是 3 个。文件的复制不是均匀地分布在机架中的。$\frac{1}{3}$ 在同一个节点上，第二个 $\frac{1}{3}$ 复制在同一个机架上，另外 $\frac{1}{3}$ 则均匀地分布在其他机架上。这种方式提高了写性能，而没有影响数据的可靠性和读性能。

（三）复制的选择

HDFS 尝试满足一个读操作来自离其最近的复制。假如在读节点的同一个机架上就有这个复制，即直接读这个，如果 HDFS 集群是跨越多个数据中心的，那么本地数据中心的复制优先于远程复制。

（四）安全模式

在启动的时候，名字节点进入一个特殊的状态称为安全模式。安全模式不发生文件块的复制。名字节点接受来自数据节点的心跳和块报告。一个块报告包括的是数据节点向名字节点报告数据块的列表。每一个块有一个特定的最小复制数。当名字节点检查到这个块已经大于最小的复制数，即被认为是安全地复制了，当达到配置的块安全复制比例时（+30%），名字节点就退出安全模式。其将检测数据块的列表，将小于特定复制数的块复制到其他的数据节点。

（五）文件系统的元数据的持久化

HDFS 的命名空间是由名字节点来存储的。名字节点用事务日志（EditLog）来持久化每一个对文件系统的元数据的改变。例如，在 HDFS 中创建一个新的文件，名字节点将会插入一条记录到 EditLog 来标示这个改变。类似地，改变文件的复制因子也会向 EditLog 中插入一条记录。名字节点在本地文件系统中用一个文件来存储这个 EditLog。完整的文件系统命名空间、文件块的映射和文件系统的配置都存在一个 FsImage 的文件中，FsImage 也在名字节点的本地文件系统中。字节点在内存中有一个完整的文件系统命名空间和文件块的映射镜像。这个元数据设计得很紧凑，这样 4 GB 的内存的名字节点就能很轻松地处理非常大的文件数和目录，当名字节点启动时，其将从磁盘中读取 FsImage 和 EditLog 应用 EditLog 中的所有的事务到内存中的 FsImage 表示方法，然后将新的元数据刷新到本地磁盘的新的 FsImage 中，这样可以截去旧的 EditLog。因为事务已经被处理并已经持久化到 FsImage 中，这个过程叫检查点。检查点在名字节点启动的时候发生。

数据节点存储 HDFS 数据到本地的文件系统中。数据节点没有关于 HDFS 文件的信息。它以单独的文件存储每一个 HDFS 的块到本地文件系统中。数据节点不产生所有的文件到同一个目录中，而是用最优的启发式检查每一个目录的文件数。它在适当的时候创建子目录。在本地文件的同一个目录下创建所有的文件不是最优的，因为本地文件系统中单个目录里有数目巨大的文件，它们的效率相差较大。当数据节点启动的时候，它将扫描它的本地文件系统，根据本地的文件产生一个所有 HDFS 数据块的列表并报告给名字节点，这个报告称为块报告。

（六）磁盘故障，心跳和重新复制

一个数据节点周期性地发送一个心跳信息到名字节点。网络断开会造成一个数据节点子集和名字节点失去联系。名字节点发现这种判断论据的根据是有没有心跳信息。名字节点标记这些数据节点为失效了，就不再将新的 I/O 请求转发到这些数据节点上，而这些数据节点上的数据将对 HDFS 不再可用。这将导致一些块的复制因子降低到指定的值。名字节点检查所有需要复制的块，并开始复制它们到其他的数据节点上。重新复制会因为很多原因而必须放弃。

（七）集群的重新均衡

HDFS 体系结构用于兼容数据的重新平衡方案。在数据节点的可用空间降低到一个极限时，数据可能自动地从一个数据节点移动到另外一个，而且突然对一个特殊的文件发生请求时也会引发额外的复制，将集群中的其他数据重新均衡。这种类型的重新均衡方案还没有实现。

（八）数据正确性

从数据节点上取一个文件块有可能出现损坏的情况，这种情况可能会发生是因为存储设备低、差劲的网络、软件的缺陷。HDFS 客户端实现了校验去检查 HDFS 的文件内容。当一个客户端创建一个 HDFS 文件时，其为每一个文件块计算一个校验码并存储校验码在同一个 HDFS 名字空间中的一个单独的隐藏文件中。当客户端找回这个文件内容时，其再根据这个校验码来验证从数据节点接收到的数据。如果不对，客户端可以从另外一个有该块复制的数据节点取这个块。

（九）元数据磁盘失效

FsImage 和 EditLog 是 HDFS 的中心数据结构。这些文件若损坏会导致整个集群不能工作。因为这个原因，名字节点可以配置成多个 FsImage 和 EditLog 的副本。不管任何时候，对 FsImage 和 EditLog 的更新都会同步地更新它们的每一个副本。同步更新多个 EditLog 可能降低名字节点的可支持名字空间的每秒交易数。但这个降低是可接受的，因为 HDFS 程序都是对数据要求强烈，而不是对元数据的要求强烈。名字节点重新启动时，选择最新的一对 FsImage 和 EditLog。当前，还不支持自动重启和切换到另外的名字节点。

（十）快照

快照支持在一个特定时间存储一个数据备份，快照的一个用途是可以将失效的集群回滚到之前的一个正常时间点上。HDFS 目前还不支持快照。

11. 数据组织

数据块 HDFS 是设计成支持大文件数的。程序也是和 HDFS 一样地处理大数据集。这些程序写数据仅一次，读数据一次或多次，需要一个比较好的流读取速度。典型的 HDFS 块大小是 64 MB，一个 HDFS 文件可以最多被切分成 128 MB 个块，每一个块分布在不同的数据节点上。

1. 分段运输

当一个客户端请求创建一个文件的时候，并不是立即请求名字节点，事实是，HDFS 客户端在本地的文件中缓存文件数据，应用程序的写操作明显地转移到这个临时的本地文件中。当本地文件堆积到大于 HDFS 块大小的时候，客户端联系名字节点。名字节点插入文件名到文件系统层次中，然后构造一个数据块。名字节点回应客户端的请求，包括数据节点（可能多个）的标识和目标数据块，客户端再将本地的临时文件刷新指定的数据节点数据块。当文件关闭，还有一些没有刷新的本地临时文件被传递到数据节点。客户端就通知名字节点，这个文件已经关闭。名字节点提交文件的创建操作到持久化存储。假如名字节点在文件关闭之前失效，文件就丢掉了。

上面的方式在仔细地考虑运行在 HDFS 之上的目标程序之后被采用。应用程序需要流式地写文件。如果客户端直接写到远程文件系统，而没有本地的缓冲，则会对网速和网络吞吐量产生相当的影响。早期的分布式文件系统，如 AFS 也用客户端的缓冲来提高性能，POSIX 需求也不拘束高性能的数据上传的实现。

2. 流水线操作

当客户端写数据到 HDFS 文件中，像上面所讲数据先写到本地文件中，假设 HDFS 的复制因子是 3，客户端从名字节点获得一个数据节点的列表。这个列表描述一些数据节点用于实现块的复制。当客户端刷新的数据块到第一个节点时，第一个数据节点开始将数据分为两部分，一部分写到本地库中，另一部分传输到第二个数据点中，接着，第二个节点实施与第一个节点相同的操作，以此类推。一个数据节点可以接收来自前一个节点的数据，同时可以将数据流水式传递给下一个节点，所以，数据是流水式地从一个数据节点传递到下一个。图 7-2 体现了复制因子为 3 的情况下各数据块的分布情况。

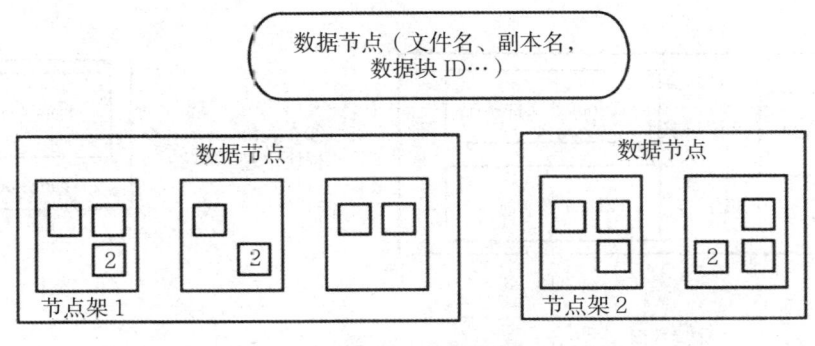

图 7-2　复制因子为 3 时数据块的分布情况

3. 空间回收

当一个文件被用户或程序删除，其并不是立即从 HDFS 中删除，而是 HDFS 将它重新命名到 /trash 目录下的文件，这个文件只要还在 /trash 目录下保留就可以重新快速恢复。当这个文件在 /trash 里"存放"配置的时间，名字节点就将它从名字空间中删除，这个删除将导致这个文件的文件块都被释放。这个时间间隔可以被感知，从用户删除文件到 HDFS 的空闲空间的增加。用户可以在删除一个文件之后，还在 /trash 目录下，恢复删除这个文件，如果一个用户希望恢复自己已经删除的文件，可以浏览 /trash 目录，重新获得这个文件。/trash

175

目录保存最新版本的删除文件。/trash 目录也像其他目录一样，只有一个特殊的功能，就是 HDFS 应用一个特定的规则，自动地删除这个目录里的文件，当前默认的规则是删除在此目录存放 6 小时的文件，将来这个规则由一个接口来配置。

当文件的复制因子减少，频繁复制的名字节点将会被删除，下一次心跳的时候传递这个信息给数据节点。数据节点移除相应的块，相应的空闲空间将显示在集群中，这一点要注意的就是可能会有段时间来完成 setReplication 和显示集群的空闲空间。

五、HDFS 的数据均衡

HDFS 在实现可靠存储的同时，也实现了负载均衡。例如，在复制数据块时，其采用分散部署的策略，当复制因子为 3 时，在本地机架一个数据节点放置一个副本，在本地机架的不同数据节点放置另一个副本，在不同机架的数据节点再放置一个副本，从而确保数据块的读写均衡，保证数据的可靠性。此外，当系统中因为数据节点宕机导致复制因子过低及出现访问文件热点时，系统会自动进行数据复制，以保证系统的可靠性和数据均衡。HDFS 在读写数据时，采用客户端直接从数据节点存储数据的方式，避免了单独访问名字节点造成的性能瓶颈，从而达到了数据的均衡处理。

六、HDFS 存取机制

图 7-3 描述了 HDFS 在读文件过程中客户端、NameNode 和 DataNode 间是怎样交互的。整体流程总结如下：

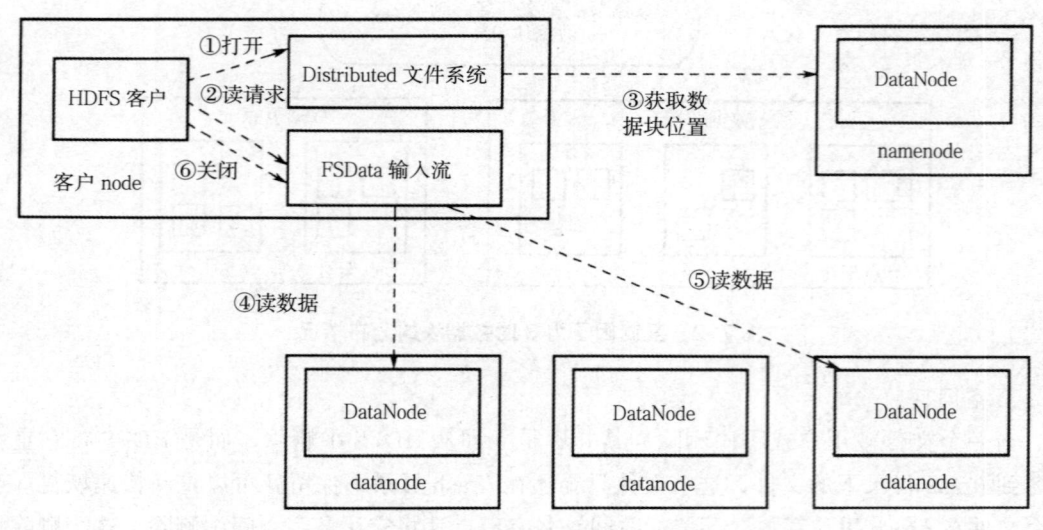

图 7-3　HDFS 读文件过程

① 客户调用 get() 方法得到 HDFS 文件系统的一个实例（具有 Distributed 文件系统类型），然后调用该实例的 open() 方法。

② Distributed 文件系统实例通过 RPC 远程调用 NameNode 决定文件数据块的位置信息。对于每一个数据块，NameNode 返回数据块所在的 DataNode（包括副本）的地址。Distributed 文件系统实例向客户返回 FSData 输入流类型的实例，用来读数据。FSData 输入流中封装了 DFSData 输入流类型，用于管理 NameNode 和 DataNode 的输入/输出操作。

③ 客户调用 FSData 输入流实例的 read() 方法。

④ FSData 输入流实例保存了数据块所在的 DataNode 的地址信息。FSData 输入流实例连接第一个数据块的 DataNode，读取数据块的内容，并传回给客户。

⑤ 当第一个数据块读完，FSData 输入流实例关掉了这个 DataNode 的连接，然后开始读第二个数据块。

⑥ 当客户的读操作结束后，调用 FSData 输入流实例的 Close() 方法。

在读的过程中，如果客户和一个 DataNode 通信时出错，它会连接副本所在的 DataNode。这种客户直接连接 DataNode 读取数据的设计方法使 HDFS 可以同时响应很多客户的并发操作。

图 7-4 为 HDFS 创建文件和写文件的过程，涉及 HDFS 创建文件、写文件及关闭文件等操作，整体流程总结为：

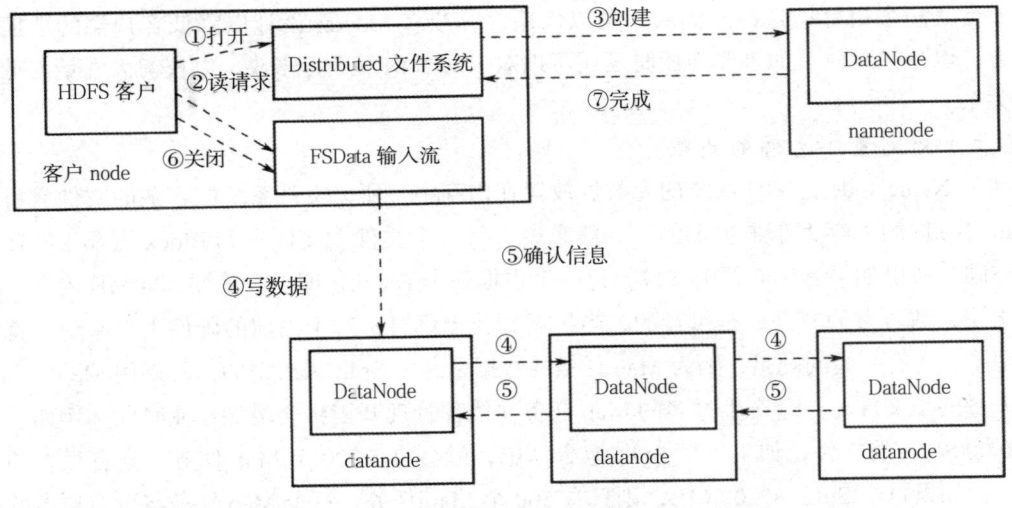

图 7-4 HDFS 创建文件和写文件的过程

① 客户通过调用 Distributed 文件系统对象的 create() 方法来创建文件。

② Distributed 文件系统对象通过 RPC 调用 NameNode，在文件系统的命名空间中创建 FSData 输出流对象给客户。FSData 输出流对象来处理与 DataNode 和 NameNode 间的通信。

③ 当客户写一个数据块内容时，FSData 输出流对象把数据分成很多包（packet）。FSData 输出流对象询问 NameNode 挑选存储这个数据块及它的副本的 DataNode 列表。包含在该列表内的 DataNode 组成了一个管道。图 7-4 中管道由 3 个 DataNode 组成（默认参数为3），这 3 个 DataNode 的选择有一定的副本放置策略。

④ FSData 输出流对象把包写进管道的第一个 DataNode 中，然后管道将包转发给第二个 DataNode，这样一直转发到最后一个 DataNode。

⑤ 只有当管道中所有 DataNode 都返回写入成功，这个包才算写成功，发送应答给 FSData 输出流对象，开始下一个包的写操作。

⑥ 当客户完成所有对数据块内容的写操作后，调用 FSData 输出流对象的 close() 方法关闭文件。

⑦ FSData 输出流对象通知 NameNode 写文件结束。

七、HDFS 的缺点

HDFS 作为一个优秀的分布式文件系统有很多的优点，但金无足赤，HDFS 当然也不例外。就目前而言，它在以下几方面表现不佳。

（一）访问时延

HDFS 不太适合那些要求低延时（数十毫秒）访问的应用程度，HDFS 的设计主要是为了用于大吞吐量数据，这是以一定延时为代价的。HDFS 由单 Master 设计，所有的对文件的请求都要经过它，当请求多时，必然会有延时。当前，对于那些有低延时要求的应用程序，HBase 会是一个更好的选择。同时，可以使用缓存或多 Master 设计以降低客户端的数据请求压力，以减少延时。如果要降低时延还可以对 HDFS 内部进行修改，以权衡大吞量与低延时的关系。

（二）对大量小文件的处理

因为 NameNode 把文件系统的元数据放置在内存中，所以文件系统能容纳的文件数目是由 NameNode 的内存大小来决定的。一般来说，每一个文件、文件夹和 Block 需要 150 B 左右的空间，所以如果有 100 万个文件，每一个占据一个 Block，即至少需要 300 MB 内存。就当前来说，数百万的文件还是可行的，当扩展到数十亿时，对于当前的硬件水平来说，就没法实现了。还有一个问题是，因为 Map 任务的数据量是由 Split 来决定的，所以用 MapReduce 处理大量的小文件时，会产生过多的 Map 任务，线程管理开销将会增加作业时间。例如，处理 100 000 MB 的文件，如果每个 Split 为 20 MB，就会有 5 000 个 Map 任务，会有很大的线程开销；如果每个 Split 为 200 MB，则只有 500 个 Map 任务，每个 Map 任务将会有更多的事情做，而线程的管理开销也将减小很多。

为了让 HDFS 处理好小文件，可使用如下方法：

（1）利用 SequenceFile、MapFile、Har 等方式归档小文件。这个方法的原理是把小文件归档起来管理，HBase 即基于此。对于这种方法，如果想找回原来的小文件内容，就必须知道与归档文件的映射关系。

（2）横向扩展。一个 Hadoop 集群能管理的小文件有限，那就把几个 Hadoop 集群拖在一个虚拟服务器后面，形成一个大的 Hadoop 集群。谷歌就是这么做的。

（3）多 Master 设计。这个作用显而易见。GFS Ⅱ 也要改为分布式多 Master 设计，还支持 Master 的 Failover，而且 Block 大小改为 1MB，有意要调优处理小文件。

（三）多用户写，任意文件修改

目前，Hadoop 只支持单用户写，不支持并发送多用户写。可以使用 Append 操作在文件的末尾添加数据，但不支持在文件的任意位置进行修改。这些特性可能会在将来的版本中加入，但是这些特性的加入将会降低 Hadoop 的效率。

八、HDFS 存储海量数据

随着时代的发展，高清视频的应用日益广泛，高清视频监控项目规模也在不断扩大，因此高清视频的存储越来越受到人们的关注。对于视频监控而言，图像清晰度无疑是最关键的特性。图像越清晰，细节越明显，观看体验越好，各种智能应用业务的准确度也越高。然而，高清的视频数据是以 GB 为级别大小的。与此同时，面对如潮水般涌现的海量视频数据，不仅对存储容量有很高的要求，也对读写性能、可靠性等都提出了较高要求。因此，选择什么样的存储系统往往成为影响视频读写速度的关键。

（一）模拟视频流

在缺少摄像头的情况下，可以使用 VLC 播放器模拟出 H264 的实时频流。

1. 构建组播服务器

（1）运行 VLC 程序后选择"媒体—串流"。

（2）通过"添加"选择需要的播放文件（以 wmv 文件为例），单击"串流"按钮。

（3）流输出有三项需要设置，包括来源、目标和选项。来源已指定，单击"下一个"按钮。

（4）勾选"在本地显示"，并选择"RTP/MPEG Transport Stream"输出，单击"添加"按钮。

（5）如果建立 IPv6 组播服务器，可输入组播地址 ff15::1，并指定端口为"5005"，单击"下一个"按钮。如果需要建立 IPv4 组播服务器，则在地址栏输入"239.1.1.1"（239.0.0.0/8 为本地管理组播地址）。

（6）将 TTL 设置为 0，单击"串流"即可发送组播视频，同时在本地播放（视频打开时间较慢，需要等待半分钟左右）。

（7）使用 WireShark 抓包查看。

2. 构建组播客户端

（1）运行程序后选择"媒体—打开网络串流"。

（2）输入 URL（rtp://@[ff15::1]:5005），单击"播放"即可观看组播视频，如果为 IPv4 组播环境，可输入 rtp://239.1.1.1:5005。

注意：测试前请关闭 PC 防火墙，以免影响组播报文的发送和接收。

（二）存储海量视频数据

存储海量视频数据的思路：通过 Hadoop 提供的 API 接口，实现将接收到的视频流文件从本地上传到 HDFS 中。在此过程中，接收到的视频文件将源源不断地存储到一个指定的本机文件夹中，因此这个本地文件夹的文件是在动态增加的，此处将这个动态变化的文件夹当成一个"缓冲区"，然后以流的形式将"缓冲区"文件和 HDFS 进行对接，之后通过调用 FSDataOutputStream.write（buffer，0，bytesRead）实现以流的方式将本地文件上传到 HDFS 中。当本地文件上传成功后，再调用 File.delete() 批量删除"缓冲区"中已上传文件。此过程将一直延续，直到所有文件都上传到 HDFS，清空本地文件夹后才结束。

第二节　图像存储技术研究

云时代的大数据存储也包含图片存储，图片存储技术是许多研究者研究的重点。下面针对目前的研究基础，分析图片存储的基本思想、图片存储的设计目标、图片存储体系结构以及系统功能结构。

一、图像存储基本思想

在 HDFS 中，默认的数据块大小为 64 MB，也就是说，一个文件在大小不超过 64 MB 的情况下不会被切割，整个文件会被完整地上传存储到某个节点中。在图像百科系统中的图像一般大小不会超过 64 MB，图像经过压缩后最大为 10 MB 以内，每个图像在使用 HDFS 时也就对应存储于一个数据块中。

HDFS 主要是作为系统底层的存储平台，通过分析，总结出系统图像存储的基本思路如下：

1. 系统初始化时，对从维基百科上抓取的图像文件进行处理，关联条目信息后，建立索引，然后存储在 HDFS 文件系统中。

2. 用户从 Web 页面上传的图像调用 HDFS 提供的 API 接口，将图像直接存入 HDFS 中。

3. 用户删除一张图像时，先在数据库中将其索引信息删除，再在 HDFS 中将图像文件删除。

4. 所有的条目信息都存储在 HDFS 中，条目与图像的关联信息由数据库管理，HDFS 中图像与其对应的条目信息存储位置没有联系。

5. 文件系统对外只提供唯一的接口，所有对 HDFS 的操作均通过这个接口。

二、图像存储设计目标

由上节分析可知，文件系统唯一的对外接口为系统设计的核心。HBase 调用文件系统接口来获取图像的物理存储位置，MapReduce 程序调用文件系统接口来将处理后的海量图像数据存储在 HDFS 中。

一个成功的云存储结构，除了要高效地实现系统功能外，还应该充分利用云平台的特性，使系统的健壮性更强。所以，在系统设计中要重点考虑以下问题。

（1）可用性

系统应为每个文件块进行备份，当一个 DataNode 失效时，系统能很快地利用其他数据节点上的备份响应用户的请求，实现高可用性。

（2）高性能

尽可能利用 HDFS 数据块分布机制，将数据文件分散在不同的 DataNode 上，增强并发性，提高系统响应速度。

（3）可扩展

当用户并发访问量及数据量激增时，系统可以通过增加 DataNode 的方式来解决存储及性能问题。

三、图像存储体系结构

云存储的主要功能是将网络中大量的、不同类型的存储设备通过软件集合起来协同工作，共同对外提供数据存储和业务访问。图像百科系统的文件系统体系结构图如图 7-5 所示。

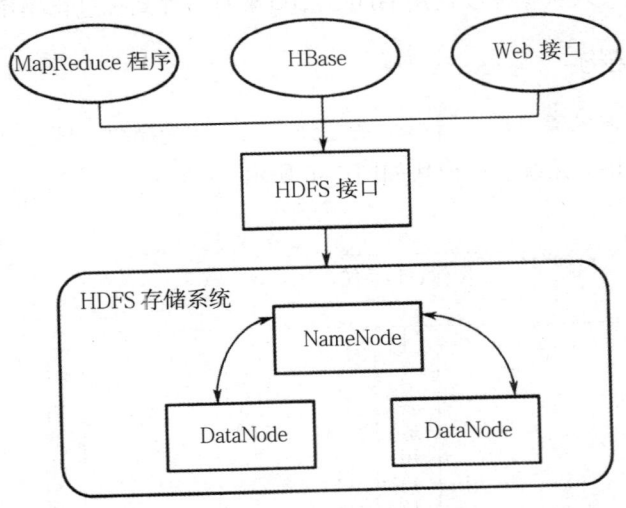

图 7-5 文件系统体系结构图

从图 7-5 中可以看出，文件系统主要分为三个模块。

（一）外部调用模块

外部调用模块主要由 MapReduce 程序、HBase 和 Web 接口三部分组成。这三部分都可以通过调用 HDFS 接口，在底层文件系统上存储数据。

1. MapReduce 程序

MapReduce 客户端程序调用 HDFS 接口将任务分片存储在文件系统中，随后 JobTracker 将文件系统中的任务读出，分发到各 TaskTracker 中，各节点执行完任务后再将运行结果存储在文件系统中。

2. HBase

HBase 中存放图像的特征值、索引等信息，当用户检索一张图像时，先去 HBase 中查询该图像的特征，如果在系统设置的相似度范围内命中，则调用文件系统接口，通过索引去文件系统中将该图像对应的条目信息及相似图像信息取出，呈现给用户。

3. Web 接口

Web 接口提供了用户与文件系统交互的接口。当用户通过浏览器上传一张图像时，Web 接口调用 HDFS 接口将图像存入文件系统中。当然，在这个过程中，同时需要对该图像进行特征值提取。

（二）HDFS 接口

文件系统接口为底层 HDFS 系统对外呈现的窗口，所有对文件系统的操作都要通过 HDFS 接口来完成。

（三）底层文件系统

位于系统底层的文件系统为整个系统真正的存储平台，几乎所有的数据信息都存储在文件系统中，外部调用模块根据需要调用 HDFS 接口来对文件系统进行操作。

四、系统功能结构

系统设计在充分考虑需求后，将整个系统分为三个功能模块，即普通用户模块、注册用户模块和平台管理模块。系统功能模块如图 7-6 所示。

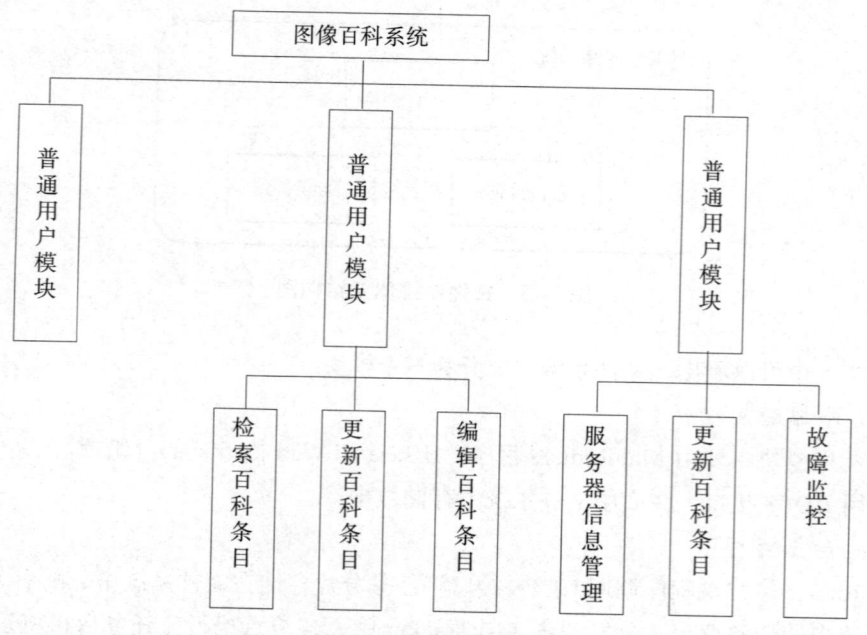

图 7-6　系统功能模块图

图 7-6 中各模块含义为:

1. 普通用户模块具有提交查询请求的权限,能够向系统提交图像进行检索。系统响应用户查询请求,并返回查询到的百科数据。当普通用户提交注册请求后,通过系统注册审核的用户成为注册用户。

2. 注册用户模块除了能够查询百科条目外,还享有更新百科条目的权利。注册用户可以提交更新条目的请求,该请求通过审核后会反馈给注册用户一个请求响应。图像百科的百科数据来源于维基百科,图像百科系统会定期抓取维基百科的新数据,并进行数据更新,保证百科条目的数据完备性。

3. 服务器信息管理。主要为管理和维护服务器,保证服务器以一个良好的状态进行服务。

4. 更新百科条目。也就是定期地更新图像百科系统的条目信息。

5. 故障监控。及时发现系统运行时的错误,以日志方式记录错误原因。

第三节 HDFS 管理操作技术

HDFS 管理包括权限管理、配额管理、文件归档管理,下面介绍这些管理操作技术。

一、权限管理

Hadoop 分布式文件系统实现了一个和 POSIX 系统类似的文件和目录的权限模式。每个文件和目录有一个所有者(Owner)和一个组(Group)。文件或目录对其所有者、同组的其他用户以及所有其他用户分别有着不同的权限。对文件而言,当读取这个文件时需要有 r 权限,当写入或者追加到文件时需要有 w 权限。对目录而言,当列出目录内容时需要具有 r 权限,当新建或删除子文件或子目录时需要有 w 权限,当访问目录的子节点时需要有 x 权限。不同于 POSIX 模型,为了简单起见,此处没有目录的 sticky、setuid 或 setgid 位。总的来说,文件或目录的权限即为它的模式(Mode)。HDFS 采用了 UNIX 表示和显示模式的习惯,包括使用八进制数来表示权限。当新建一个文件或目录,它的所有者即客户进程的用户,它的所属组为父目录的组(BSD 的规定)。

每个访问 HDFS 的用户进程的标识分为两部分,分别为用户名和组名列表。每次用户进程访问一个文件或目录 nuoline,HDFS 都要对其进行权限检查。

第一,如果用户即 nuoline 的所有者,则检查所有者的访问权限。

第二,如果 nuolme 关联的组在组名列表中出现,则检查组用户的访问权限。

第三,否则检查 nuoline 其他用户的访问权限。

如果权限检查失败,则客户的操作会失败。

(一)用户身份

在目前版本中,客户端用户身份是通过宿主操作系统给出的,对类 UNIX 系统来说:

(1)用户名等于 whoami。

(2)组列表等于 bash-c groups。

将来会增加其他方式来确定用户身份(如 K-Jone、LDAP 等)。期望用前面提到的第一种方式来防止一个用户假冒另一个用户是不现实的。这种用户身份识别机制结合权限模型允许一个协作团体以一种有组织的形式共享文件系统中的资源。

不管怎样,用户身份机制对 HDFS 本身来说只是外部特性。HDFS 并不提供创建用户身份、创建组或处理用户凭证等功能。

(二)系统的实现

每次文件或目录操作都传递完整的路径名给 NameNode,每一个操作都会对此路径做权限检查。客户框架会隐式地将用户身份与 NameNode 的连接关联起来,从而减少改变现有客户端 API 的需求。经常会有这种情况,当对一个文件的某一操作成功后,之后同样的操作却失败,这是因为文件或路径上的某些目录已经不复存在了。例如,客户端先开始读一个文件,它向 NameNode 发出一个请求以获取文件第一个数据块的位置,但接下来获取其他数据块的第二个请求可能会失败。另外,删除一个文件并不会撤销客户端已经获得的对文件数据块的访问权限。而权限管理能使客户端对一个文件的访问许可在两次请求之间被收回。权限的改变并不会撤销当前客户端对文件数据块的访问许可。

MapReduce 框架通过传递字符串来指派用户身份,没有做其他特别的安全方面的考虑。文件或目录的所有者和组属性是以字符串的形式保存的,而不是像传统的 UNIX 方式转换为用户和组的数字 ID。

(三)超级用户

超级用户即运行 NameNode 进程的用户。宽泛地讲,如果启动了 NameNode,启动者即为超级用户。超级用户可以做任何事情,因为超级用户能够通过所有的权限检查。没有永久记号来保留谁过去为超级用户。当 NameNode 开始运行时,进程自动判断谁现在为超级用户。HDFS 的超级用户不一定非得为 NameNode 主机上的超级用户,也不需要所有的集群的超级用户都为一个。同样地,在个人工作站上运行 HDFS 的实验者,无须任何配置即已方便地成为他的部署实例的超级用户。

另外,管理员可以用配置参数指定一组特定的用户,如果做了设定,这个组的成员也会成为超级用户。

(四)Web 服务器

Web 服务器的身份为一个可配置参数。NameNode 并没有真实用户的概念,但 Web 服务器表现得就像它具有管理员选定的用户的身份(用户名和组)一样。除非这个选定的身份是超级用户,否则会有名字空间中的一部分对 Web 服务器来说不可见。

（五）在线升级

如果集群在 0.19 版本的数据集（FsImage）上启动，所有的文件和目录都有所有者 O、组 G 和模式 M，此处 O 和 G 分别为超级用户的用户标识和组名，M 为一个配置参数。

（六）配置参数

dfs.permissions=true

如果为 true，则打开前文所述的权限系统。如果为 false，权限检查即为关闭的，但是其他行为没有改变。这个配置参数的改变并不改变文件或目录的模式、所有者和组等信息。

不管权限模式是开还是关，chmod、chgrp 和 chown 总是会检查权限。这些命令只有在权限检查背景下才有用，所以不会有兼容性问题。这样，就能让管理员在打开常规的权限检查之前可以可靠地设置文件的所有者和权限。

dfs.web.ugi=webuser,webgroup

Web 服务器使用的用户名。如果将这个参数设置为超级用户的名称，则所有 Web 客户就可以看到所有的信息。如果将这个参数设置为一个不使用的用户，则 Web 客户就只能访问到 other 权限可访问的资源了。额外的组可以加在后面，形成一个用逗号分隔的列表。

dfs.permissions.supergroup=supergroup

超级用户的组名。

dfs.upgrade.permission=777

升级时的初始模式。文件永远不会被设置 x 权限。在配置文件中，可以使用十进制数 511。

dfs.umask=002

umask 参数在创建文件和目录时使用。在配置文件中，可以使用十进制数 18。

二、配额管理

Hadoop 分布式文件系统（HDFS）允许管理员为每个目录设置配额。新建立的目录没有配额。最大的配额为 Long.Max_Value。配额为 1 可以强制目录保持为空。

目录配额为对目录树上该目录下的文件及目录总数做硬性限制。如果创建文件或目录时超过了配额，该操作会失败。重命名不会改变该目录的配额。如果重命名操作会导致违反配额限制，该操作将会失败。如果尝试设置一个配额而现有文件数量已经超出了这个新配额，则设置失败。

配额和 FsImage 保持一致。当启动时，如果 FsImage 违反了某个配额限制，则启动失败并生成错误报告。设置或删除一个配额会创建相应的日志记录。

下面的新命令或新选项为用于支持配额的，前两个为管理员命令。

dfsadmin-setquota<N><directory>...<director>

把每个目录配额设为 N，这个命令会在每个目录上尝试，如果 N 不是一个正的长整型数，目录或文件名不存在，或者目录超过配额限，则会产生错误报告。

dfsadmin-clrquota<directory>...<director>

为每个目录删除配额。这个命令会在每个目录上尝试，如果目录不存在或为文件，则会产生错误报告。如果目录原来没有设置配额则不会报错。

fs-count-q<directory>...<directory>

使用 –q 选项，会报告每个目录设置的配置以及剩余配额。如果目录没有设置配额，会报告 none 和 inf。

三、文件归档

（一）落千丈何为 Hadoop Archives

Hadoop Archives 为特殊的档案格式。一个 Hadoop Archive 对应一个文件系统目录。Hadoop Archives 的扩展名为 *.har。Hadoop Archives 包含元数据（形式为 _index 和 _masterindx）和数据（part-*）文件。_index 文件包含了档案中的文件的文件名和位置信息。

（二）怎样创建 Archive

创建 Archive 的格式为：

hadoop archive-arcmveName name<src>*<dest>

由于 –archiveName 选项指定要创建的 Archive 的名字，如 foo.har。Archive 的名字的扩展名应该为 *.har。输入为文件系统的路径名，路径名的格式和平时的表达方式一样。创建的 Archive 会保存到目标目录下。注意创建 Archives 为一个 MapReducejob，应该在 MapReduce 集群上运行这个命令。

（三）怎样查看 Archives 中的文件

Archive 作为文件系统层暴露给外界，所以所有的 FS shell 命令都能在 Archive 上运行，但是要使用不同的 URI。另外，Archive 是不可改变的，所以重命名、删除和创建都会返回错误。Hadoop Archives 的 URI 为：

har://scheme-hostname:port/archivepath/fileinarchive

如果没提供 scheme-hostname，其会使用默认的文件系统。这种情况下 URI 的格式为：

har://archivepath/nieinarchive

这是一个 Archive 的例子。Archive 的输入为 /dir。这个 dir 目录包含文件 filea，filea 把 /dir 归档到 /user/hadoop/foo.bar 的命令为：

hadoop archive-arcniveName foo.nar/dir/user/hadoop

获得创建 Archive 中的文件列表，使用如下命令：

hadoop dfs-1sr har:///user/hadoop/foo.har

查看 Archive 中的 filea 文件的命令如下：

hadoop dfs-cat har:///user/hadoop/foo.har/dir/filea

第四节　FS Shell 使用指南与 API 技术

一、FS Shell 使用指南

调用文件系统（FS）Shell 命令应使用 bin/hadoop fs<args> 的形式。所有的 FS Shell 命令使用 URI 路径作为参数。URI 格式是 scheme://authority/path。对于 HDFS 文件系统，scheme 是 hdfs，对于本地文件系统，scheme 是 file。其中 scheme 和 authority 参数都是可选的，如果未加指定，就会使用配置中指定的默认 scheme。一个 HDFS 文件或目录如 /parent/child 可以表示成 hdfs://namenode:namenodeport/parent/child，或者更简单的 /parent/child（假设配置文件中的默认值是 namenode:namenodeport）。大多数 FS Shell 命令的行为和对应的 UNIX Shell 命令类似，不同之处会在下面介绍各命令使用详情时指出。出错信息会输出到 stderr，其他信息输出到 stdout。

（一）cat 命令

调用 cat 命令的方法：

hadoop fs–cat URI[URI...]

用于将路径指定文件的内容输出到 stdout。

如果要将主机上 host1 上的文件 file1 的内容输出到主机 host2 的 file2 上，代码：

hadoop fs –cat hdfs://host1:port1/file1 hdfs://host2:port2/file2

如果在同一主机上要将文件 file3 内容输出到文件 file4 上，代码：

hadoop fs –cat file:///file3/user/hadoop/file4

以上代码如果返回值为 0，即表明输出成功；若返回值为 –1，则表明输出失败。

（二）chgrp 命令

调用 chgrp 命令的方法：

hadoop fs –chgrp [–R] GROUP URI [URI ...]

以上方法用于改变文件所属的组，其中，使用 –R 将使改变在目录结构下递归进行。命令的使用者必须是文件的所有者或者超级用户。

（三）chmod 命令

调用 chmod 命令的方法：

hadoopfs –chmod [–R] <MODE[^40DE]...|OCTALMODE> URI[URI...]

以上方法用于改变文件的权限，其中，使用 –R 将使改变在目录结构下递归进行。命令的使用者必须是文件的所有者或者超级用户。

（四）chown 命令

调用 chown 命令的方法：

hadoop fs –chown[–R][OWNER][:[GROUP]]URI[URI]

以上方法用于改变文件的拥有者,其中,使用 –R 将使改变在目录结构下递归进行。命令的使用者必须是超级用户。

(五) copyFromLocal 命令

调用 copyFromLocal 命令的方法:

hadoop fs–copyFromLocal<lcx:alsrc>URI

以上方法除了限定源路径是一个本地文件外,其他与下文的 put 命令相似。

(六) copyToLocal 命令

调用 copyToLocal 命令的方法:

hadoop fs –copyToLocal [–ignorecrc][–crc]URI<localdst>

以上方法除了限定目标路径是一个本地文件外,与后面的 get 命令类似。

(七) cp 命令

调用 cp 命令的方法:

hadoop fs –cp URI[URI...]<dest>

以上方法用于将文件从源路径复制到目标路径,这个命令允许有多个源路径,此时目标路径必须是一个目录。

如果要将文件 file1 从源路径复制到目录路径文件 file2 中,可使用如下命令:

hadoop fs – cp/user/hadoop/file1 /user/hadoop/file2

hadoop fs – cp/user/hadoop/file1 /user/hadoop/file2

以上代码如果返回值为 0,即表明复制目标路径成功;若返回值为 –1,则表明复制目标路径失败。

(八) du 命令

调用 du 命令使用方法:

hadoop fs –duURI[URI...]

以上方法用于显示目录中所有文件的大小,或者当只指定一个文件时,显示此文件的大小。如果要显示 dir1 目录中 file1 文件,可使用以下命令:

hadoop fs –du/user/hadoop/dir1/user/hadoop/file1 hdfs://host:port/user/hadoop/dir1

以上代码如果返回值为 0,即表明显示目标中所有文件大小成功;若返回值为 –1,则表明显示目标中所有文件大小失败。

(九) dus 命令

调用 dus 命令使用方法:

hadoop fs –dus<args>

以上方法用于显示文件的大小。

(十) expunge 命令

调用 expunge 命令的方法:

hadoop fs –expunge

以上方法用于清空回收站。

（十一）get 命令

调用 get 命令的方法：

hadoop fs –get[–ignorecrc][–crc]<src><localdst>

以上方法用于复制文件到本地文件系统时，可用 –ignorecrc 选项复制 CRC 校验失败的文件，使用 –crc 选项复制文件以及 CRC 信息。

如果要将 file 文件复制到本地文件系统中，可使用以下命令：

hadoop fs–get/user/hadoop/file localrile

hadoop fs–get hdfs://host:port/user/hadoop/file localfile

以上代码如果返回值为 0，即表明复制文件成功；若返回值为 –1，则表明复制文件失败。

（十二）getmerge 命令

调用 getmerge 命令的方法：

hadoop fs –getmerge<src><localdst>[addnl]

以上方法用于接收一个源目录和一个目标文件作为输入，并且将源目录中所有的文件连接成本地目标文件。addnl 是可选的，用于指定在每个文件结尾添加一个换行符。

（十三）ls 命令

调用 ls 命令的方法：

hadoop fs –ls<args>

如果是文件，则按照如下格式返回文件信息：

文件名 < 副本数 > 文件大小、修改日期、修改时间、权限、用户 ID、组 ID

如果是目录，则返回它直接子文件的一个列表，就像在 UNIX 中一样。目录返回列表的信息如下：

目录名 <dir> 修改日期、修改时间、权限用户 ID、组 ID 例如，如果要返回文件 file1 文件信息，使用以下命令：

Hadoop fs –ls/user/hadoop/file1/user/hadoop/file2 hdfs://host:port/user/hadoop/ dir1/nonexistentfile

以上代码如果返回值为 0，即表明返回文件信息成功；若返回值为 –1，则表明返回文件信息失败。

（十四）lsr 命令

调用 lsr 命令的方法：

hadoop fs –lsr<args>

lsr 命令的递归版本，类似于 UNIX 中的 ls–R。

（十五）mkdir 命令

调用 mkdir 命令的方法：

Hadoop fs-mkair<paths>

以上方法用于接收路径指定的 uri 作为参数，创建这些目录，其行为类似于 UNIX 的 mkdir-p，它会创建路径中的各级父目录。

如果要在同一主机上接收路径 dir2 作为参数，并创建目录，其使用以下命令：

hadoop fs-mkdir/user/hadoop/dir1/user/hadoop/dir2

如果在不同主机上接收 dir 作为参数，并创建目录，其使用以下命令：

hadoop fs-mkdir hdrs://host:port1/user/hadoop/dir hdis://host2:port2/user/hadoop/cur

以上代码如果返回值为 0，即表明指定路径成功；若返回值为 –1，则表明指定路径失败。

（十六）moveFromLocal 命令

调用 moveFromLocal 命令使用方法：

dfs-moveFromLocal<src><dst>

以上方法用于输出一个"not implemented"信息。

（十七）mv 命令

调用 mv 命令的方法：

hadoop fs-mv URI[URI...]<dest>

以上方法将文件从源路径移动到目标路径。这个命令允许有多个源路径，此时目标路径必须是…个目录。不允许在不同的文件系统间移动文件，不支持文件夹重命名。

例如，如果要将文件 file1 从源路径移到目标路径文件 file2 中，使用以下命令：

hadoop fs-mv/user/hadoop/file1/user/hadoop/file2

hadoop fs-mvhdfs://host:port/file1 hdfs://host:port/file2 hdfs://host:port/file3 hdfs://host:port/dir1

以上代码如果返回值为 0，即表明移动路径成功；若返回值为 –1，则表明移动路径失败。

（十八）put 命令

调用 put 命令的方法：

hadoop fs-put<localsrc>...<dst>

以上方法从本地文件系统中复制单个或多个源路径到目标文件系统，也支持从标准输入中读取、输入、写入目标文件系统。

例如，将本地文件系统复制单个文件到目标文件系统，使用代码：

hadoop fs –put localfile /user/hadoop/hadoopfile

例如，将本地文件系统复制多个文件到目标文件系统，使用代码：

hadoop fs –put localfile1 localnle2/user/hadcx）p/hadoopdir

例如，将本地文件系统复制单个源路径到目标文件系统，使用代码：

hadoop fs –put localfile hdfs://host:port/hadcx）p/nadoopfile

例如，将本地文件系统复制多个源路径到目标文件系统，使用代码：

hadoop fs –put–hdfs://host:port/hadoop/hadoopfile

以上代码如果返回值为0，即表明复制文件或路径成功；若返回值为–1，则表明复制文件或路径失败。

（十九）rm 命令

调用 rm 命令的方法：

hadoop fs –rm URI[URI...]

以上方法用于删除指定的文件，只删除非空目录和文件。

例如，如果要删除主机中指定的文件 file，可使用以下代码：

hadoop fs –rm hdfs://host:port/file/user/hadoop/emptydir

以上代码如果返回值为0，即表明删除指定文件成功；若返回值为–1，则表明删除指定文件失败。

（二十）rmr 命令

调用 rmr 命令的方法：

hadoop fs –rmr URI[URI...]

以上方法用于 delete 的递归版本。

例如，如果要删除目录 dir，可使用以下代码：

hadoop fs –rmr/user/hadoop/dir

hadoop fs –rmr hdfs://host:port/user/hadoop/air

以上代码如果返回值为0，即表明删除目录成功；若返回值为–1，则表明删除目录失败。

（二十一）setrep 命令

调用 setrep 命令的方法：

hadoop fs –setrep[-R]<path>

以上方法用于改变一个文件的副本系数，-R 选项用于递归改变目录下所有文件的副本系数。例如，如果要递归改变系统目录 did 中所有文件系数的副本系数3，可使用以下命令：

hadoop fs –setrep –w 3 –R/user/hadoop/dir1

以上代码如果返回值为0，即表明递归改变成功；若返回值为–1，则表明递归改变失败。

（二十二）stat 命令

调用 stat 命令的方法：

hadoop fs –stat URI[URI...]

以上方法用于返回指定路径的统计信息。

例如，如果要返回指定路径的统计信息，其可实现代码为：hadoopis–statpath

以上代码如果返回值为 0，即表明返回统计信息成功；若返回值为 –1，则表明返回统计信息失败。

（二十三）tail 命令

调用 tail 命令的方法：

hadoop fs–tail [–f]URI

以上方法用于将文件尾部 IKB 的内容输出到 stdout。支持 –f 选项，行为和 UNIX 中一致。

例如，如果要将文件尾部内容输出到 pathname 中，其实现代码：

hadoop fs –tail pathname

以上代码如果返回值为 0，即表明输出成功；若返回值为 –1，则表明输出失败。

（二十四）test 命令

调用 test 命令的方法：

hadoop fs –test–[ezd]URI

其中，–e 检查文件是否存在。如果存在，则返回 0；

–z 检查文件是否是 0 字节。如果是，则返回 0；

–d 如果路径是个目录，则返回 1，否则返回 0。

例如，如果要检测指定文件 filename 中的 –e 文件是否存在，可使用以下代码：

hadoop fs –test –e filename

（二十五）text 命令

调用 text 命令的方法：

hadoop fs –text\<src\>

以上方法用于将源文件输出为文本格式，其允许的格式有 zip 和 TextRecordlnputStream。

（二十六）touchz 命令

调用 touchz 命令的方法：

hadoop fs –touchz URI[URI...]

以上方法用于创建一个 0 字节的空文件。

例如，如果要创建一个 0 字节的空文件 pathname，其使用代码：

  haoop –touchz pathname

以上代码如果返值为 0，即表明创建成功；若返回值为 –1，则表明创建失败。

二、API 使用

要介绍 API 的使用，下面先来介绍其组成。

API 的组成如表 7–1 所示。

表 7–1 API 组成

包名	说明
org.apache.hadoop.conf	定义了系统参数的配置文件处理 API
org.apache.hadoop.fs	文件系统的抽象，可理解为支持多种文件系统实现的统一文件访问接口
org.apache.hadoop.dfs	Hadoop 分布式文件系统（HDFS) 模块的实现
org.apache.hadoop.io	定义了通用的 I/O APL，用于针对网络、数据库、文件等数据对象做读写操作
org.apache.hadoop.jpc	用于网络服务端和客户端的工具，封装网络异步 I/O 的基础模块
org.apache.hadoop.mapred	Hadoop 分布式计算系统（MapRedcue）模块的实现，包括任务的分发调试等
org.apache.hadoop.metrics	定义了用于性能统计信息的 API，主要用于 mapred 和 dfs 模块
org.apache.hadoop.record	根据 DDL（数据描述语言）自动生成它们的编解码函数，目前可以提供 C+- 和 Java
org.apache.hadoop.tools	定义一些通用的工具
org.apache.hadoop.util	定义了一些公用的 APl
org.apache.hadoop.filecache	提供 HDFS 的本地缓存，用于加快 Map/Reduce 的数据访问速度
org.apache.hadoop.net	封装部分网络功能，如 DNS、socket
org.apache.hadoop.security	用户和用户组信息
org.apache.hadoop.http	基于 Jetty 的 HTTP Servlet，用户通过浏览器可观察文件系统的一些状态信息和日志
org.apache.hadoop.log	提供 HTTP 访问日志的 HTTP Servlet

下面分别介绍文件系统的常见操作。

（一）从本地文件系统复制文件到 HDFS 中

在 Hadoop 中如果要将文件从本地系统中复制到 HDFS 中，其可实现代码：

Conriguration config=newConnguration();

FileSystem hdfs=FileSystem.get(confing) ;

Path srcPath=new Path(srcFile);

Path dstPath=new Path(dstFile);

hdfs.copyFromLocalFile(srcPath,dstPath);

（二）创建 HDFS 文件

在 Hadoop 中如果要创建 HDFS 文件，其可实现代码：

Configuration config=new Configuration();

```
FileSystem hdfs=FileSystem.get(config);
Path path=new Path(filename);
FSDataOutDutStream outputStream=hdfs.create(path);
outputStream.write(buff,0,buff.length);
```

（三）重命名 HDFS 文件

在 Hadoop 中如果要重命名 HDFS 文件，其可实现代码：

```
Configuration config=new Configuration();
FileSystem hdfs=FileSystem.get(conng);
Path fromPath=new Path(fromFileName);
Path toPath=new Path(toFileName);
boolean isRenamed=hdfs.rename(fromPath,toPath);
```

（四）删除 HDFS 文件

在 Hadoop 中如果要删除 HDFS 文件，其可实现代码：

```
Configuration config=new Configuration();
FileSystem hdfs=FileSystem.get(config);
Path path=new Path(fileName);
boolean isDeleted=hdfs.delete(path);
```

（五）获取 HDFS 文件最后修改时间

在 Hadoop 中如果要获取 HDFS 文件最后修改时间，其可实现代码：

```
Configuration config=new Configuration();
FileSystem hdfs=FileSystem.get(config);
Path path=new Path(fileName);
FileStatus fileStatus=hdfs.getFileStatus(path);
long modificationTime=fileStatus.getModificationTime
```

（六）检查一个文件是否存在

在 Hadoop 中如果要检查一个文件是否存在，其可实现代码：

```
Configuration config=new Configuration();
FileSystem hdfs=FileSystem.get(conng);
Path path=new Path(fileName);
boolean isExists=hdfs.exists(path);
```

（七）获取文件在 HDFS 集群的位置

在 Hadoop 中如果要获取文件在 HDFS 集群的位置，其可实现代码：

```
Configuration config=new Configuration();
FileSystem hdfs=FileSystem.get(config);
Path path=new Path(fileName);
```

FileStatus fileStatus=hdfs.getFileStatus(path);
String[][] locations=fileCacheHints[0];

（八）获取 HDFS 集群中主机名列表

在 Hadoop 中如果要获取 HDFS 集群中主机名列表，其可实现代码：

Configuration config=new Configuration();
FileSystem hdfs=FileSystem.get(config);
DistributedFileSystem hdfs=(DistributedFileSystem) fs;
DatanodeInfo[] dataNodeStats=hdfs.getDataNodeState();
String[] names=new Strig[dataNodeStats.length]; for(int i=0;i<dataNodeStats.length;i++)
{
names[i]=dataNodeStats[i].getHostName();
}

第八章 HBase 存储百科数据技术研究

HBase 的 Hadoop Database 是一个高可靠性、高性能、面向列、可伸缩的分布式存储系统，利用 HBase 技术可在廉价 PCServer 上搭建起大规模结构化存储集群。HBase 是 Google Bigtable 的开源实现，类似 Google Bigtable 利用 GFS 作为其文件存储系统，HBase 利用 Hadoop HDFS 作为其文件存储系统；Google 运行 MapReduce 来处理 Bigtable 中的海量数据，HBase 同样利用 Hadoop MapReduce 来处理 HBase 中的海量数据；Google Bigtable 利用 Chubby 作为协同服务，HBase 利用 ZooKeeper 作为对应。

第一节 HBase 的系统框架简介

HDFS 是底层的数据存储系统，为 Hadoop 集群提供高吞吐量的数据导入与输出，适用于对大数据集合进行访问和处理的应用场景。MapReduce 是一个利用分布式集群的整体计算资源对大数据集进行批处理的计算系统，和 HDFS 搭配着使用，共同构成分布式的基础。

一、HBase 的商业应用和研究现状

互联网技术已飞速发展几十年，移动互联网的崛起更如火如荼，基于 IOS 和 Android 平台的智能手机已经是遍地开花，使得用户接入互联网的方式和行为发生翻天覆地的变化。由量变引发质变，各行各业无论愿意与否，也在不知不觉经历着深刻变革。如何有效管理和使用这些数据，通过不同的模型在不同的行业中让它真正发挥作用，为企业的业务服务，成为一个非常技术的问题。作为大数据概念的基础，数据的存储管理模式越来越受到重视。

（一）HBase 的商业应用

随着各种管理数据的技术在不断创新，其中 Hadoop 开源产品系列在商业实践中取得了广泛认可，几近成为事实上的大数据管理行业标准。而 HBase 正是 Hadoop 产品系列里的分布式数据库，主要应用于在线应用系统。当访问淘宝、FaceBook，或者访问搜索引擎、电商门户、视频网站时，或多或少都要使用某些基于 HBase 的应用服务。在互联网公司里，HBase 和 Hadoop 的应用已经有些年头了。目前，越来越多的传统企业也对他们表现出了浓

厚的兴趣，在电信、金融、生物制药、智能交通、医疗、智能电网等行业，越来越多的企业用户和解决方案提供商正在尝试使用HBase和Hadoop技术。小米公司将HBase应用于OLTP（联机事务处理系统）以及一些相关的离线分析场景中，典型的应用包括小米云服务，大家常用的通话记录、短信、云相册等，这些服务的结构化数据存储在HBase上。淘宝使用HBase来记录过去已经买的商品，以及用户在淘宝网站的浏览记录，做出广告分析，以便更好地为用户服务；360搜索使用爬虫持续抓取网页，并将这些页面一页一页地存储到HBase中，然后对整张表建立索引，建立起相应的网络搜索；在传统企业领域，中信银行启动了基于Hadoop&HBase技术构建的"数据银行"大数据平台项目，以期通过建立在大数据和新技术基础上的支付方式、数据挖掘和财务管理的变革，产生新的经营模式和盈利模式。

（二）HBase的研究现状

目前针对HBase的研究，大致可以分为两类：一是对HBase系统本身的优化，设计各种中间件和二级索引框架，来更简单、高效、安全地存储海量数据；二是面向应用，探寻如何在具体的情境下使用HBase，涉及的行业包括商业智能、地理信息学、生物信息学、物理研究领域等。

在HBase系统结构设计方面，因为HBase产生的时间不长，且版本在不断的迭代，不断有新的特性被添加进HBase架构，多数公司和研究室在应用HBase的同时也为HBase的框架修改贡献自己的设计成果。

针对HBase与MapReduce或Hive结合使用时，分布式查询性能下降，耗时过长，并且HBase本身不兼容关系型数据库的SQL语句的问题，提出了可扩展查询优化方案（HBase DSPE），将HBase的特点和SQL的易用性结合，实现查询性能的调优。

针对HBase全表扫描查询效率低的问题，实现了一种基于HBase协处理器的服务端第二索引扩展，使用服务端集群对索引进行维护和查询，减少客户端与服务器集群的网络通信开销，更灵活地实现HBase的条件查询，有效满足集群应用中针对数据二级索引的查询需求。随着大数据概念的快速传播，技术方案的不断成熟，HBase在各领域中的应用场景不断被挖掘。

对多种互联网搜索引擎技术进行总结，设计了基于HBase分布式查询的索引算法。采用分布式倒排索引，将网页文本进行空间关键字分词，建索引表。

针对互联网电视业务产生的用户行为数据结构各异且数据量大的特点，从性能和成本考虑，设计了基于HBase的互联网电视用户行为分析系统架构，对非结构化的用户行为数据进行挖掘分析。

从功能和性能上深入分析了微博系统的存储要求，对比Redis、HBase和MongoDB三种采用不同存储模型的NOSQL数据库的特点，设计了满足微博系统实时性、并发性、扩展性、可靠性要求的数据存储方案，为异构大数据环境下的数据存储提出了解决思路。

二、HBase存储空间大数据的研究现状

空间查询需要占用大量的磁盘I/O以及CPU、内存等资源消耗。传统的空间数据库使

用 Spatial SQL 空间检索语言，对于百兆或千兆的数据量有较好的读写性能。然而，空间数据的处理通常是高 I/O 和高计算资源消耗的，使用单一数据库进行空间数据处理，有时单个操作可能需要消耗数分钟乃至数小时。当数据量过于大并且访问数据的人非常多时，传统的空间数据库无法满足实时查询的要求。现在一些具有可扩展性的 NoSQL 数据库，如 HBase、BigTable 等，适合存储管理非结构化大数据和半结构化大数据，对于空间数据的存储是不错的替换选择。然而，由于这些数据库直接使用行键而不是空间索引进行检索，不适合直接建立对空间对象的有效索引。如何在行键索引与空间索引之间建立关联，在保持原有的空间信息的情况下，将多维度的空间位置转化为一维的 HBase 行键，成为国内外相关研究的热点。

有些学者为每个图层设计一张表，空间对象的 ID 作为表的行键。为了提高查询效率，设计了空间索引。基本思想是采用网格法，按照 1∶50000 的比例尺将全球划分为 18000×18000 个网格，网格的顺序值由 Hilbert 空间填充曲线确定。以网格顺序值作为表的行键，该网格涉及的空间对象作为该行记录各列的值，将数据存储到 HBase 数据库中。使用 MapReduce 分布式计算框架，减少构建空间索引的时间。

有些学者提出利用 HBase 提供的过滤器机制，将多维的空间信息查询转化为 HBase 中一维的行键操作。行键设计为空间对象的几何中心横坐标（11 字节）+纵坐标（10 字节）+图层（3 字节），几个要素混合构成行键。扫描时，先按横坐标后按纵坐标查找对象，这种方式造成南北位置间的跳跃，空间上接近的元素可能分布在 HBase 集群不同的存储位置上，每次查询都会读取很多不需要的数据。

使用网格法对地理空间进行划分，并将网格 ID 作为行键的一部分。利用 HBase 行键的按字典排序功能，在指定网格中查询空间几何对象。目前，基于 HBase 存储空间数据的研究刚刚起步，相关成熟的理论方法不多。本节基于经典的 GeoHash 空间降维方法，利用 HBase 一维行键的特点，合理设计表模式，优化查询流程，使设计具有较好查询性能。

三、HBase 的系统框架

如图 8-1 所示为 Hadoop EcoSystem 中的各层系统，其中 HBase 位于结构化存储层，Hadoop HDFS 为 HBase 提供了高可靠性的底层存储支持，Hadoop MapReduce 为 HBase 提供了高性能的计算能力，ZooKeeper 为 HBase 提供了稳定服务和 failover 机制。

此外，Pig 和 Hive 还为 HBase 提供了高层语言支持，使得在 HBase 上进行数据统计处理变得非常简单。Sqoop 则为 HBase 提供了方便的 RDBMS 数据导入功能，使得传统数据库数据向 HBase 中迁移变得非常方便。

HBase 的系统框架如图 8-2 所示，各部分说明如下。

（一）Client

HBase Client 使用 HBase 的 RPC 机制与 HMaster 和 HRegionServer 进行通信，对于管理类操作，Client 与 HMaster 进行 RPC（Remote Procedure Call Protocol，远程过程调用协议）；对于数据读写类操作，Client 与 HRegionServer 进行 RPC。

第八章 HBase存储百科数据技术研究

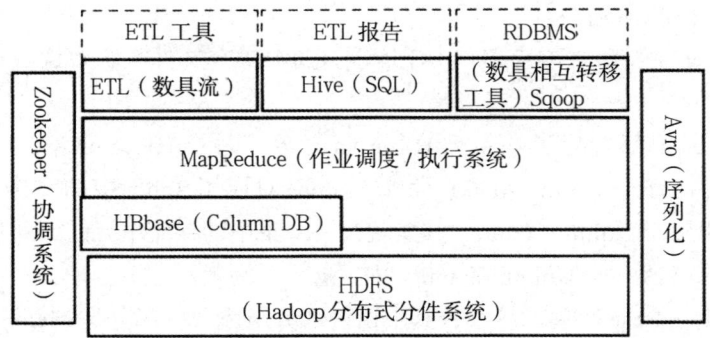

图 8-1 HadoopEcoSystem 的各层系统示意图

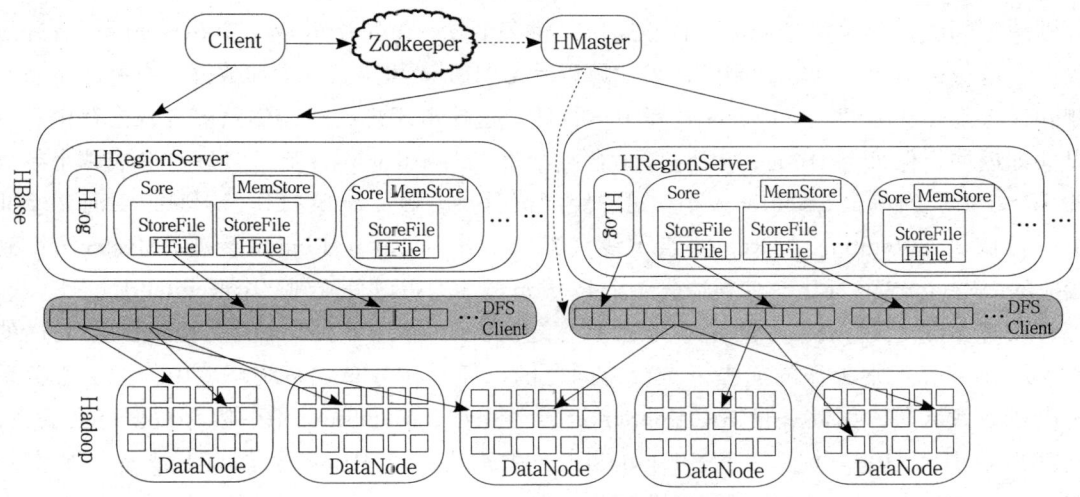

图 8-2 HBase 系统框架

（二）ZooKeeper

ZooKeeper Quorum 中除了存储了 –ROOT– 表的地址和 HMaster 的地址外，ZooKeeper 也实现将 HRegionServer 以 Ephemeral 方式注册到 Quorum 中，使得 HMaster 可以随时感知到各个 HRegionServer 的健康状态。此外，ZooKeeper 也避免了 HMaster 的单点问题。

（三）HMaster

HMaster 没有单点问题，HBase 中可以启动多个 HMaster，通过 ZooKeeper 的 Master Election 机制保证总有一个 Master 运行，HMaster 在功能上主要负责 Table 和 Region 的管理工作。

1. 管理用户对 Table 的增加、删除、修改、查询操作。
2. 管理 HRegionServer 的负载均衡，调整 Region 分布。
3. 在 Region Split 后，负责新 Region 的分配。
4. 在 HRegionServer 停机后，负责失效 HRegionServer 上的 Region 迁移。

199

（四）HRegionServer

HRegionServer 主要负责响应用户 I/O 请求，向 HDFS 文件系统中读写数据，是 HBase 中最核心的模块。

HRegionServer 内部管理了一系列 HRegion 对象，每个 HRegion 对应了 Table 的一个 Region，HRegion 由多个 HStore 组成。每个 HStore 对应了 Table 中的一个 Column Family 的存储，可以看出每个 Column Family 其实就是一个集中的存储单元，因此最好将具备共同 I/O 特性的 column 放在一个 Column Family 中，这样最高效。

HStore 存储是 HBase 存储的核心，其中由两部分组成，一部分是 MemStore，一部分是 StoreFile。MemStore 是 Sorted Memory Buffer，用户写入的数据首先会放入 MemStore，当 MemStore 满了以后会 Hush 成一个 StoreFile（底层实现是 HFile），当 StoreFile 文件数量增长到一定阈值，会触发 Compact 合并操作，将多个 StoreFile 合并成一个 StoreFile，合并过程中会进行版本合并和数据删除，因此可以看出 HBase 其实只有增加数据，所有的更新和删除操作都是在后续的 compact 过程中进行的，这使得用户的写操作只要进入内存中就可以立即返回，保证了 HBase I/O 的高性能。当 StoreFile Compact 后，会逐步形成越来越大的 StoreFile，当单个 StecFile 大小超过一定阈值后，会触发 Split 操作，同时把当前 Region Split 分成 2 个 Region，父 Region 会下线，新 Split 出的 2 个子 Region 会被 HMaster 分配到相应的 HRegionServer 上，使得原先 1 个 Region 的压力得以分流到 2 个 Region 上。

在理解了上述 HStore 的基本原理后，还必须了解一下 HLog 的功能，因为上述的 HStore 在系统正常工作的前提下是没有问题的，但是在分布式系统环境中，无法避免系统出错或者宕机，因此一旦 HRegionServer 意外退出，MemStore 中的内存数据将会丢失，这就需要引入 HLog 了。每个 HRegionServer 中都有一个 HLog 对象，HLog 是一个实现 WriteAhead Log 的类，在每次用户操作写入 MemStore 的同时，也会写一份数据到 HLog 文件中，HLog 文件定期会滚动出新的，并删除旧的文件（已持久化到 StoreFile 中的数据）。当 HRegionServer 意外终止后，HMaster 会通过 ZooKeeper 感知到，HMaster 首先会处理遗留的 HLog 文件，将其中不同 Region 的 Log 数据进行拆分，分别放到相应 region 的目录下，然后将失效的 region 重新分配，领取到这些 region 的 HRegionServer。在 LoadRegion 的过程中，会发现有历史 HLog 需要处理，因此会 ReplayHLog 数据到 MemStore 中，然后 flush 到 StoreFiles，完成数据恢复。

HBase 中有两张特殊的 Table，即 –ROOT– 和 .META.，这两张特殊表的关系图如图 8-3 所示。

1. .META.：记录了用户表的 Region 信息，.META. 可以有多个 Region。
2. –ROOT–：记录了 .META. 表的 Region 信息，–ROOT– 只有一个 Region。
3. ZooKeeper 中记录了 –ROOT– 表的 location。

Client 访问用户数据之前需要首先访问 ZooKeeper，然后访问 –ROOT– 表，接着访

问 .META. 表，最后才能找到用户数据的位置去访问，中间需要多次网络操作，不过 client 端会做 cache 缓存。

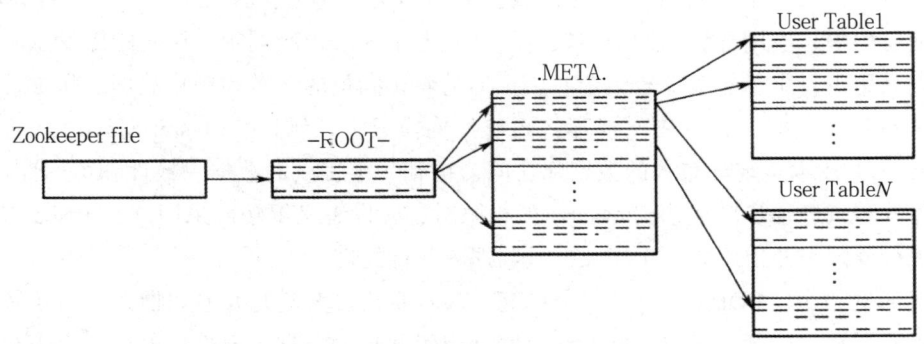

图 8-3　-ROOT- 和 .META 表

在应用 HBase 进行设计实现前，先要弄清楚一个问题：HBase 有哪些特点和功能使得读者需要采用它呢？有过一定系统开发经验的用户一定对 RDBMS（Relational Database Management System，关系数据库管理系统）不陌生，在之前的系统设计开发中，涉及数据的存储，使用最多的莫过于关系数据库系统，那么前面的问题在这个层次上，即可变成一个新的问题：HBase 相对于目前更成熟、使用更广泛的存储体系结构，如 RDBMS，有什么样的优势呢？

四、RDBMS 与 HBase

RDBMS 系统是在 E.F.Codd 博士（IBM 的研究员）发表的论文《大规模共享数据银行的关系型模型》基础上设计出来的。它通过数据、关系和对数据的约束三者组成的数据模型来存放和管理数据。几十年来，RDBMS 获得了长足的发展，目前许多企业的在线交易处理系统、内部财务系统、客户管理系统等大多采用了 RDBMS。字节级关系数据库在大型企业集团中已是司空见惯。目前，业界普遍使用的关系数据库管理系统产品有 IBM DB2 通用数据库、Oracle、My SQL、SQL Server 等。

RDBMS 具有如下特点。

（1）数据以表格的形式出现。
（2）每行为各种记录名称。
（3）每列为记录名称所对应的数据域。
（4）许多的行和列组成一张表单。
（5）若干的表单组成 database。

由于关于数据库的 ACID 准则能够保证数据的一致性和完整性，并支持事务处理、存储过程、触发器等特性，其设计目的是面向结构化数据。RDBMS 在过去的几十年，已经成功应用于无数的系统开发中。然而，随着新技术的发展和业界新需求的涌现，关系数据模型却并不能完美地解决当前的一些新的问题。

由于 RDBMS 的设计初衷不是考虑大规模可伸缩的分布式处理任务，所以现在很多采用了 RDBMS 产品的系统在面对大规模数据时显得力不从心。例如，在基于 RDBMS 系统的互联网应用中，应用部署初期访问较少，开发者也无法预测到用户访问的爆发点。一般开发者会先采用单台服务器来部署整个应用，但随着访问量的增多和用户数据的膨胀，单台服务器无法承受访问时，开发者不得不将系统架构换成主从结构（Master/Slave），通过复制（Replication）技术实现分布式的数据库访问，得到一定程度的数据一致性和可用性。然而，当用户并发写入进一步增加达到 Master 的极限时，开发者又得转而采用分区（Sharding）技术对表进行分区来分担压力，实现大批量数据的并行处理。

上述的例子中，RDBMS 的每一次转变，都需要花费大量的人力和物力，而互联网应用的实时性能又会直接影响用户体验。在互联网应用井喷的今日，很难想象一个应用在经过一段时间的关闭维护后还能维持之前的发展速度。另外，由于这些技术大都属于后期添加的解决方案，一方面使得系统难以安装和维护，另一方面，这些技术也常常要牺牲一些重要的 RDBMS 特性。为了解决这样的问题，需要一种能够面对大规模数据的、平滑可伸缩的数据库系统。

HBase 从设计初期就考虑到了可伸缩性的问题，其能够通过简单地增加节点来平滑地进行线性扩展。HBase 有别于关系数据库，其本身不提供对数据关系的支持，也不提供对 SQL 的支持。这使得 HBase 具有在廉价的硬件集群上管理超大规模的稀疏表的能力。这一点在商业上显得尤为重要，通过更低的成本即能获得更好的数据处理能力，并且具有高可用性和可扩展性，这正是云计算主要是由谷歌、亚马逊、IBM 等企业主导的原因之一。

五、NoSQL 数据库

（一）数据大爆炸

2010 年，英特尔万亿级计算研究项目总监吉姆·海德（Jim Held）表示，"大量的数据，快速的增长，已经使我们无法处理。"

在这个信息时代中，有一条潜在的规则，即掌握信息即为掌握资源和财富。随着全球信息化的推进，互联网服务日趋稳定，智能手机飞速普及以及企业的巨大需求，使得信息呈爆炸式增长。根据美国 IDC 公司的一项名为 Digital Universe 的调查，2012 年全球产生 2.4ZB 的数字信息，预计未来八年全球增加 50 倍。很多人对 ZB 这个计量单位并不熟悉，按照计量存储容量的单位换算，1ZB 相当于 10 的 21 次方字节，约 2.4 万亿 GB。如果这个计量单位还不够直观，那么可以这样举例：如果一首 MP3 歌曲的存储空间约为 5MB，以每分钟 1MB 的速度不间断播放（前提为电力要能够保证），1ZB 的空间存储的歌曲可以播放 19 亿年！相比之下，地球到目前的年龄为 46 亿年，而人类的文明史仅不到万年。

面对数据大爆炸带来的海量数据，超大规模的数据存储和处理成为一个热门话题。业界迫切需要一种具有超大规模数据处理能力，并能够轻松管理数据的解决方案。特别是互联网企业，面对大量的用户数据，能够从用户数据中分析出越多的信息，在线广告投放或者用户感兴趣商品推荐等商业行为即越有针对性。因此，也即诞生了诸如 Hadoop 这样的能够应对 PB 级别数据的云计算平台，以及建立在 HDFS 上的分布式数据库 HBase。

（二）NoSQL 数据库

NoSQL，指的是非关系型的数据库。随着互联网 Web 网站的兴起，传统的关系数据库在应付 Web 网站，特别是超大规模和高并发的 SNS 类型的 Web 动态网站已经显得力不从心，暴露了很多难以克服的问题，而非关系型的数据库则由于其本身的特点得到了非常迅速的发展。

随着互联网 Web 网站的兴起，非关系型的数据库现在成了一个极其热门的新领域，非关系数据库产品的发展非常迅速。

1. 对数据库的需求

（1）High performance 对数据库高并发读写的需求。Web 网站要根据用户个性化信息来实时生成动态页面和提供动态信息，所以基本上无法使用动态页面静态化技术，因此数据库并发负载非常高，往往要达到每秒上万次读写请求。关系数据库应付上万次 SQL 查询还勉强顶得住，但是应付上万次 SQL 写数据请求，硬盘 I/O 就已经无法承受了。其实普通的 BBS 网站往往也存在对高并发写请求的需求。

（2）Huge Storage 对海量数据的高效率存储和访问的需求。对于大型的 SNS 网站，每天用户产生海量的用户动态，以国外的 Friendfeed 为例，一个月就达到了 2.5 亿条用户动态，对于关系数据库来说，在一张 2.5 亿条记录的表里面进行 SQL 查询，效率是极其低下乃至不可忍受的。又如，大型 Web 网站的用户登录系统，如腾讯、盛大，动辄数以亿计的账号，关系数据库也很难应付。

（3）High Scalability & High Availability 对数据库的高可扩展性和高可用性的需求。在基于 Web 的架构中，数据库是最难进行横向扩展的，当一个应用系统的用户量和访问量与日俱增的时候，数据库却没有办法像 Web Server 和 App Server 那样简单地通过添加更多的硬件和服务节点来扩展性能和负载能力。对于很多需要提供 24h 不间断服务的网站来说，对数据库系统进行升级和扩展是非常痛苦的事情，因为这意味着需要停机维护和数据迁移。为什么数据库不能通过不断地添加服务器节点来实现扩展呢？

2. 关系数据库面对的需求

在上面提到的"三高"需求面前，关系数据库遇到了难以克服的障碍，而对于 Web 网站来说，关系数据库的很多主要特性却往往无用武之地。

（1）数据库事务一致性需求。很多 Web 实时系统并不要求严格的数据库事务，对读一致性的要求很低，有些场合对写一致性要求也不高。因此数据库事务管理成了数据库高负载下一个沉重的负担。

（2）数据库的写实时性和读实时性需求。对关系数据库来说，插入一条数据之后立刻查询，是肯定可以读出来这条数据的，但是对于很多 Web 应用来说，并不要求这么高的实时性。

（3）对复杂的 SQL 查询，特别是多表关联查询的需求。任何大数据量的 Web 系统，都非常忌讳多个大表的关联查询，以及复杂的数据分析类型的复杂 SQL 报表查询，特别是 SNS 类型的网站，从需求以及产品设计角度，就避免了这种情况的产生。往往更多的只是单表的主键查询，以及单表的简单条件分页查询，SQL 的功能被极大地弱化了。

3.NoSQL 数据库的产生

因此，关系数据库在这些越来越多的应用场景下显得不那么合适了，为了解决这类问题的非关系数据库应运而生。

NoSQL 是非关系型数据存储的广义定义。它打破了长久以来关系数据库与 ACID 统一的局面。ACID，是指在数据库管理系统（DBMS）中事务所具有的四个特性：原子性（Atomicity）、一致性（Consistency）、隔离性（Isolation，又称独立性）、持久性（Durability）。NoSQL 数据存储不需要固定的表结构，通常也不存在连接操作。在大数据存取上具备关系数据库无法比拟的性能优势。

当今的应用体系结构需要数据存储在横向伸缩性上能够满足需求。而 NoSQL 存储就是为了实现这个需求。谷歌的 BigTable 与 Amazon 的 Dynamo 是非常成功的商业 NoSQL 实现。一些开源的 NoSQL 体系，如 Facebook 的 Cassandra、Apache 的 HBase，也得到了广泛认同。从这些 NoSQL 项目的名字上看不出什么相同之处：Hadoop、Voldemort、Dynomite，还有其他很多。

（三）NoSQL 的优缺点

1. NoSQL 的优点

（1）它们可以处理超大量的数据。

（2）它们运行在便宜的 PC 服务器集群上。PC 集群扩充起来非常方便并且成本很低，避免了 sharding 操作的复杂性和高成本。

（3）它们击碎了性能瓶颈。NoSQL 的支持者称，通过 NoSQL 架构可以省去将 Web 或 Java 应用和数据转换成 SQL 友好格式的时间，执行速度变得更快。

"SQL 并非适用于所有的程序代码"，对那些繁重的重复操作的数据，SQL 值得花钱。但是当数据库结构非常简单时，SQL 可能没有太大用处。

（4）没有过多的操作。虽然 NoSQL 的支持者也承认关系数据库提供了无可比拟的功能集合，而且在数据完整性上发挥也绝对稳定，但他们也表示，企业的具体需求可能没有那么多。

（5）Bootstrap 支持。因为 NoSQL 项目都是开源的，因此它们缺乏供应商提供的正式支持。这一点它们与大多数开源项目一样，不得不从社区中寻求支持。

2. NoSQL 的缺点

（1）一些人认为，没有正式的官方支持，万一出了差错会是可怕的，至少很多管理人员是这样看的。

（2）很多管理人员是这样看的："我们确实需要做一些说服工作，但基本在他们看到我们的第一个原型运行良好之后，我们就能够说服他们，这是条正确的道路。"

（3）NoSQL 并未形成一定标准，各种产品层出不穷，内部混乱，各种项目还需时间来检验。

六、HBase 的特点

HBase 在支持水平和模块化扩展方面有很多特点，HBase 集群能够通过增加普通的商用机器来运行 RegionServer 进行集群扩展。集群节点的增加，在扩展了存储能力的同时，也会提高处理能力。HBase 扩展性能有别于 RDBMS，后者只能朝着增加单个数据库服务器的容量方面扩展，但计算能力很难提高，甚至会因为集群拓扑结构的复杂而降低查询效率。

（一）Hbase 的特性

1. 读写强一致性。HBase 没有采用"最终一致性"的数据存储模型，同一行数据的读写只在同一台 RegionServer 上进行。

2. 自动分区（Sharding）。HBase 表的数据以 Region 的形式分布在集群中，Region 能够在数据足够多时进行自动分割。

3. RegionServer 自动灾难恢复（Failover）。

4. 与 Hadoop/HDFS 整合。HBase 支持 HDFS 作为底层分布式文件系统。

5. 支持 MapReduce。支持以 HBase 数据作为 MapReduce 的输入或输出，进行大规模数据并行处理。

6. Java 客户端 API。HBase 支持通过简单易用的 JavaAPI 编程访问数据。

7. Thrift/RESTAPI。HBase 支持通过 Thrift 和 REST 作为非 Java 的前端。

8. 块缓存（Block Cache）与布隆过滤器（Bloom Filter）。HBase 采用块缓存机制和布隆过滤器算法实现大容量数据的查询优化，查询速度快。

9. 动态管理。HBase 具有上述的特点，但并不是说 HBase 就适合所有的问题。什么时候使用 HBase 更合适呢？第一，保证数据量足够大。如果表中有数以千万计的行，那么 HBase 为一个不错的候选对象。如果数据库中的表只有不足百万行，那么传统的 RDBMS 已经足够了，因为单个节点已经可以容纳这些数据，因此集群中其他的节点将会处于空闲状态。第二，保证有充足的硬件。集群的节点数应该至少有 6 个，这是由于 HDFS 在少于 5 个 DataNode 时并不能很好地工作。另外，还要加上 1 个 NameNode。

（二）HBase 的优点

1. 列可以动态增加，并且列为空就不存储数据，节省存储空间。

2. HBase 自动切分数据，使得数据存储自动具有水平 scalability。

3. HBase 可以提供高并发读写操作的支持。

（三）HBase 的缺点

1. 不能支持条件查询，只支持按照 Rowkey 来查询。

2. 暂时不能支持 Master Server 的故障切换，当 Master 宕机后，整个存储系统就会挂掉。

第二节　HBase 的基本接口简介

一、HBase 访问接口

HBase 访问接口类型主要有以下几种。

1. Native Java API：最常规和高效的访问方式，适合 Hadoop MapReduce Job 并行批处理 HBase 表数据。

2. HBase Shell：HBase 的命令行工具，最简单的接口，适合 HBase 管理使用。

3. Thrift Gatewayoo 利用 Thrift 序列化技术，支持 C++、PHP、Python 等多种语言，适合其他异构系统在线访问 HBase 表数据。

4. REST Gateway：支持 REST 风格的 Http API 访问 HBase，解除了语言限制。

5. Pig：可以使用 PigLatin 流式编程语言来操作 HBase 中的数据，与 Hive 类似，本质最终也是编译成 MapReduce Job 来处理 HBase 表数据，适合做数据统计。

6. Hive：当前 Hive 的 Release 版本支持 HBase，目前最新的版本 Hive0.10.0 可以使用类似 SQL 语言来访问 HBase。

二、HBase 的存储格式

HBase 中的所有数据文件都存储在 Hadoop HDFS 文件系统上，主要包括上述提出的两种文件类型，分别为 HFile 与 HLogFile。下面分别给予介绍。

（一）HFile 格式

HFile 格式是指 HBase 中 Key Value 数据的存储格式，HFile 是 Hadoop 的二进制格式文件，实际上 StoreHle 就是对 HFile 做了轻量级包装，即 StoreFile 底层就是 HFile。HFile 文件是不定长的，长度固定的只有其中的两块，分别为 Trailer 和 FileInfo。其中 Trailer 的指针指向其他数据块的起始点。File Info 中记录了文件的一些 Meta 信息，如 AVG_KEY_LEN、AVG_VALUE_LEN、LASTJCEY、COMPARATOR、MAX_SEQ_ID_KEY 等。Data Index 和 Meta Index 块记录了每个 Data 块和 Meta 块的起始点。

Data Block 是 HBase I/O 的基本单元，为了提高效率，HRegionServer 中有基于 LRU 的 Block Cache 机制。每个 Data 块的大小可以在创建一个 Table 的时候通过参数指定，大号的 Block 利于顺序 Scan，小号的 Block 利于随机查询。每个 Data 块除了开头的 Magic 以外就是一个个 Key/Value 对拼接而成的，Magic 内容就是一些随机数字，目的是防止数据损坏。

HFile 里面的每个 Key/Value 对就是一个简单的 byte 数组，但是这个 byte 数组里面包含了很多项，并且有固定的结构。其里面的具体结构为：开始是两个固定长度的数值，分别表示 Key 的长度和 Value 的长度。首先是 Key，为固定长度的数值，表示 RowKey 的长度；接着是 RowKey，为固定长度的数值，表示 Family 的长度；然后是 Qualifier，为固定长度的数值，表示 Time Stamp 和 Key Type（Put/Delete）；最后为 Value，这部分没有这么复杂的结构，就是纯粹的二进制数据。

（二）HLog File 格式

HBase 中 WAL（Write Ahead Log）的存储格式是物理上 Hadoop 的序列文件（Sequence File）。其实 HLog 文件就是一个普通的 Hadoop Sequence File，Sequence File 的 Key 是 HLogKey 对象，HLogKey 中记录了写入数据的归属信息，除了 table 和 region 名字外，还包括 sequence number 和 timestamp，timestamp 是"写入时间"，sequence number 的起始值为 0，或者是最近一次存入文件系统中的 sequence number。

HLog Sequence File 的 Value 是 HBase 的 Key Value 对象，即对应 HFile 中的 Key/Walue。

三、HBase 的读写流程

HBase 的内部通过 -ROOT- 和 .META. 两个目录表维护集群的当前状态、最近历史和 Region 位置信息等。.META. 表维护用户数据空间所有 Region 的信息，本身也被分成多个 Region，存在不同的 Region Server，.META. 表的 Region 信息由 -ROOT- 表维护。-ROOT- 目录表的位置信息由 ZooKeeper 维护。构成数据表的所有 Region 的第一行均为该表的访问入口，由于行关键字是有序的，因此查找包含某行的 Region 实际上就是查找行关键字大于或等于请求关键字的第一个入口。

HBase 的每个 Region 在物理上被分成 Memcache、Log 和 Store 三个部分，分别代表缓存、日志和持久存储。Memcache 是为了提高效率在内存中建立的缓存，保证最近操作过的数据能被快速读取和修改；Log 是用于同步 Memcache 和 Store 的事务日志；Store 就是 HDFS 文件系统的存储区域。

HBase 的读数据流程：

1. 客户端连接 ZooKeeper，获取 -ROOT- 节点的位置信息。
2. 客户端咨询 -ROOT- 节点，定位包含请求行的 .META.Region 范围。
3. 客户端查找 .META.Region，获取包含用户数据的 Region 及其所在位置。
4. 客户端与 Region Server 直接交互，读取数据。

为了避免每次读数据前三次的准确性，客户端会缓存所有从 -ROOT- 表和 .META. 表学习到的信息，包括位置信息及用户空间 Region 的起始行、结束行。客户端通过这些缓存信息快速定位数据，直到出现错误，如果 Region 被移除，这时客户端将重新询问 .META. 表以获取新的位置信息。同样，如果 .META.Region 被移除，客户端将向上查找 -ROOT- 表。客户端读取 Region 信息时，优先读取 Memcache 中的内容。

HBase 写数据流程如下。

1. 客户端将数据添加到 Log 文件中，接着把数据写入 Memcache 中。
2. 当 Memcache 填满时，内容被持久存储到 HDFS 文件系统的 Store 中。
3. Region Server 周期性地发起 Flush Cache 命令，将 Memcache 中的数据持久存储到 Store，同时清空 Memcache。

第三节　HBase 存储模块总体设计

在 Fotospedm 的设计过程中，对后台数据库的设计是非常重要的环节。由于 Fotospedia 的所有数据都存储在数据库中，所以数据库设计得合理与否将直接影响到系统的性能。该项目面向的是数以百计的百科条目，而每个条目中可能容纳着无限多的图片，因此考虑到水平可扩展性是非常必要的。此外，随着图像百科用户数的增多，后台上传的图片将会是海量的，当系统面对海量的图片库时再进行图像检索将会是一个十分困难的问题。因此，系统的分区容忍性和并行处理性能是非常重要的。得益于 HBase 的透明化可伸缩性和 MapReduce 的支持，采用 HBase 作为 Fotospedia 项目的数据库，其是合理和高效的。

一、数据库模块总体设计

在图像百科系统中，HBase 用来持久化数据。因此，系统中的数据库模块需要与图像百科系统的业务逻辑进行交互。这种交互主要包括以下几部分。

（一）百科数据交互

对从维基百科抓取的百科数据，首先通过 MapReduce 进行解析，得到具体的条目并存储到 HBase 中。然而，对用户查询命中的条目，需要从 HBase 中读取，并返回给用户。

（二）条目图片编辑

用户编辑百科条目时，主要是对百科条目中包含的图片进行增加或者删除。用户添加的图片，需要获得在 HDFS 上的地址，并存入数据库，还要更新条目中图片的地址信息。对于删除的图片，则在数据库中删除相应信息。

（三）用户信息编辑

用户信息编辑部分主要从业务逻辑模块获取对用户信息的编辑操作，并在数据库中进行相应的更新。对用户信息的更新主要包括新用户注册、用户信息更新和删除用户等几种。

根据上述交互内容，可以得到数据库模块的总体设计图，如图 8-4 所示。

数据库模块的总体设计思路是对图像百科系统提供数据持久化支持，能够结合 MapReduce 完成数据的并行处理和分析。数据库设计方面需要能够完整地实现百科系统的功能，并尽量提高性能。

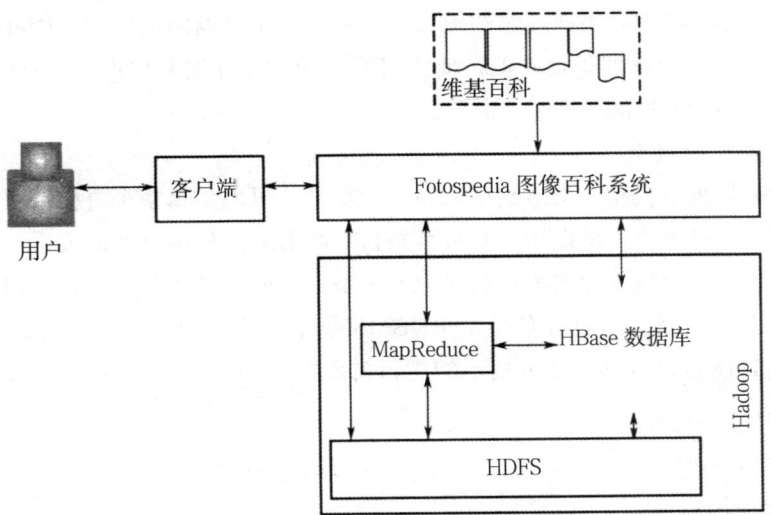

图 8-4 数据库模块总体设计图

二、模块详细设计

在确定数据库的总体设计思路后，进一步完成对系统中的数据库表的设计。由于 HBase 是面向列的分布式数据库系统，因此数据库设计过程并不能像 RDBMS 那样通过 ER 图转化到物理设计。

（一）HBase 数据库特点与设计概要

1. HBase 较为简单的数据模型。由于不存在关系约束等，所以在数据库表的设计上应该简单些。

2. HBase 面向列存储的特点。读取同列数据往往具有更高的性能，在设计中应该考虑列的划分。

3. HBase 中空单元格不占空间。其实这个特点是面向列存储的结果，这使得读者可以不必像设计关系数据库那样，将一对多和多对多关系分裂成多张表来存储，而是可以直接将数据放入一张大表，省去空格单元格。

4. HBase 的列可以动态添加。没有固定的模式使得 HBase 数据库设计的灵活性大增，客户端可以随时增加新的列，改变现有的模式。

5. HBase 的关键字（Row Key）有序。在物理存储中，相邻的列一般在同一个 Region 中，利用行关键字有序的特点，可以大幅度提高数据库查找性能，并且，HBase 只支持通过 Row Key 查询，所以 Row Key 的设计非常重要。

6. HBase 中的更新操作都对应着一个时间戳。在设计时可以适当考虑通过时间戳来记录数据的版本号，或者对数据进行备份等。

图像百科系统的数据库设计，其核心内容还在于对百科条目以及图片的存储。系统的需求是通过 CBIR 进行检索对用户提供的图像,并将命中条目返回给用户,因此查询需求较为简单,并不需要复杂的查询条件,但是要面对海量的图像存储和检索。从系统需求上来讲,采用 HBase 这种 NoSQL 数据库是非常合适的。

(二)数据库的设计

如果按照数据关系模型,对于这些实体,一个用户可以编辑多个百科条目,每个百科条目也可以被多个用户编辑,所以用户和百科条目之间形成一种多对多的关系。百科条目可以拥有多张说明图片,而每张说明图片只对应着一条百科内容,所以百科条目和百科图片之间形成一种一对多的关系。于是在传统的 RDBMS 数据库设计中,可能会得到图 8-5 所示的 ER 图。根据 ER 图可以得到图 8-6 所示的逻辑关系图。

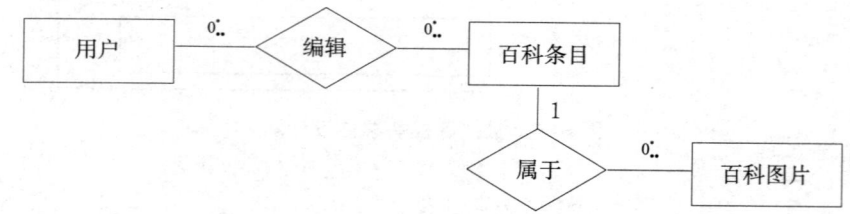

图 8-5　关系数据库的 ER 图

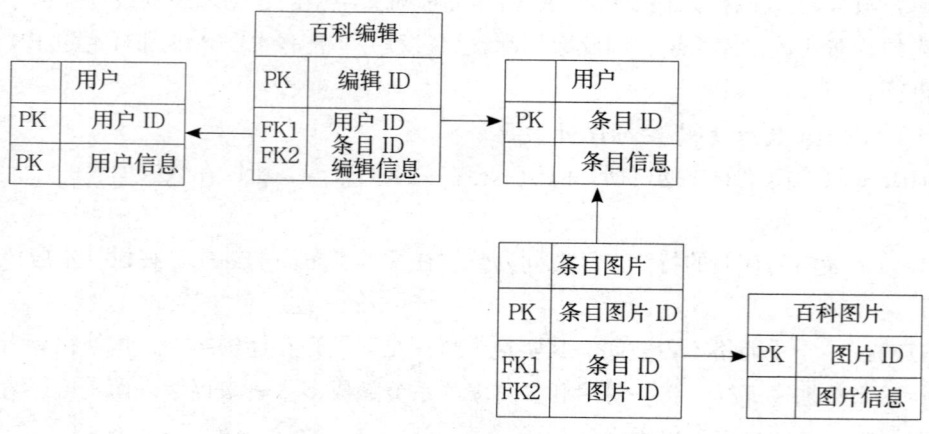

图 8-6　关系数据库的逻辑关系图

这样将一对多或多对多关系分裂成多张表的方式,在关系数据库中往往能达到更高的范式,具有减少冗余、增强一致性并保证完整性的作用。然而,在 NoSQL 数据库中,由于没有关系的约束,此处必须考虑到前面提到的 HBase 的特点来设计合适的数据库模型。

(三)HBase 中数据库的设计

前面给出了图像百科系统在关系数据库系统中的设计,然而,对图像百科这种开放性较大、核心数据主要靠用户编辑上传的应用,系统的可扩展性显然最为重要,这一点使采用 RDBMS 变得有些困难。

HBase 中没有数据关系，如百科条目和百科图片两个实体，在 HBase 设计中仍然可以将其当成实体考虑，然而实体间的关系则不能通过外键等约束来保证，所以需要 HBase 采用 RDBMS 变得有些困难，故需要按照 HBase 的特点来对这种关系进行体现。

对用户和百科条目之间的关系，考虑到每次百科条目的更新都对应着一次用户的编辑，所以可以利用 HBase 的时间戳来记录更新的版本号，并将更新内容与更新用户 ID 记录为同一个时间戳，放在更新内容中。这样可将用户编辑百科条目的关系融入百科条目的表中，并且合理利用了 HBase 的时间戳来记录编辑版本，还可以通过 HBase 的配置设定百科条目需要保留的最近修改版本的最高数目。在 RDBMS 中，这两个实体之间对应的是多对多的关系。在 HBase 中，这种关系变得更加简单，只是通过每次条目编辑时记录编辑者来实现，同样能保证数据的完整性和一致性，并且使数据库变得更加简单。

对于百科条目和百科图片，由于是一对多关系，而且每条百科条目对应的图片数目不定，在 RDBMS 这样的固定模式的数据库中，无法将图片 ID 都放到百科条目中，因此通过一张条目图片表来记录条目与图片之间的关系。然而，在 HBase 中，由于列可以随时增加，所以每个条目对应的所有图片 ID 都可以在同一个列族中记录下来，并且空的列并不占用存储空间。

对于图像百科系统实体间的关系，利用 HBase 的特点，设计出的数据库可以满足系统的需求。这样，图像百科系统的数据库形成了三张大表，分别为用户表、百科条目表和百科图片表。表 8-1、表 8-2、表 8-3 分别为 HBase 中的数据库表设计。

1. 用户表（user）的设计

（1）列和列族。用户表主要记录用户基本信息和用户历史记录。基本信息包括用户昵称、密码和联系邮箱等，这些不易变动的信息放在列族 userinfo 中，而对于历史记录等经常变动并会作为后期系统分析资料的数据，则放在 history 列族中，包括最后登录时间等。

（2）行关键字。用户表的行关键字设计采用用户 ID，用户 ID 为用户注册时的用户名，唯一且不可改变。

表 8-1　用户表 user

行关键字（Row Key）	列族 Column Family			
用户 ID	usennio		history	
	列标签	备注	列标签	备注
	nickname	用户昵称	lastlogin	最后一次登录时间
	passwd	密码		
	email	联系邮箱		

211

2. 百科条目表（pedia）的设计

（1）列和列族。百科条目表主要记录从维基百科下载并解析的百科文本内容，主要分为基本百科信息和文本信息两种。条目标题和条目类别构成百科条目的基本信息，放在列族 basicinfo 中，而条目文本以及编辑信息则放在 content 列族中。对于百科条目的版本信息主要通过 content 列族中各列的时间戳来区分，可以同时记录多个条目版本的内容和编辑信息等。此外，百科条目的文本部分作为一个列放在 HBase 中，主要为考虑取文本列中的所有内容都为同时展示的，在物理上也一般在同一个 Region 中，读取具有较高的效率。细粒度的文本划分可能有利于编辑条目时的较小的带宽消耗，但是考虑到百科系统为一个读取密度远大于写入密度的应用，因此，较高的读取效率可能对系统更为重要。

（2）行关键字。为了和维基百科中的条目关键字对应，以在条目链接中实现平滑使用，图像百科系统中条目的行关键字直接采用维基百科中条目的 ID。

表 8-2　百科条目表 pedia

行关键字（Row Key）	列族 Column Family				
	basicinfo		content	
	列标签	备注	列标签	备注
条目 ID	title	条目标题	text	条目文本
	category	条目类别	editor	编辑者
	email		time	编辑时间
			reason	编辑理由

3. 百科图片表（photos）的设计

（1）列和列族。百科图片表主要用来存储百科条目对应的说明图片信息。此外，由于系统需要按照 CBIR 算法来检索图片，所以需要预先对图片的内容特征信息进行提取，并存入数据库中。图片地址和大小等作为基本信息放在列族 basicinfo 中，而图片的内容特征如颜色、形状和纹理特征向量则存放在列族 feature 中。HBase 存放图像特征具有较好的可扩展性，对于后期检索特征算法的修改具有很好的兼容性。

（2）行关键字。考虑到每张图片事实上对应着一个百科条目，因此最好能够将同一条目的所有图片信息放在相邻的行中，这样使得物理存储上同一条目的图片具有连续性。利用 HBase 行关键字的有序特性，可以将百科图片的行关键字设计为"百科条目 ID+ 图片编号"的方式，例如，条目"云计算"对应的百科条目表行关键字为"00274562"，则将"云计算"条目下对应的图片在百科图片表中的行关键字设置为"0027456200001"这样的格式。由于相同条目的图片具有公共的行关键字前缀，按照字典排列后，其物理位置应该是相邻的。

表 8-3　百科图片表 photos

行关键字（Row Key）	列族 Column Family			
	basicinfo		feature	
条目 ID	列标签	备注	列标签	备注
	address	图片地址	color	颜色特征
条目 ID	size	图片大小	shape	形状特征
			texture	纹理特征

三、数据库模块交互设计

图像百科系统中存在着用户表、百科条目表和百科图片表，那么这些表怎样配合系统的业务逻辑模块完成系统功能呢？

（一）用户信息交互

用户信息的交互主要是用户通过图像百科系统注册或修改用户信息，在此过程中，HBase 中的用户表和图像百科系统中的用户信息处理逻辑模块进行交互，完成相应功能，如图 8-7 所示。

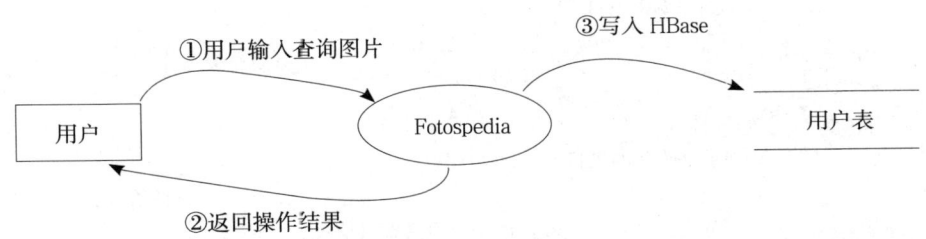

图 8-7　用户信息交互

（二）百科条目搜索交互

百科条目的搜索主要通过用户上传图片的特征信息，与数据库中百科图像的特征信息进行对比，得到命中的百科图片后，根据百科图片 ID 获得所属百科条目的 ID，再对百科条目表进行查询，获取命中的百科条目内容，并展示给用户的客户端。整个交互过程如图 8-8 所示。

（三）百科条目编辑交互

用户可以对百科条目进行编辑，主要是对百科图片的操作，并根据百科图片的更新情况对百科条目表的信息进行修改。例如，用户在"云计算"条目中插入一张新的说明图片，首先会上传该图片，Fotospedia 系统会提取该图片的特征信息，并将该图片的信息存入数据库，得到该图片在百科图片表中的ID为"0027456200012",然后修改百科条目表中的内容,将该图片ID插入百科条目表中,并将修改后的条目信息返回给用户,如图8-9所示。

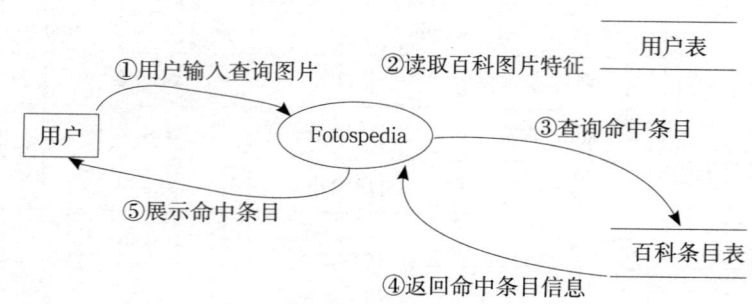

图 8-8　查询百科条目

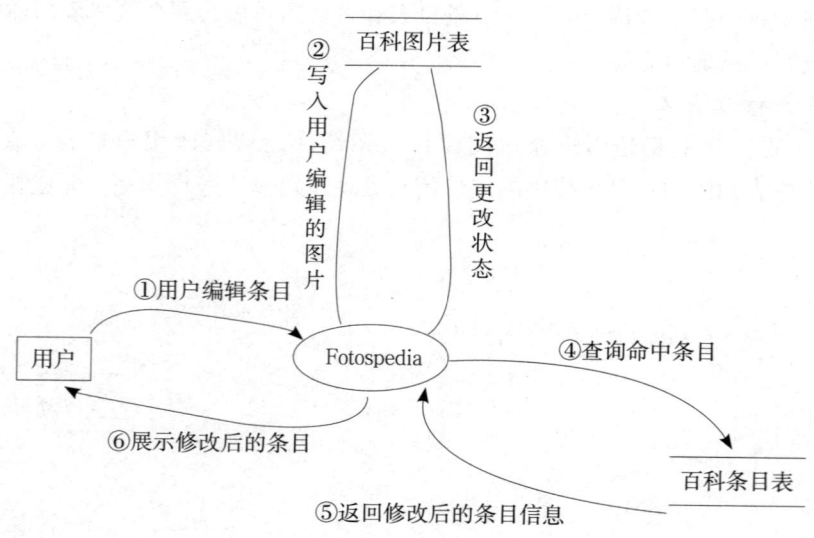

图 8-9　编辑百科条目

四、HBase 数据模型

HBase 数据模型主要包括数据模型、概念视图和物理视图。

(一) 数据模型

HBase 是一个类似 Bigtable 的分布式数据库,大部分特性和 Bigtable 一样,是一个稀疏的、长期存储的(存在硬盘上)、多维度的、排序的映射表。这张表的索引是行关键字、列关键字和时间戳。每个值是一个不解释的字符数组,数据都是字符串,无类型。

用户在表格中存储数据,每一行都有一个可排序的主键和任意多的列。由于是稀疏存储的,所以同一张表里面的每一行数据都可以有截然不同的列。

列名字的格式是"<family>:<label>",都是由字符串组成的,每一张表有一个 family 集合,这个集合是固定不变的,相当于表的结构,只能通过改变表结构来改变。但是 label 值相对于每一行来说都是可以改变的。

HBase 把同一个 family 里面的数据存储在同一个目录下,而 HBase 的写操作是锁行的,每一行都是一个原子元素,都可以加锁。

所有数据库的更新都有一个时间戳标记,每个更新都是一个新的版本,而 HBase 会保留一定数量的版本,这个值是可以设定的。客户端可以选择获取距离某个时间最近的版本,或者一次获取所有版本。

(二)概念视图

一个表可以想象成一个大的映射关系,通过主键,或者主键+时间戳,可以定位一行数据,由于是稀疏数据,所以某些列可以是空白的。表 8-4 所示为数据的概念视图。

表 8-4 HBase 数据的概念视图

Row 关键字	Time Stamp	Column Family:c1		Column Family:c2	
		列	值	列	值
r1	t7	c1:1	value2-1/1		
	t6	c1:2	value2-1/2		
	t5	c1:3	value2-1/3		
	t4			c2:1	value2-2/1
	t3			c2:2	value2-2/2
r2	t2	c1:1	value2-1/1		
	t1			c2:1	value2-1/1

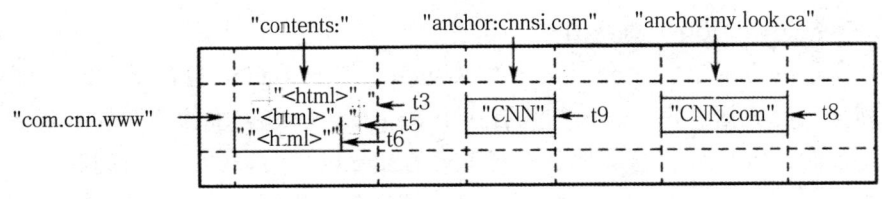

图 8-10 Web 网页列表片断

图 8-10 所示为一个存储 Web 网页的范例列表片断。行名是一个反向 URL(即 com.cnn.www)。contents 列族(原文用 family,译为族)存放网页内容,anchor 列族存放引用该网页的锚链接文本。CNN 的主页被 Sports Illustrater(即所谓 SI,CNN 的王牌体育节目)和 MY-look 的主页引用,因此该行包含了名叫 anchorxnnsi.com 和 anchor:my.look.ca 的列。

每个锚链接只有一个版本（由时间戳标识，如 t9、t8）；而 contents 列有三个版本，分别由时间戳 t3、t5、t6 标识。

（三）物理视图

虽然从概念视图来看每个表格是由很多行组成的，但是在物理存储上，其是按照列来保存的，这一点在进行数据设计和程序开发的时候必须牢记。

表 8-4 所示的概念视图在物理存储的时候应该表现成表 8-5 及表 8-6 所示。

表 8-5　HBase 数据的物理视图 1

Row 关键字	Time Stamp	Column Family:c1	
		列	值
r1	t7	c1:1	Value1-1/1
	t6	c1:2	Value1-1/2
	t5	c1:3	Value1-1/3

表 8-6　HBase 数据的物理视图 2

Row 关键字	Time Stamp	Column Family:c1	
		列	值
	t4	c1:2	Value1-1/2
	t3	c1:3	Value1-1/3

需要注意的是，在概念视图上面有些列是空白的，这样的列实际上并不会被存储，当请求这些空白的单元格的时候，会返回 null 值。如果在查询的时候不提供时间戳，那么会返回距离现在最近的那一个版本的数据。因为在存储的时候，数据会按照时间戳排序。

（四）子表（Region）服务器

HBase 在行的方向上将表分成了多个 Region，每个 Region 包含了一定范围内（根据行键进行划分）的数据。每个表最初只有一个 Region，随着表中的记录数不断增加直到超过了某个阈值时，Region 就会被划分成两个新的 Region。所以，一段时间后，一个表通常会有多个 Region。Region 是 HBase 中分布式存储和负载均衡的最小单位，即一个表的所有 Region 会分布在不同的 Region 服务器上，但一个 Region 内的数据只会存储在一个服务器上。物理上所有数据都存储在 HDFS 上，并由 Region 服务器提供数据服务，通常一台计算机只运行一个 Region 的实例（HRegion），如图 8-11 所示。

第八章　HBase存储百科数据技术研究

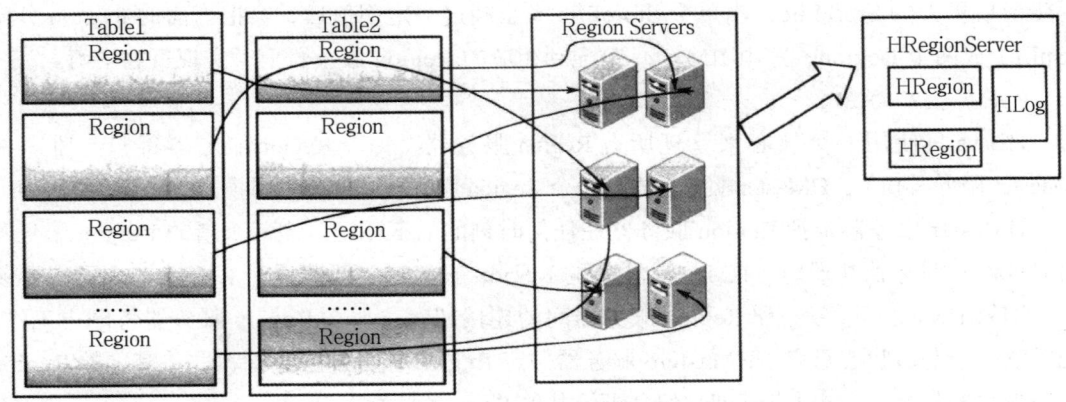

图 8-11　Region 服务器

其中，HLog 是用来做备份的。其使用的是预写式日志（Write-AheadLog，WAL）。每个 Region 服务器只维护一个 HLog，所以来自不同表的 Region 日志是混合在一起的，这样做的目的是不断地追加单个文件，相对于同时写多个文件而言，可减少磁盘寻址的次数，因此可以提高对表的写性能。带来的麻烦是，如果一台 Region 服务器下线，为了恢复其上的 Region，需要将 Region 服务器上的 Log 进行拆分，接着分发到其他 Region 服务器上进行恢复。

每个 Region 由一个或多个 Store 组成，每个 Store 保存一个列族的所有数据。每个 Store 又是由一个 MemStore 和 0 个或多个 StoreFile 组成。StoreFile 则是以 HFile 的格式存储在 HDFS 上的，如图 8-12 所示。

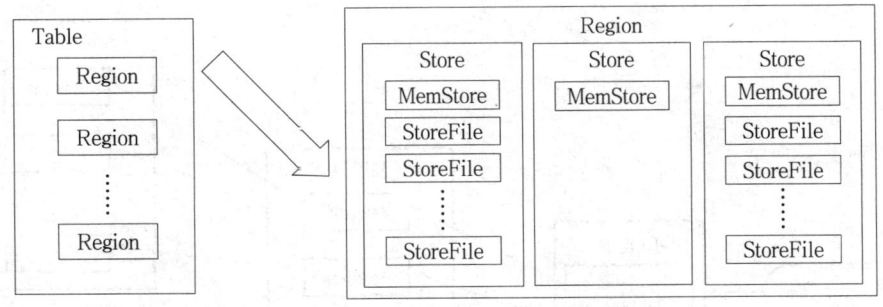

图 8-12　Region 示意图

当客户端进行更新操作时，先连接有关的 HRegionServen，接着向 Region 提交变更。提交的数据会首先写入 WAL 和 MemStore 中，当 MemStore 中的数据累计到某个阈值时，HRegionServer 就会启动一个单独的线程将 MemStore 中的内容刷新到磁盘，形成一个 StoreFile。当 StoreFile 文件的数量增长到一定阈值后，就会将多个 StoreFile 合并（Compact）成一个 StoreHle，合并过程中会进行版本合并和数据删除，因此可看出 HBase 其实只有增加数据，所有的更新和删除操作都是在后续的合并过程中进行的。StoreFiles 在合并过程中会

217

逐步形成更大的 StoreFile，当单个 StoreFile 大小超过一定阈值后，会把当前的 Region 分割（Split）成两个 Region，并由 HMaster 分配到相应的 Region 服务器上，实现负载均衡。

（五）主服务器

HBase 只使用一个核心来管理所有 Region 服务器。每个 Region 服务器都只与唯一的 HMaster 服务器联系，HMaster 服务器告诉每个 Region 服务器应该装载哪些 Region 并进行服务。

HMaster 服务器维护 Region 服务器在任何时刻的活跃标记。当一个新的 Region 服务器向 HMaster 服务器注册时，HMaster 让新的 Region 服务器装载若干个 Region，也可以不装载。如果 HMaster 服务器和 Region 服务器间的连接超时，那么 Region 服务器将停止工作，之后以一个空白状态重启。HMastero 服务器假定 Region 服务器已删除，并将其上的 Region 标记为"未分配"，同时尝试把它们分配给其他 Region 服务器。

每个 Region 都由它所属的表格名字、首关键字和 region Id 来标识。例如，表名是 hbaserepository，首关键字是 w-nk5YNZ8TBb2uWFIRJo7V==，region Id 是 6890601455914043。它的唯一标识符就是 hbaserepository、w-nk5YNZ8TBb2uW。

（六）元数据表

用户表的 Region 元数据被存储在 .META. 表中，随着 Region 增多，.META. 表中的数据也会增加，并分裂成多个 Region。为了定位 .META. 表中各个 Region 的位置，把 .META. 表中所有 Region 的元数据保存在 -ROOT- 表中，最后由 ZooKeeper 记录 -ROOT- 表的位置信息。所以，客户端访问用户数据前，需要首先访问 ZooKeeper 获得 -ROOT- 的位置，接着访问 -ROOT- 表获得 .META. 表的位置，最后根据 .META. 表中的信息确定用户数据存放的位置，如图 8-13 所示。

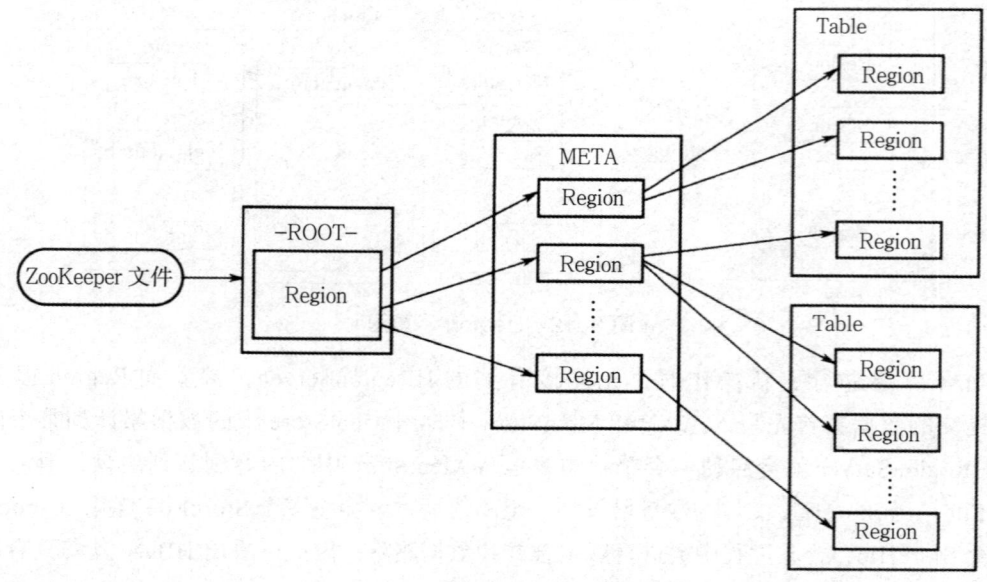

图 8-13　Region 定位示意图

-ROOT- 表永远不会被分割,其只有一个 Region,这样可保证最多需要三次跳转就可以定位任意一个 Region。为了加快访问速度,.META. 表的 Regions 全都保存在内存中,如果 .META. 表中的每一行在内存中大约占 1 KB,且每个 Region 限制为 128 MB,图 8-13 所示的三层结构可以保存的 Region 数目为(128MB/1 KB)×(128/1 KB)=2^{34} 个。客户端会将查询过的位置信息缓存起来,且缓存不会主动失效。如果客户端根据缓存信息还访问不到数据,则询问持有相关 .META. 表的 Region 服务器,试图获取数据的位置,如果还是失效,则询问 -ROOT- 表相关的 .META. 表在哪里。最后,如果前面的信息全部失效,则通过 ZooKeeper 重新定位 Region 的信息。所以,如果客户端上的缓存全部失效,则需要进行 6 次网络往返,才能定位到正确的 Region。

五、HBase 的安装与配置

HBase 和 Hadoop 一样支持三种运行模式:单机模式、分布模式和完全分布模式。HBase 目录的稳定版本为 0.20.6。对于 Hadoop0.20.2 来说,后来新版的 HBase 的 0.90. X 都是不兼容的,即使勉强配置出来,也是会出现 append 无法使用导致数据丢失,或者 HMaster 无法启动,所以这个 hbase-0.20.6 是目前最好的版本。

(一)需要安装包

zookeeper-3.3.2.tar.gz(stable 版本)

hbase-0.20.6.tar.gz(stable 版本)

(二)安装步骤

1. 安装和配置 ZooKeeper

HBase 从 0.20.0 开始,需要首先安装 ZooKeeper。从官方网站上下载 zookeeper-3.2.2.tar.gz(Stable 版本),解压到 /home/hdfs/ 目录下。

(1)在 namenode 节点新建 zookeeper 目录,在该目录下新建 myid 文件。

(2)在 zookeeper-3.2.2conf 目录下,复制 zoosample.cfg 为 zoo.cfg。在 zoo.cfg 中将 dataDir 改为 /home/hdfs/zookeeper,在文件末位添加所有的主机:

server.1=10.192.1.1:2888:3888

server.2=10.192.1.2:2888:3888

server.3=10.192.1.3:2888:3888

(3)用 scp 命令将 namenode 节点的 /home/hdfs/zookeeper-3.2.2 和 /home/hdfs/zookeeper 复制到其余所有主机的 /home/hdfs 目录下。

(4)参照 zoo.cfg 中的配置,在各主机 myid 文件中写入各自的编号。例如,10.192.1.1 写入 1,10.192.1.2 写入 2。

(5)在所有节点上执行 bin/zkServer.shstart,分别启动。执行 bin/zkCli.sh-server xxx.xxx.xxx.xxx:2181,检查指定服务器是否成功启动。

Vi/etc/profile

export HBASE_HOME=/hadoop/hbase
export PATH=SPATH:$HBASE_HOME/bin
export HADOOP_HOME=/hadoop/hadoop
export PATH=$PATH:$HADOOP_HOMB/bin

2. 安装和配置 HBase

下载 HBase0.20.6 版本，解压到 namenode 节点的 /home/hdfs 目录下，使用如下命令：

tar-zxvfhbase-0.20.6.tar.gz

cd hbase-0.20.6

mv*/hadoop/hbase

（三）启动

Hadoop、ZooKeeper 和 HBase 之间应该按照顺序启动和关闭：启动 Hadoop→启动 ZooKeeper 集群→启动 HBase→停止 HBase→停止 ZooKeeper 集群→停止 Hadoop。

在 namenode 节点执行 bin/hbase-daemon.sh，启动 master。执行 bin/start-hbase.sh 和 bin/stop-hbase.sh 脚本启动和停止 HBase 服务。

/hadoop/hbase/bin/hDase-daemon.sh start master

/hadoop/hbase/bin/hbase-daemon.sh stop master

/hadoop/hDase/bin/start-hbase.sh

/hadoop/hbase/bin/stop-hbase.sh

/hadoop/hbase/bin/hbase shell

HBase 按列存储结构化数据，支持建表、插入记录、查询记录、删除记录和索引操作等，不支持连接和更新操作。

（四）开发步骤

1. 引入 JAR 包

在 Windows 客户端编写 Java 程序操作 HBase，需要引入一些 JAR 包。需要引入的 JAR 如下：hadoop-0.20.2-core.jar、commons-logging-1.0.4.jar、commons-logging-api-1.0.4.jar、zookeeper-3.2.2.jar、hbase-0.20.1.jar、log4j-1.2.15.jar。

2. 开发模式

在分布式模式下开发，在程序中配置与 HDFS 和 ZooKeeper 的连接，即可对数据进行操作。

第四节 HBase 存储技术应用实践

下面对 HBasej 进行实例分析，从而使读者进一步了解 HBase 数据库。

一、HBase 的 HFileOutputFormat

如果 hadoop mr 输出需要导入 hbase，最好先输出成 HFile 格式，再导入 HBase，因为 HFile 是 HBase 的内部存储格式，所以导入效率很高。下面是一个 HBase 的 HFileOutputFormat 的示例。

（一）创建 HBase 表 t1

hbase(main): 157:0* create 't1'，'f1'

0 row(s) in 1.3280 seconds

hbase(main):158:0> scan 't1'

ROW   COLUMN+CELL

0 row(s) in 1.2770 seconds

（二）写 MR 作业

1. HBaseHFileMapper.java

```
package com.test.hnle;
import java.io.IOException;
import org.apache.hadoop.hbase.io.ImmutableBytes Writable;
import org.apache.hadoop.hbase.util.Bytes;
import org.apache.hadoop.io.LongWritable;
import org.apache.hadoop.io.Text;
import org.apache.hadoop.mapreduce.Mapper;
public class HBaseHFileMapper extends Mappe<SLongWritable, Text, ImmutableBytes Writable, Text>
{
    private ImmutableBytes Writable immutableBytes Writable = new ImmutableBytes Writable();
    @Override
    protected void map(LongWritable key, Text value, org.apache.hadoop.mapreduce.Mapper.Context context) throws IOException, InterruptedException
    {
        immutableBytes Writable.set(Bytes.toBytes(key.get()));
        context. write(immutableBytes Writable, value);
    }
}
```

2. HBaseHFileReducerjava

packagecom.test.hfile;

```java
importjava.io.IOException;
importorg.apache.hadoop.hbase.Key Value;
importorg.apache.hadoop.hbase.io.ImmutableBytesWntable;
importorg.apache.haaoop.hbase.util.Bytes;
importorg.apache.hadoop.io.Text;
importorg.apache.hadoop.mapreduce.Reducer;

public class HBaseHFileReducer extends Reducer<ImmutableBytes Writable, Text, ImmutableBytesWritable,Key Value>
{
    protected void reduce(ImmutableBytesWritable key, Iterable<Text> values,Context context) throws IOException, InterruptedException
    {
        String value="" ;
        while(values.iterator().hasNext())
        {
            value = values.iterator().next().toString();
            if(value != null && ! "" . equals(value))
            {
                Key Value kv = createKey Value(value.toString());
                if(kv!=null)
                    context. write(key, kv);
            }
        }
    }
    // str 格式为 row:family:qualifier:value
    private KeyValue createKey Value(String str)
    {
        String[] strstrs = str.split( ":" );
        if(strs.length<4)
            return null;
        String row=strs[0];
        String family=strs[1];
        String qualifier=strs[2];
        String value=strs[3];
```

return new Key Value(Bytes.toBytes(row),Bytes.toBytes(family),Bytes.toBytes(qualifier),System.currentTimeMillis(), Bytes.toBytes(value));

}
}

3. HbaseHFileDriverjava

```
package com.test.hfile;
import java.io.IOException;
import org.apache.nadoop.conf.Conuguration;
import org.apache.nadoop.fs.Path;
import org.apache.hadoop.hbase.HBaseConnguration;
import org.apache.hadoop.hbase.client.HTable;
import org.apache.hadoop.hbase.io.ImmutableBytes Writable;
import org.apache.hadoop.hbase.mapreduce.HFileOutputFormat;
import org.apache.hadoop.io. Text;
import org.apache.hadocp.mapreduce.Job;
import org.apache.hadocp.mapreduce.lib.input.FileInputFormat;
import org.apache.hadocp.mapreduce.lib.output.FileOutputFormat;
import org.apache.hadoop.util.GenericOptionsParser;
public class HbaseHFileD
{
    public static void main(String[] args) throws IOException,InterruptedException, ClassNotFoundException
    {
        Configuration conf = new Configuration();
        String[] otherArgs = new GenericOptionsParser(conf, args).getRemainingArgs();
        Job job = new Jcb(conf, "testhbasehfile" );
        job.setJarByClass(HbaseHFileDriver.class);
        job.setMapperClass(com.test.hfile.HBaseHFileMapper.class);
        job.setReducerClass(com.test.hfile.HBaseHFileReducer.class);
        job.setMapOutputKeyClass(ImmutableBytesWritable.class);
        job.setMapOutputValueClass(Text.class);
        FileInputFormat.addInputPath(job, new Path( "/home/yinjie/input" ));
        FileOutputFormat.setOutputPath(job, new Path(M/home/yinjie/outputM));
```

223

```
        Configuration HBASECONFIG = new Configuration();
        HBASE_CONFIQset("hbase.zookeq)er.quorumn, "localhost");
        HBASE_CONFIGset(''hbase.zookeeper.property.clientPort"," 2181");
        HBaseConfiguration cfg = new HBaseConfiguration(HBASECONFIG);
        String tableName = "t1";
        HTable htable = new HTable(cfg, tableName);
        HFileOutputFormat.configureIncrementalLoad(job, htable);
        System.exit(job.waitForCompletion(true) ? 0: 1);
    }
}
```

/home/yinjie/input 目录下有一个 hbasedata.txt 文件，内容为：

```
[root@localhostinput]#cathbasedata.txt
r1:f1:c1:value1
r2:f1:c2:value2
r3:f1:c3:value3
```

将作业打包到目录 /home/yinjie/job/hbasetest.jar 下，提交作业到 hadoop 运行，实现代码为：

```
[rcx>t@localhostjob]
# hadoop jar/home/yinjie/job/hbasetest.jar com.test.hnle.HbaseHFileDriver –Iibjars /home/ymjie/hbase-0.90.3/hbase-0.90.3.jar
```

作业运行完毕后查看下输出目录：

```
[root@localhostinput]#hadoop fs-Is/home/wei/output
Found2items
drwxr-xr-x  -rootsupergroup  02012-03-25 21:02/home/wei/output/_logs
drwxr-xr-x  -rootsupergroup  02012-03-25 21:03/home/wei/output/f1
```

然后使用 Bulk Load 将数据导入 HBbase，实现代码为：

```
[root@localhost job]# hadoop jar /home/yinjie/hbase-0.90.3/hbase-0.90.3.jar completebulkload /home/wei/outputt1
```

导入完毕，查询 hbase 表 t1 进行验证：

```
hbase(main):166:0>scan 't1'
ROW    COLUMN+CELL
r1    column=f1:c1，timestamp=1314591150788,value=value1
r2    column=f1:c2，timestamp=1314591150814,value=value2
r3    column=f1:c3，timestamp=1314591150815,value=value3
3row(s) in0.0210seconds
```

至此，数据已经导入 HBase 中。

二、HBase 的 TableOutputFormat

MapReducer 的输出导入 HBase 有多种方式可以实现，TableOutputFormat 就是其中一种。

（二）HBase 建表

实现 HBase 建表的代码为：

    hbase（main）：132：0*create'tl'，'fl'

    0 row（s）in1.4890seconds

    hbase（main）:133:0>scan'tl'

    ROW COLUMN+CELL

    0row（s）in 1.2330 seconds

（二）写 MR 作业

1. HBaseMapperjava

```
    public class HBaseMapper extends MapReduceBase implements Mapper<LongWritable,Text,LongWritable,Text>
    {
        @Ovemde
        public void map（LongWntable key,Text values,OutputCollector<LongWritable,Text>output，Reporter reporter）throws IOExcqjtion
        {
            output.collect（key,values）;
        }
    }
```

2. HBaseReducerjava

```
    public class HBaseReducer extends MapReduceBase implements Reducer<LongWritable，Text，ImmutableBytesWritable，Put>
    {
        @Ovemde
        public void reduce(LongWritable key,Iterator<Text>values,OutputCollector <ImmutableBytesWritable,Put>output,Reporter reporter）throws IOException
        {
            Stringvalue="";
            ImmutableBytesWritableimmutableBytesWritable=newImmutableBytesWritable();
            Text text=new Text();
```

```java
                    while(values.hasNext())
            {
                    value=values.next().toString();
                    if（value!=null&&！"".equals（value））
            {
                            Putput=createPut（value.toStnng（））;
                            if（put！=null）
                                    output.collect（immutableBytesWritable，put）;
                    }
                }
        }
        //str 格式为 row：family：qualifier：value
        private Put createPut（String str）
        {
            String[]strstrs=str.split("：");
            if（strs.length<4）
                return null;
            String row=strs[0];
            String family=strs[1];
            String qualifier=strs[2J;
            String value=strs[3];
            Put put=newPut（Bytes.toBytes（row））;
            put.add（Bytes.toBytes（family），Bytes.toBytes（qualifier），1L，Bytes.toBytes（value））;
            returnput;
        }
    }
3. HbaseDriverjava
    public class HbaseDriver
    {
        public static void main(String[] args)
        {
            JobConf conf = new JobConf(com.test.HbaseDriver.class);
            conf.setMapperClass(com.test.HBaseMapper.class);
            conf.setReducerClass(com.test.HBaseReducer.class);
```

```
conf.setMapOutputKeyClass(LongWritable.class);
conf.setMapOutputValueClass(Text.class);
conf.setOutputKeyClass(ImmutableBytesWritable.class);
conf.setOutputValueClass(Put.class);
conf.setOutputFormat(TableOutputFormat.class);
FileInputFormat.setInputPaths(conf, "/home/yinjie/input");
FileOutputFormat.setOutputPath(conf, new Path("/home/yinjie/output"));
 conf.set(TableOutputFormat.OUTPUT_TABLE, "t1");
conf.set("hbase.zookeeper.quorum", "localhost");
conf.set('hbase.zookeeper.property.clientPort', "2181");
try
{
    JobClient.runJob(conf);
}
catch (Exception e)
{
    e.printStackTrace();
}
   }
}
```

/home/wei/input 目录下有一个 hbasedata.txt 文件, 内容为:

```
[root@localhostinput]#cathbasedata.txt
r1:f1:c1:value1
r2:f1:c2:value2
r3:f1:c3:value3
```

在 Eclipse 下使用 MR 插件, 运行作业。作业成功后再次查询 hbase 表, 验证数据是否已进去, 代码为:

```
hbase (main): 135 : 0>scan't1'
ROW    COLUMN+CELL
r1    column=f1:c1,timestamp=1,value=value1
r2    column=f1:c2,timestamp=1,value=value2
r3    column=f1:c3,timestamp=1,value=value3
3row (s) in0.0580 seconds
```

至此, 数据已经插入, 大数据量装载到 HBase 最好生成 HFile 后再导入 HBase, HFile 是 HBase 内部存储表示形式, 所以装载速度很快。

第九章 云时代的大数据的安全与隐私

大数据时代给了人们前所未有的数据采集、存储和处理能力。每一个人都可以把文档、图片、视频等放在云端，享受随时随地同步和查看的便捷。企业可以将生产、运营、营销和客户等各个环节数字化，还可以收集全行业的信息，通过移动终端就可以轻松地获得企业生产经营的各种报表和趋势预测。政府的服务和社会化管理可以通过互联网到达每家每户和每个企业。强大的云数据中心和先进的移动互联网技术使谷歌眼镜、智能手环这样的可穿戴设备及各种多媒体社交工具盛行，发布信息和检索信息都只在眼睛一眨、指头一动间完成，甚至无须做动作就完成了。但是同时，由于大数据的社会化属性，人们在网络空间的任何数据都可能被收集，人们的资料可能被黑客窃取，人们的朋友圈在社交网络上一目了然，人们的言论在微博上历历在目，人们的交易和浏览信息随意地被电商挖掘。大数据和云计算就是一把双刃剑，在方便人们生活的同时，安全和隐私问题也日益凸显。

第一节 大数据时代的安全挑战

一、云计算时代安全与隐私问题凸显

随着数据中心不断整合以及虚拟化、VDI、云端运算应用程序的兴起，越来越多的运算效能与数据都集中到数据中心和服务器上。不论是个人信息存储在云盘、邮箱，还是企业将数据存储在云端或使用云计算服务，这些都需要安全保护，安全和隐私问题可以说是云计算和大数据时代面临的最严峻的挑战。在 IDC 的一项关于人们认为云计算模式的挑战和问题是什么的调查中，安全以 74.6% 的比例位居榜首，全球 51% 的首席信息官认为安全问题是部署云计算时最大的顾虑。云计算的日益普及已经使越来越多的云计算服务商进入市场，随着在云计算环境中存储数据的公司越来越多，信息安全问题成为大多数 IT 专业人士最头疼的事情。事实上，数据安全已经是考虑采用云基础设施的机构主要关注的问题之一。

大数据由于数据集中、目标大，在网络上更容易被盯上。在线数据越来越多，黑客们的犯罪动机也比以往任何时候更强烈。大数据意味着若攻击者成功实施一次攻击，其能得到更

多的信息和价值，这些特点都使大数据更易成为被攻击的目标。

关于网络信息安全，公民的隐私泄露事件也层出不穷，这些泄露大部分是黑客攻击企业数据库造成的。据隐私专业公司PRC（Privacy Rights Clearinghouse）报告称，按保守估计，2011—2017年全球发生了超过2 000起重大数字安全事故。例如，索尼公司由于系统泄露导致7 700万名用户资料遭窃，遭受了1.7亿美元左右的损失；CSDN的安全系统遭到黑客攻击，600万名用户的登录名、密码和邮箱遭到泄露；LinkedIn被曝650万名用户账户密码泄露；雅虎遭到网络攻击，致使45万名用户ID泄露；等等。另外一些隐私泄露是因为企业产品功能不完善无意造成的。比如，几年前，腾讯QQ曾经推出朋友圈功能，很多用户的真实名字出现在朋友圈中，引起了用户的强烈抗议，最后腾讯关闭了这一功能。腾讯QQ用户真实姓名能在朋友圈中曝光，就是采用了大数据关联分析。由此可见，在大数据搜集和数据分析过程中，随时可能触及用户的隐私，一旦某一环节存在安全隐患，后果不堪设想。

还有一些是用户个人不注意造成的隐私泄露。比如，有些用户喜欢在Twitter等社交网站上发布自己的位置和动态信息，结果有几家网站，如"Please RobMe.com""We Know Your House"等，能够根据用户所发的信息，推测出用户不在家的时间，找到用户准确的家庭地址，甚至找出房子的照片。这些网站的做法旨在提醒大家，我们随时暴露在公众视野下，如果不培养安全意识和隐私意识，将会给自身带来灾难。

大数据可以光明正大地搜集用户数据，并可以对用户数据进行分析，这无疑让用户隐私没有任何保障。大数据技术是一项新兴的技术，全球很多国家都没有对大数据采集、分析环节进行相应的监管。在没有标准和相应监管措施的情况下，大数据泄露事件频繁发生，已经暴露出大数据时代用户隐私安全的尖锐问题。

当然，我们强调安全和隐私问题，并不是说要因噎废食。正如当今的银行系统，同样存在安全隐患和随时被网络攻击的风险，但是大多数人还是选择把钱存在银行，因为银行的服务为我们提供了便利，同时在绝大多数情况下还是具备安全保障的。我们需要在高效利用云计算和大数据技术的同时，增强安全隐私意识，加强安全防护手段，明确数据归属及访问权限，完善数据与隐私方面的法规政策等，扎实做好全方位的安全隐私防护，让新技术更好地为我们的生活服务。

二、大数据时代的安全需求

在大数据条件下，越来越多的信息存储在云端，越来越多的服务来自云端，基于公有云的网络信息交互环境带来了与传统条件下不同的安全需求。

（一）机密性

为了保护数据的隐私，数据在云端应该以密文形式存放，但是如果操作不能在密文上进行，那么用户的任何操作都要把涉及的数据密文发送回用户方解密之后再进行，将会严重降低效率，因此要以尽可能小的计算开销带来可靠的数据机密性。实现机密性的要求有以下几种情况：一是为了保护用户行为信息的隐私，云服务器要保证用户匿名使用云资源和安全记录数据起源；二是在某些应用情况下，服务器需要在用户数据上面进行运算，而运算结果也以密文形式返回给用户，因此需要使服务器能够在密文上面直接进行操作；三是信息检索是云计算中一个很常用的操作，因此支持搜索的加密是云安全的一个重要需求，但当前已有的支持搜索的加密只支持单关键字搜索，所以支持多关键字搜索、搜索结果排序和模糊搜索是云计算的另一需求方向。

（二）数据完整性

在基于云的存储服务，如 Amazon 简单存储服务 S3、Amazon 弹性块存储 EBS，以及 Nirvanix 云存储服务中，要保证数据存储的完整性。在云存储条件下，因为可能面临软件失效或硬件损坏导致的数据丢失、云中其他用户的恶意损坏、服务商为经济利益擅自删除一些不常用数据等情况，用户无法完全相信云服务器会对自己的数据进行完整性保护，所以用户需要对其数据的完整性进行验证，这就需要系统提供远程数据完整性验证和数据恢复功能。

（三）访问控制

云计算中要阻止非法的用户对其他用户的资源和数据的访问，细粒度地控制合法用户的访问权限，因此云服务器需要对用户的访问行为进行有效的验证。其访问控制需求主要包括以下两个方面：一是网络访问控制，指云基础设施中主机之间互相访问的控制；二是数据访问控制，指云端存储的用户数据的访问控制。数据的访问控制中要保证对用户撤销操作、用户动态加入和用户操作可审计等要求的支持。

（四）身份认证

云计算系统应建立统一、集中的认证和授权系统，以满足云计算多租户环境下复杂的用户权限策略管理和海量访问认证要求，提高云计算系统身份管理和认证的安全性。现有的身份认证技术主要包括三类：一是基于用户持有的秘密口令的认证；二是基于用户持有的硬件（如智能卡、U 盾等）的认证；三是基于用户生物特征（如指纹）的认证。但是这些方法都是通过某一维度的特征进行认证的，对重要的隐私信息和商业机密来讲安全性仍不够强。最新提出的层次化的身份认证在多个云之间实现层次化的身份管理，多因子身份认证从多重特征上对客户进行认证，都是身份认证技术的新需求。

（五）可信性

虚拟空间用户与云服务商之间在相互信任的基础上达成协议进行服务，可信性是云计算健康发展的基本保证，也是基本需求，具体包括服务商和用户的可信性两个方面。服务商可信是指其向其他服务商或者用户提供的服务必须是可信的，而不是恶意的。用户可信是指用户采用正常、合法的方式访问服务商提供的服务，用户的行为不会对服务商本身造成破坏。如何实现云计算的问责功能，通过记录操作信息等手段实现对恶意操作的追踪和问责，如何通过可信计算、安全启动、云端网关等技术手段构建可信的云计算平台，达到云计算的可信性，都是可信性方面需要研究的问题。

（六）防火墙配置安全性

在基础设施云中的虚拟机需要进行通信，这些通信分为虚拟机之间的通信和虚拟机与外部的通信。通信的控制可以通过防火墙来实现，因此防火墙的配置安全性非常重要。如果防火墙配置出现问题，那么攻击者很可能利用一个未被正确配置的端口对虚拟机进行攻击。因此，在云计算中，需要设计对虚拟机防火墙配置安全性进行审查的算法。

（七）虚拟机安全性

虚拟机技术在构建云服务架构等方面广泛应用，但与此同时，虚拟机也面临着两方面的安全性，一方面是虚拟机监督程序的安全性，另一方面是虚拟机镜像的安全性。在以虚拟化为支撑技术的基础设施云中，虚拟机监督程序是每台物理机上的最高权限软件，因此其安全的重要性毋庸置疑。另外，在使用第三方发布的虚拟机镜像的情况下，虚拟机镜像中是否包含恶意软件、盗版软件等，也是需要进行检测的。

三、信息安全的发展历程

广义的信息安全涉及各种情报、商业机密、个人隐私等，在各行各业都早已存在。具体到计算机通信领域的信息安全，则是最近几十年随着电子信息技术的发展而兴起的。信息安全的发展大致经历了四个时期。

第一个时期是通信安全时期，其主要标志是1949年香农发表的《保密通信的信息理论》。在这个时期，通信技术还不发达，电脑只是零散地位于不同的地点，信息系统的安全仅限于保证电脑的物理安全，以及通过密码（主要是序列密码）解决通信安全的保密问题。把电脑安置在相对安全的地点，不允许非授权用户接近，就基本可以保证数据的安全性。这个时期的安全性是指信息的保密性，对安全理论和技术的研究也仅限于密码学。这一阶段的信息安全可以简称为通信安全，侧重保证数据从一地传送到另一地时的安全性。

第二个时期为计算机安全时期，以20世纪70—80年代的可信计算机系统评价准则（TCSEC）为标志。20世纪60年代以后，半导体和集成电路技术的飞速发展推动了计算机软、硬件的发展，计算机和网络技术的应用进入实用化和规模化阶段，数据的传输已经可以通过计算机网络来完成。这时候的信息已经分成静态信息和动态信息，人们对安全的关注已经逐渐扩展为以保密性、完整性和可用性为目标的信息安全阶段，主要保证动态信息在传输过程中不被窃取，即使窃取了也不能读出正确的信息，还要保证数据在传输过程中不被篡改，让读取信息的人能够看到正确无误的信息。1977年美国国家标准局（NBS）公布的国家数据加密标准（DES）和1983年美国国防部公布的可信计算机系统评价准则（Trusted Computer System Evaluation Criteria，TCSEC，俗称橘皮书，1985年再版）标志着解决计算机信息系统保密性问题的研究和应用迈上了历史的新台阶。

第三个时期是在20世纪90年代的网络时代。从20世纪90年代开始，由于互联网技术的飞速发展，无论是企业内部信息还是外部信息都得到了极大的开放，由此产生的信息安全问题跨越了时间和空间，信息安全的焦点已经从传统的保密性、完整性和可用性三个原则发展为诸如可控性、抗抵赖性、真实性等其他的原则和目标。

第四个时期是进入21世纪的信息安全保障时代，其主要标志是《信息保障技术框架》

（IATF）。如果说对信息的保护主要还是处于从传统安全理念到信息化安全理念的转变过程中，那么面向业务的安全保障就完全是从信息化的角度来考虑信息的安全了。体系性的安全保障理念不仅关注系统的漏洞，而且从业务的生命周期着手，对业务流程进行分析，找出流程中的关键控制点，从安全事件出现的前、中、后三个阶段进行安全保障。面向业务的安全保障不是只建立防护屏障，而是建立一个"深度防御体系"，通过更多的技术手段把安全管理与技术防护联系起来，不再是被动地保护自己，而是主动地防御攻击。也就是说，面向业务的安全防护已经从被动走向主动，安全保障理念从风险承受模式走向安全保障模式，信息安全阶段也转化为从整体角度考虑其体系建设的信息安全保障时代。

四、新兴信息技术带来的安全挑战

物联网、云计算、大数据和移动互联网被称为新一代信息技术的"四驾马车"，它们提供了科技发展的核心动力，在给政府、企业、社会和人民带来极大便利的同时，也催生了不同以往的安全问题和威胁。在传统的安全防护体系中，"防火墙"起着至关重要的作用。防火墙是一种形象的说法，其实它是一种计算机硬件和软件的组合，在内部网络与外部网络之间建立起一个安全网关，从而保护内部网络免受外部非法用户的侵入。然而在云计算时代，公有云是为多租户服务的，很多不同用户的应用都运行在同一个云数据中心内，这就打破了传统的安全体系中的内外之分。企业和用户不仅要防范来自数据中心外部的攻击，还要提防云服务的提供商，以及潜藏在云数据中心内部的其他别有用心的用户，形象地说就是"家贼难防"。这就使用户与云服务商的信任关系的建立、管理和维护更加困难，同时对用户的服务授权和访问控制也变得更加复杂。

现有的安全理论与实践大多针对传统的计算模式，不能完全适用云计算的新商业模式和技术架构。在安全隐私方面，大部分云计算服务商无法在短期内达到企业内部网的成熟度，更不用说提供比内网更高的安全服务。调查显示，当前所有云服务商都无法通过完全的合规审计，更无法抵御"坏分子"（黑客和其他犯罪者）的多方攻击，所以任何云服务商都不敢向企业用户提供敏感隐私数据的安全服务等级协议。安全与合规已经成为大多数企业 IT 向云转型的头号顾虑，它们无法放心地将高价值数字资产放入云中。

云时代安全攻击的具体方式有很多种分类，根据美国知名市场研究公司 Gartner 发布的"云计算风险评估"研究报告，企业存储在云服务商处的数据存在 7 种潜在安全风险：特权用户准入风险、法律遵从、数据位置、数据隔离、数据恢复、审计支持和数据长期生存性。ENISA（欧洲网络与信息安全署）提出了一个采用 ISO 27000 系列标准的云计算信息安全保障体系架构，主要涉及的安全风险包括隐私安全、身份和访问管理、环境安全、法规和物理安全等。总体来说，在业界得到广泛认可的安全风险主要包括以下 8 种类型。

（一）滥用和非法使用云计算

云计算的一大特征是自助服务，在方便用户的同时，也给了黑客等不法分子机会，他们可以利用云服务简单方便的注册步骤和相对较弱的身份审查要求，用虚假的或盗取的信息注册，冒充正常用户，然后通过云模式的强大计算能力，向其他目标发起各种各样的攻击。攻击者还可以从云中对很多重要的领域开展直接的破坏活动，比如，垃圾邮件的制作传播，用户密钥的分布式破解，网站的分布式拒绝服务攻击，反动、黄色和钓鱼欺诈等不良信息的云缓冲，以及僵尸网络的命令和控制等。

（二）恶意的内部人员

所有的IT服务，无论是运行在云中的系统还是内部网，都有受到内部人员破坏的风险。内部人员可以单独行动或勾结他人，利用访问特权进行恶意的或非法的危害他人的行动。内部人员搞破坏的原因是多种多样的，比如，为了某件事进行报复，发泄他们心中对社会的不满，或者为了物质上的利益。

在云计算时代，这种威胁对消费者来说大大增加了。首先，由于云服务商一般拥有大量企业用户，雇佣的IT管理人员数量比单独一个企业的IT管理人员多得多。其次，云计算也是IT服务外包的一种形式，所以也继承了外包服务商的恶意内部人员风险。因此，云计算中的监管不仅在操作上更困难，而且风险也是个未知数。

（三）不安全的应用编程接口

云服务商一般都会为用户提供应用程序接口（API），让用户使用、管理和扩展自己的云资源。云服务的流程都要用到这些API，比如，创建虚拟机、管理资源、协调服务、监控应用等。大量的API多多少少都会有安全漏洞，有些属于设计缺陷，有些属于代码缺陷。黑客利用软件漏洞，就可以攻击任何用户。

（四）身份或服务账户劫持

身份或服务账户劫持是指在用户不知情或没有批准的情况下，他人恶意地取代用户的身份或劫持其账户。账户劫持的方法包括网络钓鱼、欺骗和利用软件漏洞持续攻击等。

在云时代，这类威胁也变得更严重。云服务不同于传统的企业，它没有广泛的基于角色或团体接入的权限隔离，通常身份密码被重复使用在很多站点和服务上，同样的内部账户被用于管理软件系统、管理服务器和追踪账单。更加糟糕的是，账户经常在不同用户间共享。不管对用户还是管理员，大多数云服务缺乏基础设施和流程去实现强验证。

一旦攻击者获取了用户的身份密码，他们就可以窃听用户的活动和交易，获取和操控数据，发布错误的信息，并将客户导向非法站点。客户的账户或服务还可能变成攻击者的新基地，他们从这里冒用受害者的名义和影响力再去发动新的攻击，他们还可以强制让账户所有者支付无用的CPU时间、存储空间或其他被计量付费的资源。

（五）资源隔离问题

通过共享基础设施和平台，IaaS和PaaS服务商可以以一种可扩展的方式交付他们的服务，这种多租户的体系结构、基础设施或平台的底层技术通常没有设计强隔离。资源虚拟化支持将不同租户的虚拟资源部署在相同的物理资源上，这也方便了恶意用户借助共享资源实施侧通道攻击。攻击者可以攻击其他云客户的应用和操作，或者获取没有进行授权访问的数据。取得管理员角色是一个更严重的潜在危险，虚拟机一般对根物理机很难设防，通过物理机管理员角色可以配置命令和控制恶意软件来侵入其他用户的虚拟机。

（六）数据丢失和泄露

随着 IT 的云转型，敏感数据正在从企业内部数据中心向公有云环境转移，伴随着优点而来的是缺点，那就是云计算的安全隐私问题。云策略和数据中心虚拟化使防卫保护的现实变得更加复杂，数据被盗或被泄露的威胁在云中大大增加。数据被盗和隐私泄露可以对企业和个人产生毁灭性的影响，除了对云服务商品牌和名声造成损害外，还可能导致关键知识的损失，产生竞争力的下降和财产方面的损失。此外，丢失或泄露的数据可能会遭到破坏和滥用，甚至引起各种法律纠纷。

（七）商业模式变化风险

云计算的一个宗旨是减少用户对硬件和软件的维护工作，使他们可以将精力集中于自己的核心业务。云计算固然有明显的财政和操作方面的优势，但云服务商必须解除用户对安全的担忧。当用户评估云服务的安全状态时，软件的版本、代码的更新、安全规则、漏洞状态、入侵尝试和安全设计都是重要的影响因素。除了网络入侵日志和其他记录，谁与自己分享基础架构的信息也是用户要知道的。

（八）对企业内部网的攻击

很多企业用户将混合云作为一种减少公有云中风险的方式。混合云是指混合地使用公有云和企业内部网络资源（或私有云）。在这种方案中，客户通常把网页前台移到公有云中，而把后台数据库留在内部网络中。在云和内部网络之间，一个虚拟或专用的网络通道被建立起来，这就开启了对企业内部网络攻击的机会，导致本来被安全边界和防火墙保护的企业内部网络随时可能受到来自云的攻击。但如果这一通道关闭，由混合云支持的业务将被停止，会给企业带来重大的财产损失。

这里还要特别提到个人设备安全管理。随着移动互联网和大数据的快速发展，移动设备的应用也在不断增长。随着 BYOD（携带自己的设备办公）风潮的普及，许多企业开始考虑允许员工自带智能设备使用企业内部应用，其目的是在满足员工自身追求新科技和个性化的同时，提高工作效率，降低企业成本。然而，这样做带来的风险也是很大的，员工带着自己的设备连接企业网络，就可能让各种木马病毒或恶意软件到处传播，造成安全隐患。

第二节　解决安全问题的技术研究

云计算和大数据的新商业模式和技术架构在带给人类更多经济、方便、快捷、智能化体验的同时，也给信息安全和个人隐私带来了全新的威胁。要促进云计算和大数据技术的健康发展，就必须直面安全和隐私问题，而这需要大量的实践研究工作。同时，云计算安全并不仅仅是技术问题，还涉及标准化、监管模式、法律法规等诸多方面。因此，仅从技术角度出发探索解决云计算安全问题是不够的，还需要信息安全学术界、产业界以及政府相关部门的共同努力。

一、云计算安全防护框架

2008年成立的云安全联盟（Cloud Security Alliance，CSA）就是在安全隐私将云逼得走投无路的时候应运而生的世界性的行业组织。CSA总部位于云计算之都西雅图，微软和亚马逊的总部也在这里。CSA任命世界顶级安全专家出任其最重要的首席研究官，大力开展实践安全研究，在厂商指导、用户培训、政府协调和高校合作等各方面也起着举足轻重的纽带作用。目前，参与云安全联盟并接受指导的会员厂商有上百家，包括微软、亚马逊、谷歌、英特尔、甲骨文、赛门铁克、华为等全球云计算领军企业。

云端厂商在云安全方面的努力不言而喻，比如，微软的云计算数据中心、云平台和Office365等多项云服务都获得了多个国家政府和行业组织的安全认证，采取了政府和企业级安全保护措施。

用户在云转型中的努力也非常重要，特别是要有敢于承担风险的精神。用户在云部署过程中要识别数字资产，将资产映射到可能的云部署模型中，然后评估云中风险。美国政府IT部门都大量采用云服务，是用户云转型的典型范例。

各国政府需要出台鼓励云计算的政策、法规、标准和战略。美国政府已经制定了云计算的一些标准，比如，美国技术标准局创立了云计算模型和云参考架构。欧盟正在CSA的帮助下起草云计算战略。中国云计算安全政策与法规工作组也发表了蓝皮书。

高等院校需要大力培养云安全人才，为云计算的长久发展输送新鲜血液。美国华盛顿大学的赛博安全中心已率先开启了研究生的云安全实践研究项目，其将在美国国防部、国安部和国家科学基金会的支持下，由CSA导师指导进行研究。

基于当前的研究成果，解决云安全问题主要有两类途径：第一，建立完善的安全防护框架，加强云安全技术研究；第二，创立本质安全的新信息技术基础。

解决云计算安全问题的当务之急是针对威胁，建立综合性的云计算安全防护框架，并积极开展其中各个云安全的关键技术研究。遵循共同的安全防护框架是为了消除广大用户（特别是政府和企业）所承担的风险，明确各机构的义务，避免漏洞，实现完整有效的安全防护措施。当前业界知名的防护框架有美国国家技术标准局（NIST）防护框架、CSA防护框架等。

（一）NIST 防护框架涵盖的领域

1. 治理（Governance）。各机构在应用开发和服务提供中采用的现有良好实践措施需要延伸到云中。这些实践要继续遵从机构相应的政策、程序和标准，用于在云中的设计、实施、测试、部署和监测。审计机制和工具要到位，以确保机构的实践措施在整个系统的生命周期内都有效。

2. 合规（Compliance）。用户要了解各类和安全隐私相关的法律、规章制度以及自己机构的义务，特别是那些涉及存放位置的数据、隐私和安全控制及电子证据发现的要求。用户要审查和评估云服务提供商的产品，并确保合同条款充分满足法规要求。

3. 信任（Trust）。安全和隐私保护措施（包括能见度）需要纳入云计算服务合同中，并建立具有足够灵活性的风险管理制度，以适应不断发展变化的风险状况。

4. 架构（Architecture）。用户要了解云服务提供商的底层技术和管理技术，包括设计安全的技术控制和对隐私的影响，了解系统完整的生命周期及其系统组件。

5. 身份和访问管理（Identity and Access Management）。云服务提供商要确保有足够的保障措施，能够安全地实行认证、授权和提供其他身份及访问管理功能。

6. 软件隔离（Software Isolation）。用户要了解云服务提供商采用的虚拟化和其他软件隔离技术，并评估所涉及的风险。

7. 数据保护（Data Protection）。用户要评估云服务提供商的数据管理解决方案的适用性，确定能否消除托管数据的顾虑。

8. 可用性（Availability）。云服务提供商要确保在中期或长期中断或严重的灾难时，关键运营操作可以立即恢复，最终所有运营操作都能够及时地和有条理地恢复。

9. 应急响应（Incident Response）。用户要向云服务提供商了解和洽谈合同中涉及事件应急响应和处理的程序，以满足自己组织的要求。

（二）CSA 防护框架涉及的领域

1. 合规（Compliance）：见 NIST 同名领域。
2. 数据治理（Data Govemance）：见 NIST 同名领域。
3. 设施安全（Facility Security）：云数据中心的物理安全。
4. 人事安全（Human Resources Security）：包括云服务商员工的聘用合同及备件调查等。
5. 信息安全（Information Security）：信息技术安全防护控制。
6. 法律（Legal）：云服务应遵守的各国法律法规等。
7. 运营管理（Operations Management）：云服务商系统及员工的运营管理和监控。
8. 风险管理（Riskmanagement）：包括云计算的风险识别、评估和管理。
9. 发布管理（Release Management）：服务发布和改变的管理。
10. 恢复性（Resiliency）：包括对事故和灾难的恢复能力。
11. 安全架构（Security Architecture）：云计算的安全设计。

在业界提出的这些防护框架的基础上，有人提出了一种包括云计算安全服务体系与云计算安全标准及测评体系两大部分的云安全框架建议。

（三）云计算安全服务体系

云计算安全服务体系由一系列云安全服务构成，是实现云用户安全目标的重要技术手段。根据其所属层次的不同，云安全服务可以进一步分为云基础设施服务、云安全基础服务以及云安全应用服务 3 类。

1. 云基础设施服务

云基础设施服务为上层云应用提供安全的数据存储、计算等 IT 资源服务，是整个云计算体系安全的基石。这里，安全性包含两个层面的含义：一是抵挡来自外部黑客的安全攻击的能力,二是证明自己无法破坏用户数据与应用的能力。一方面,云平台应分析传统计算平台面临的安全问题,采取严密的安全措施。例如,在物理层考虑厂房安全,在存储层考虑完整性和文件/日志管理、数据加密、备份、灾难恢复等,在网络层考虑拒绝服务攻击、DNS安全、网络可达性、数据传输机密性等,系统层应涵盖虚拟机安全、补丁管理、系统用户身份管理等安全问题,数据层包括数据库安全、数据的隐私性与访问控制、数据备份与清洁等,应用层应考虑程序完整性检验与漏洞管理等。另一方面,云平台应向用户证明自己具备某种程度的数据隐私保护能力。例如,存储服务中证明用户数据以密态形式保存,计算服务中证明用户代码运行在受保护的内存中,等等。由于用户安全需求方面存在差异,云平台应具备提供不同安全等级的云基础设施服务的能力。

2. 云安全基础服务

云安全基础服务属于云基础软件服务层,为各类云应用提供共性信息安全服务,是支撑云应用满足用户安全目标的重要手段。其中比较典型的云安全服务包括以下几种。

(1)云用户身份管理服务。主要涉及身份的供应、注销以及身份认证过程。在云环境下,实现身份联合和单点登录可以支持云中合作企业之间更方便地共享用户身份信息和认证服务,并减少重复认证带来的运行开销。但云身份联合管理过程应在保证用户数字身份隐私性的前提下进行,由于数字身份信息可能在多个组织间共享,其生命周期各个阶段的安全性管理更具有挑战性,而基于联合身份的认证过程在云计算环境下也具有更高的安全需求。

(2)云访问控制服务。云访问控制服务的实现依赖妥善地将传统的访问控制模型(如基于角色的访问控制模型、基于属性的访问控制模型以及强制/自主访问控制模型等)和各种授权策略语言标准(如 XACML、SAML 等)扩展后移植入云环境。此外,鉴于云中各企业组织提供的资源服务兼容性和可组合性的日益提高,组合授权问题也是云访问控制服务安全框架需要考虑的重要问题。

(3)云审计服务。由于用户缺乏安全管理与举证能力,要明确安全事故责任,就要求服务商提供必要的支持。因此,由第三方实施的审计就显得尤为重要。云审计服务必须提供满足审计事件列表的所有证据以及证据的可信度说明。当然,若要该证据不会披露其他用户的信息,则需要特殊设计的数据取证方法。此外,云审计服务也是保证云服务商满足各种合规性要求的重要方式。

(4)云密码服务。由于云用户中普遍存在数据加、解密运算需求,云密码服务的出现也是十分自然的。除最典型的加、解密算法服务外,密码运算中密钥管理与分发、证书管理及分发等都以基础类云安全服务的形式存在。云密码服务不仅为用户简化了密码模块的设计与实施,也使密码技术的使用更集中、规范,更易管理。

3. 云安全应用服务

云安全应用服务与用户的需求紧密结合,种类繁多。典型的例子,如 DDoS 攻击防护云服务、Botnet 检测与监控云服务、云网页过滤与杀毒应用、内容安全云服务、安全事件监控与预警云服务、云垃圾邮件过滤及防治等。传统网络安全技术在防御能力、响应速度、系统规模等方面存在限制，难以满足日益复杂的安全需求，而云计算优势可以极大地弥补上述不足。云计算提供的超大规模计算能力与海量存储能力，能在安全事件采集、关联分析、病毒防范等方面实现性能的大幅提升，可用于构建超大规模安全事件信息处理平台，提升全网安全态势把握能力。此外，还可以通过海量终端的分布式处理能力进行安全事件采集，上传到云安全中心分析，极大地提高了安全事件搜集与及时处理的能力。

（四）云计算安全标准及测评体系

云计算安全标准及测评体系为云计算安全服务体系提供了重要的技术与管理支撑，其核心至少应涵盖以下几方面内容。

1. 云服务安全目标的定义、度量及其测评方法规范。该规范帮助云用户清晰地表达其安全需求，并量化其所属资产各安全属性指标。清晰而无二义的安全目标是解决服务安全质量争议的基础，这些安全指标具有可测量性，可通过指定测评机构或者第三方实验室测试评估。规范还应指定相应的测评方法，通过具体操作步骤检验服务提供商对用户安全目标的满足程度。由于在云计算中存在多级服务委托关系，相关测评方法仍有待探索实现。

2. 云安全服务功能及其符合性测试方法规范。该规范定义基础性的云安全服务，如云身份管理、云访问控制、云审计以及云密码服务等的主要功能与性能指标，便于使用者在选择时对比分析。该规范将起到与当前CC标准中的保护轮廓（PP）与安全目标（ST）类似的作用，判断某个服务商是否满足其所声称的安全功能标准需要通过安全测评，需要与之相配合的符合性测试方法与规范。

3. 云服务安全等级划分及测评规范。该规范通过云服务的安全等级划分与评定，帮助用户全面了解服务的可信程度，更加准确地选择自己所需的服务。尤其是底层的云基础设施服务以及云基础软件服务，其安全等级评定的意义尤为突出。同样，验证服务是否达到某安全等级需要相应的测评方法和标准化程序。

二、基础云安全防护关键技术

建立完善的云安全防护框架可以从顶层设计上实现安全防护的全方位、无漏洞，要实现云安全防护，关键还是要有针对性地进行相关技术的研究。对于前面攻击，传统的网络安全和应用安全防护手段如身份认证、防火墙、入侵监测、漏洞扫描等仍然适合。

（一）可信访问控制

由于无法信赖服务商忠实实施用户定义的访问控制策略，所以在云计算模式下，大家更关心的是如何通过非传统访问控制类手段实施数据对象的访问控制。其中得到关注最多的是基于密码学方法实现访问控制，包括基于层次密钥生成与分配策略实施访问控制的方法，利用基于属性的加密算法，如密钥规则的基于属性加密方案（KP-ABE），或密文规则的基于属性加密方案（CP-ABE），基于代理重加密的方法以及在用户密钥或密文中嵌入访问控制树的方法等。基于密码类方案面临的一个重要问题是权限撤销，一个基本方案是为密钥设置失效时间，每隔一定时间，用户从认证中心更新私钥；另外，基于用户的唯一ID属性及非门结构,实现对特定用户进行权限撤销。但目前看来,上述方法在带有时间或约束的授权、权限受限委托等方面仍存在许多有待解决的问题。

(二) 密文检索与处理

数据变成密文时丧失了许多其他特性,导致大多数数据分析方法失效。密文检索有两种典型的方法:基于安全索引的方法,通过为密文关键词建立安全索引,检索索引查询关键词是否存在;基于密文扫描的方法,对密文中的每个单词进行比对,确认关键词是否存在,以及统计其出现的次数。密文处理研究主要集中在秘密同态加密算法设计上。早在20世纪80年代就有人提出多种加法同态或乘法同态算法,但是由于其安全性存在缺陷,后续工作基本处于停顿状态。而近期,研究员Gentry利用"理想格(IdealLattice)"的数学对象构造隐私同态算法,或称全同态加密,使人们可以充分地操作加密状态的数据,在理论上取得了一定突破,使相关研究重新得到研究者的关注,但目前与实用化仍有很长的距离。

(三) 数据存在与可使用性证明

大规模数据导致巨大通信代价,用户不可能将数据下载后再验证其正确性。因此,云用户需要在取回很少数据的情况下,通过某种知识证明协议或概率分析手段,以高置信概率判断远端数据是否完整。典型的工作包括面向用户单独验证的数据可检索性证明(POR)方法、公开可验证的数据持有证明(PDP)方法。NEC实验室提出的PDKProvableDataIntegrity方法改进并提高了POR方法的处理速度及验证对象规模,且能够支持公开验证。其他典型的验证技术包括Yun等人提出的基于新的树形结构MACTree的方案,Schwarz等人提出的基于代数签名的方法,Wang等人提出的基于BLS同态签名和RS纠错码的方法等。

(四) 数据隐私保护

云中数据隐私保护涉及数据生命周期的每一个阶段。Roy等人将集中信息流控制(DIFC)和差分隐私保护技术融入云中的数据生成与计算阶段,提出了一种隐私保护系统airavat,可防止MapReduce计算过程中非授权的隐私数据泄露出去,并支持对计算结果的自动除密。在数据存储和使用阶段,Mowbray等人提出了一种基于客户端的隐私管理工具,提供以用户为中心的信任模型,帮助用户控制自己的敏感信息在云端的存储和使用。Mimts-Mulero等人讨论了现有的隐私处理技术,包括K匿名、图匿名及数据预处理等。Rankova等人则提出了一种匿名数据搜索引擎,可以使交互双方搜索对方的数据,获取自己所需要的部分,同时保证搜索询问的内容不被对方所知,搜索时与请求不相关的内容不会被获取。

(五) 虚拟安全技术

虚拟技术是实现云计算的关键核心技术,使用虚拟技术的云计算平台上的云架构提供者必须向其客户提供安全性和隔离保证。Santhanam等人提出了基于虚拟机技术实现的grid环境下的隔离执行机。Raj等人提出了通过缓存层次可感知的核心分配,以及基于缓存划分的页染色的两种资源管理方法,实现性能与安全隔离。这些方法在隔离影响一个VM的缓存接口时是有效的,并被整合到一个样例云架构的资源管理(RM)框架中。

(六)云资源访问控制

在云计算环境中,各个云应用属于不同的安全域,每个安全域都管理着本地的资源和用户。当用户跨域访问资源时,需要在域边界设置认证服务,对访问共享资源的用户进行统一的身份认证管理。在跨多个域的资源访问中,各域有自己的访问控制策略。在进行资源共享和保护时,必须对共享资源制定一个公共的、双方都认同的访问控制策略,因此需要支持策略的合成。这个问题最早由 Mdean 在强制访问控制框架下提出,他提出了一个强制访问控制策略的合成框架,将两个安全格合成一个新的格结构。策略合成的同时要保证新策略的安全性,新的合成策略不能违背各个域原来的访问控制策略。为此,Gcmg 提出了自治原则和安全原则。Bonatti 提出了一个访问控制策略合成代数,基于集合论使用合成运算符来合成安全策略。Wijesekera 等人提出了基于授权状态变化的策略合成代数框架。Agarwal 构造了语义 Web 服务的策略合成方案。Shafiq 提出了一个多信任域 RBAC 策略合成策略,侧重解决合成的策略与各域原有策略的一致性问题。

(七)可信云计算

将可信计算技术融入云计算环境,以可信赖方式提供云服务已成为云安全研究领域的一大热点。Santos 等人提出了一种可信云计算平台 TCCP,基于此平台,IaaS 服务商可以向其用户提供一个密闭的箱式执行环境,保证客户虚拟机运行的机密性。另外,它允许用户在启动虚拟机前检验 IaaS 服务商的服务是否安全。Sadeghi 等人认为,可信计算技术提供了可信的软件和硬件,以及证明自身行为可信的机制,可以被用来解决外包数据的机密性和完整性问题;同时,他们设计了一种可信软件令牌,将其与一个安全功能验证模块相互绑定,以求在不泄露任何信息的前提下,对外包的敏感(加密)数据执行各种功能操作。

三、创立本质安全的新型 IT 体系

当前计算机和互联网的安全措施都是被动和暂时的,普通用户被迫承担安全责任,频繁地扫描漏洞和下载补丁。进入云计算时代,不少厂商适时推出云安全和云杀毒产品,可以想象,云病毒和云黑客们的水平必然有所提高。

实际上,今天遭遇信息和网络安全的根源在于当初发明计算机和网络时根本没想到用户中有恶意的攻击者,或者说没有预见到安全隐患。PC 时代的防火墙和杀毒软件及各种法律法规,只能通过事后补救来处罚给他人利益造成损害的人。这些措施不能满足社会信息中枢的可控开放模式和安全需求。其实,如果抓住云计算的机遇,重新规划计算机和互联网基础理论,那么建立完善的安全体系并不困难。

下面我们将在分析 IP 互联网安全问题原因的基础上,提出大一统网络根治网络安全的一揽子解决方案。网络安全不是一项可有可无的服务,大一统网络的目标不是用复杂设备和多变的软件来改善网络安全性,而是直接建立本质上高枕无忧的网络。

从网络地址结构上根治仿冒。IP 互联网的地址由用户设备告诉网络,大一统网络地址

由网络告诉用户设备。为了防范他人入侵，PC和互联网设置了烦琐的口令、密码障碍。就算是实名地址，仍无法避免密码被破译或用户的失误而造成的安全信息泄露。连接到IP互联网上的PC终端，首先必须自振家门，告诉网络自己的IP地址，但网络却无法保证这个IP地址的真假。这就是IP互联网第一个无法克服的安全漏洞。

大一统网络终端的地址是通过网管协议生成的，用户终端只能用这个生成的地址进入网络，因此无须认证，确保不会错。大一统网络地址不仅具备唯一性，而且具备可定位和可定性功能，如同个人身份证号码一样，隐含了该用户端口的地理位置、设备性质和服务权限等特征。交换机根据这些特征规定了分组包的行为规则，实现不同性质的数据分流。每次服务发放独立通行证，阻断黑客攻击的途径。IP互联网可以自由进出，用户自备防火墙，大一统网络每次服务必须申请通行证。IP通信协议在用户终端执行，这就可能被篡改。路由信息在网上传播，这就可能被窃听。网络中的固有缺陷导致地址欺骗、匿名攻击、邮件炸弹、泪滴、隐蔽监听、端口扫描、内部入侵及涂改信息等各种各样的黑客行为无处不在，垃圾邮件等互联网污染难以防范。IP互联网用户可以设定任意IP地址来冒充别人，可以向网上任何设备发出探针窥探别人的信息，也可以向网络发送任意干扰数据包。许多聪明人发明了各种防火墙试图保证安全，但是安装防火墙是自愿的，防火墙的效果是暂时的和相对的，IP互联网本身难免被污染。这是IP互联网第二项安全败笔。

大一统网络用户入网后，网络交换机仅允许用户向节点服务器发送有限的服务请求，其他数据包一律拒绝。如果服务器批准用户申请，即向用户所在的交换机发出网络通行证，用户终端发出的每个数据包若不符合网络交换机端的审核条件就一律丢弃，这样就杜绝了黑客攻击。每次服务结束后，自动撤销通行证。因此，大一统网络不需要防火墙、杀毒、加密和内外网隔离等被动手段，从结构上彻底阻断了黑客攻击的途径，是本质上的安全网络。

网络设备与用户数据完全隔离，切断病毒扩散的生命线。IP互联网设备可随意拆解用户数据包，大一统网络设备与用户数据完全隔离。

冯·诺依曼创造的计算机将程序指令和操作数据放在同一个地方，也就是说一段程序可以修改机器中的其他程序和数据。沿用至今的这一计算机模式给特洛伊木马、蠕虫、病毒和后门留下了可乘之机。随着病毒的高速积累，防毒软件和补丁永远慢一拍，处于被动状态。互联网TCP/IP的技术核心是尽力而为、储存转发和检错重发。为了实现互联网的使命，网络服务器和路由器必须具备解析用户数据包的能力，这同样为黑客留下了后门。网络安全从此成了比谁聪明的游戏，制作病毒与杀毒、攻击与防护，永无休止。这是IP互联网的第三项遗传性缺陷。

大一统网络交换机设备中的CPU不接触任何一个用户数据包，也就是说，整个网络只是在业务提供方和接收方的终端设备之间建立一条完全隔离和具备流量行为规范的透明管道。用户终端不管收发什么数据，一概与网络无关，从结构上切断了病毒和木马的生命线。因此，大一统网络杜绝了网上的无关人员窃取用户数据的可能性。同理，那些黑客也就没有了可以攻击的对象。

完全隔离用户之间的自由连接，确保有效管理。IP互联网是自由市场，无中间人，而

241

大一统网络则类似百货公司，有中间人。对于网络来说，消费者与内容提供商都属于网络用户范畴，只是大小不同而已。IP互联网是个无管理的自由市场，任意用户之间可以直接通信。也就是说，要不要管理是用户说了算，要不要收费是单方大用户（供应商）说了算，要不要遵守法规也是单方大用户说了算。运营商至多收取入场费，要想执行法律、道德、安全和商业规矩，现在和将来都不可能。这是IP互联网的第四项架构上的顽疾。

大一统网络创造了服务节点的概念，形成了有管理的百货公司商业模式。用户之间或者消费者和供货商之间严格禁止自由接触，一切联系都必须取得节点服务器的批准，这是实现网络业务有效管理的必要条件。有了不可逾越的规范，才能在真正意义上实现个人与个人之间、企业与个人之间、企业与企业之间，或者统称为有管理的用户之间的对等通信。商业规则植入通信协议，确保盈利模式。IP互联网奉行先通信后管理的模式，大一统网络奉行先管理后通信的模式。

网上散布的非法媒体内容只有在造成恶劣影响后才能在局部范围内查封，不能防患于未然。法律与道德不能防范有组织、有计划的职业攻击，而且法律只能对已造成危害的攻击者实施处罚。IP互联网将管理定义为一种额外附加的服务，建立在应用层。因此，管理自然成为一种可有可无的摆设。这是IP互联网第五项难移的本性。

大一统网络用户终端只能在节点服务器许可范围内的指定业务中选择申请其中之一，服务建立过程中的协议信令由节点服务器执行。用户终端只是被动地回答服务器的提问，接受或拒绝服务，不能参加到协议建立过程中。一旦用户接收服务器提供的服务只能按照通行证规定的方式发送数据包，任何偏离通行证规定的数据包一律在底层交换机中丢弃。大一统网络协议的基本思路是实现以服务内容为核心的商业模式，而不只是完成简单的数据交流。在这一模式下，安全成为固有的属性，而不是附加在网络上的额外服务项目。当然，业务权限审核、资源确认和计费手续等均可轻易包含在管理合同之中。

第三节　大数据隐私的保护分析

随着数据挖掘技术的发展，大数据的价值越来越明显，隐私泄露问题的出现也使大家越来越重视个人隐私保护。在我国相关信息安全和隐私保护法律法规不够完善的情况下，个人信息的泄露、滥用等问题层出不穷，给人们的生活带来了很多麻烦。

一、防不胜防的隐私泄露

个人隐私的泄露在最初阶段主要是由于黑客主动攻击造成的。人们在各种服务网站注册的账号、密码、电话、邮箱、住址、身份证号码等各种信息集中存储在各个公司的数据库中，并且同一个人在不同网站留下的信息具有一定的重叠性，这就导致一些防护能力较弱的小网站很容易被黑客攻击而造成数据流失，进而导致很多用户在一些安全防护能力较强的网站的信息也就失去了安全保障。随着移动互联网的发展，越来越多的人把信息存储在云端，越来越多的带有信息收集功能的手机 APP 被安装和使用，而当前的信息技术通过移动互联网的途径对隐私数据跟踪、收集和发布的能力已经达到了十分完善的地步，个人信息通过社交平台、移动应用、电子商务网络等途径被收集和利用，大数据分析和数据挖掘已经让越来越多的人没有了隐私。对于一个不注意个人隐私保护的人来说，网络不仅知道你的年龄、性别、职业、电话号码、爱好，甚至知道你居住的具体位置、你现在在哪里、你将要去哪里等，这绝不是危言耸听。

罗彻斯特大学的亚当·萨迪克（AdamSadilek）和来自微软实验室的工程师约翰·克拉姆（UohnKrumm）收集了 32000 天里 703 个志愿者和 396 辆车的 GPS 数据，并建造了一个"大规模数据集"。他们通过编写一个算法，可以大致预测一个人未来可能到达的位置，最多可以预测到 80 周后，其准确度高达 80%。

为保护个人隐私权，很多企业都会对其收集到的个人信息数据进行"匿名化"处理，抹掉能识别出具体个体的关键信息。但是在大数据时代，由于数据体量巨大，数据的关联性强，即使是经过精心加工处理的数据，也可能泄露敏感的隐私信息。早在 2000 年，Latanya Sweeney 博士就表明只需要 3 个信息就可以确定 87% 的美国人的 ZIP 码、出生日期和性别，而这些信息都可以在公共记录中找到，另外根据用户的搜索记录也可以很轻易地锁定某个人。

当前人们在使用社交网站发布说说、微博的同时，使用定位功能显示自身准确位置，各种好友评论中无意的直呼真名或者职务，各种网站和论坛注册的邮箱、电话号码、QQ 等信息，电商平台的实名认证和银行卡关联，网上投递个人简历等都会把个人隐私信息全部或部分展示出来。同时，随着移动互联网的发展，越来越多的人开始使用云存储和各种手机 APP（为了与商家合作推送广告，很多 APP 都具有获取用户位置、通讯录的功能），个人信息也就相应地在互联网和云存储中不断增多。谷歌眼镜作为互联网时代最新的科技成果之一，带给人们随时随地拍摄、随时随地上传的新鲜体验，但是这也意味着越来越多的人可能在不知情的情况下已经被录像并上传到了互联网，因此谷歌眼镜直接被冠以了"隐私杀手"的称号。这些新技术就像一把双刃剑，在方便人们生活的同时，也带来了个人隐私泄露的更大风险。

二、隐私保护的政策法规

没有规矩，不成方圆。在现代社会，完善的法律法规是社会秩序正常运行的基本保障，也是各行各业健康有序发展的根本依据，互联网行业同样不能例外。当前，包括中国在内的很多国家都在完善数据使用及隐私相关的法律，以便在保障依法合理地搜集处理和利用大数据信息创造社会价值的同时，保护隐私信息不被窃取和滥用。

在隐私保护立法方面走在前面的当属欧洲。欧洲人将隐私作为一种值得法律完全保护的基本人权来对待，制定了范围广泛的跨行业的法律。欧洲认为隐私是一个"数据保护"的概念，隐私是基本人权的基础，国家必须承担保护私人信息的义务。欧洲最早的数据立法是20世纪70年代初德国黑森州的数据保护法。1977年，德国颁布了《联邦数据保护法》。瑞士1973年通过了《数据保护法案》。1995年10月，欧盟议会代表所有成员国，通过了《欧盟个人数据保护指令》，简称《欧盟隐私指令》，指令的第一条清楚地阐明了其主要目标是"保护自然人的基本权利和自由，尤其与个人数据处理相关的隐私权"。这项指令几乎涵盖了所有处理个人数据的问题，包括个人数据处理的形式，个人数据的收集、记录、存储、修改、使用或销毁，以及网络上个人数据的收集、记录、搜寻、散布等。欧盟规定各成员国必须根据该指令调整或制定本国的个人数据保护法，以保障个人数据资料在成员国间的自由流通。1998年10月，有关电子商务的《私有数据保密法》开始生效。1999年，欧盟委员会先后制定了《互联网上个人隐私权保护的一般原则》《关于互联网上软件、硬件进行的不可见和自动化的个人数据处理的建议》《信息公路上个人数据收集、处理过程中个人权利保护指南》等相关法规，为用户和网络服务商提供了清晰可循的隐私权保护原则，从而在成员国内有效地建立起了有关互联网隐私权保护的统一的法律体系。

作为电子商务最发达的国家，美国在1986年就通过了《联邦电子通信隐私权法案》，它规定了通过截获、访问或泄露保存的通信信息侵害个人隐私权的情况、例外及责任，是处理互联网隐私权保护问题的重要法案。

与数据隐私密切相关的是数据的"所有权"和数据的"使用权"。数据由于资产化和生产要素化，其所附带的经济效益和价值也就引出了一系列法律问题，比如，数据的所有权归属，其所涵盖的知识产权如何界定，如何获得数据的使用权，以及数据的衍生物如何界定等。智慧城市和大数据分析往往需要整合多种数据源进行关联分析，分析的结果能产生巨大的价值，然而这些数据源分属不同的数据拥有者。对这些拥有者来说，数据是其核心资源甚至是保持竞争优势的根本，因此他们不一定愿意将其开放共享。如何既能保证数据拥有者的利益，又能有效促进数据的分享与整合，也将成为与立法密切相关的重要因素。

三、隐私保护技术

对于隐私保护技术效果可用"披露风险"来度量。披露风险表示攻击者根据所发布的数据和其他相关的背景知识，能够披露隐私的概率。那么，隐私保护的目的就是尽可能降低披露风险。隐私保护技术大致可以分为以下几类。

（一）基于数据失真（Distortion）的技术

数据失真技术简单来说就是对原始数据"掺沙子"，让敏感的数据不容易被识别出来，但沙子也不能掺得太多，否则就会改变数据的性质。攻击者通过发布的失真数据不能还原出真实的原始数据，但同时失真后的数据仍然保持某些性质不变。比如，对原始数据加入随机噪声，可以实现对真实数据的隐藏。当前，基于数据失真的隐私保护技术包括随机化、阻塞（Blocking）、交换、凝聚（Condensation）等。例如，随机化中的随机扰动技术可以在不暴露原始数据的情况下进行多种数据挖掘操作。由于通过扰动数据重构后的数据分布几乎等同于原始数据的分布，因此利用重构数据的分布进行决策树分类器训练后，得到的决策树能很好地对数据进行分类。而在关联规则挖掘中，可以在原始数据中加入很多虚假的购物信息，以保护用户的购物隐私，但又不影响最终的关联分析结果。

（二）基于数据加密的技术

在分布式环境下实现隐私保护要解决的首要问题是通信的安全性，而加密技术正好满足了这一需求，因此基于数据加密的隐私保护技术多用于分布式应用中，如分布式数据挖掘、分布式安全查询、几何计算、科学计算等。在分布式环境下，具体应用通常会依赖数据的存储模式和站点（Site）的可信度及其行为。

对数据加密可以起到有效保护数据的作用，但就像把东西锁在箱子里，别人拿不到，自己要用也很不方便。如果在加密的同时，还想从加密之后的数据中获取有效的信息，应该怎么办？最近在"隐私同态"或"同态加密"领域取得的突破可以解决这一问题。同态加密是一种加密形式，它允许人们对密文进行特定的代数运算，得到的仍然是加密的结果，与对明文进行运算后加密一样。这项技术使得人们可以在加密的数据中进行检索、比较等操作，得出正确的结果，而在整个处理过程中无须对数据进行解密。比如，医疗机构可以把病人的医疗记录数据加密后发给计算服务提供商，服务商不用对数据解密就可以对数据进行处理，处理完的结果仍以加密形式发送给客户，客户在自己的系统上才能进行解密，看到真实的结果。但目前这种技术还处在初始阶段，所支持的计算方式非常有限，同时处理的时间开销也比较大。

（三）基于限制发布的技术

限制发布也就是有选择地发布原始数据、不发布或发布精度较低的敏感数据，实现隐私保护。这类技术的研究主要集中在"数据匿名化"，就是在隐私披露风险和数据精度间进行折中，有选择地发布敏感数据或可能披露敏感数据的信息，但保证对敏感数据及隐私的披露风险在可容忍范围内。数据匿名化研究主要集中在两个方面：一是研究设计更好的匿名化原则，使遵循此原则发布的数据既能很好地保护隐私，又具有较大的利用价值；二是针对特定匿名化原则设计更"高效"的匿名化算法。数据匿名化一般采用两种基本操作：一是抑制，抑制某数据项，即不发布该数据项，如隐私数据中有的可以显性标识一个人的姓名、身份证号等信息；二是泛化，泛化是对数据进行更概括、抽象的描述。

安全和隐私是云计算和大数据等新一代信息技术发挥其核心优势的拦路虎，是大数据时代面临的一个严峻挑战。但是，这也是一个机遇，在安全与隐私的挑战下，信息安全和网络安全技术也得到了快速发展，未来安全即服务（Security as a Service）将借助云的强大能力，成为保护数据和隐私的一大利器，更多的个人和企业将从中受益。历史的经验和辩证唯物主义的原理告诉我们，事物总是按照其内在规律向前发展的，对立的矛盾往往会在更高的层次上达成统一，矛盾的化解也就意味着发展的更进一步。相信随着相关法律体系的完善和技术的发展，未来大数据和云计算中的安全隐私问题将会得到妥善解决。

第十章　云时代的大数据技术应用案例

如今,大数据应用于经济、农业、科技、交通、城市建筑、环境监测等各个行业,为人们的生活和工作带来了改变。本章主要以出版选题筛选、铁路客运数据采集,介绍大数据的应用技巧。

第一节　大数据技术在出版物选题与内容框架筛选中的应用

基于大数据技术对数字教育出版开发流程中的编辑选题与内容框架筛选工作进行研究,旨在为我国数字教育出版物的开发与应用提供一定的指导。目前,对数字教育出版物如何开展编辑选题与内容框架筛选工作的研究成果较少,本文的研究成果对于数字教育出版物在未来实施过程中的编辑选题与内容框架筛选工作能起到一定的积极作用。

一、出版物的形态类别

数字教育出版物是数字出版物的进一步延伸。简言之,就是与教育相关,用于学习、教育、培训等目的的数字出版物,主要有以下几种形态类别。

(一) 教育类电子出版物

教育类电子出版物主要是指将教育类相关信息刻入磁盘、光盘、集成电路卡等载体,并以其作为传播媒介的教育类相关出版物。我国教育类电子出版物早期多以光盘为基本出版形态,主要是教辅类材料。

教育类电子出版物将传统的教育资源数字化,融合了多媒体技术,具有体积小、信息量大的特征,开启了国内数字出版的大门。但因其当时的技术条件、出版理念等因素的限制,使得教育类电子出版物存在阅读不方便、对设备有极强的依赖性等不利特征,因此教育类电子出版物并没有发展为主流的教育出版物,传统出版在教育领域依然占据着极为强势的地位。

(二) 在线教育出版产品

在线教育出版产品的出现与发展得益于互联网的应用与普及,其主要载体是互联网,多媒体、互动性、海量资源是其显著的特征。对于使用者而言，在线教育出版产品在满足互联网使用的条件下，能够方便快捷地使用，有很强的自主性和自由性，能够最大限度地满足使用者的要求。

计算机的普及使教育类电子出版物的发展出现了前所未有的局面，许多全新的教育软件、电子图书、电子课件等纷纷出现。教育电子图书使得教育者和学习者都可以从海量的数据资源中方便快捷地找到自己所需的图书资源；教育软件实现了人机交互的性能，综合了多媒体的表现形式，提升了教学的质量和效果；电子课件使得教育者和学习者能够更形象深入地理解所学知识。随着互联网技术的发展，上述教育资源大多也通过互联网的方式传播。中国教育资源门户网站的学科网（http://www.zxxk.com）就尽可能地收纳了全国各地小学、初中、高中各学科的试卷、课件、教案、学案、素材等多种电子图书、电子课件资源，并提供多种教育服务信息。

在线教育出版产品主要有两种类型。一种是基于实体教学平台而发展起来的在线网络教育平台，如新东方的在线学习等；另一种是网上教学资源服务平台，如上所述的学科网资源平台。在线学习、网络公开课、教育类网游等都属于在线教育出版产品。

在线学习是将现实的课堂教学移植到互联网上，学习者通过在线学习、在线提问，完成系统提供的各种测试及在线发起，并参与在线讨论等多种形式的教学自主活动。同时在线学习系统中也会有专门的教师在线答疑解惑、指导教学、实时辅导等。在线学习改变了传统的一对多的教学模式，使学习者能够尽可能地实现个性化的学习。目前，国内的新东方、101远程教育网、英孚教育、沪江外语等都实现了相应的在线学习。

网络公开课主要是将某些知名的精品课程、演讲、讲座等经过录制加工后，上传到互联网，供使用者下载、观看、学习等。

教育类网游主要是指基于互联网，以教育为目的而非以娱乐为目的游戏类产品。教育网络游戏有一定的竞争性、游戏性和趣味性，但它的内容更富于知识性与教育意义，它通过让参与者在虚拟的情境中完成各种任务从而达到受教育的目的。我国第一款教育类网络游戏是由盛大网络开发的《学雷锋》，但推出后市场前景并不乐观，并未形成多大的影响。

（三）电子书包（电子教科书、电子课本）

关于电子书包目前并没有完全确切的定义。有人认为它是学生通过使用教材、教辅材料、学习工具书等完成学习的"数字化教学资源包"；也有人认为电子书包就是指数字教科书。上海市虹口区电子书包课题组是国内较早研究电子书包的团队之一，他们将其定义为"数字化学与教的系统平台"；华东师范大学电子书包标准课题组将其定义为"信息化环境的集成体""智能的数字化媒体资源"。电子书包是一种新型的教育电子产品，是信息化教育的新尝试，它是学校课程教育的内容、方式与电脑技术、网络技术和无线蓝牙技术相结合的产物，被认为是未来数字化教育的发展方向。

电子书包的快速发展是随着 ipad、Kindle 等智能终端设备的发展而兴起的数字教育出版革命，是传统纸质出版与数字出版走向融合的产物。电子书包不是传统纸质教育出版物的简单电子化，而是将传统纸质教育出版物与多媒体教学材料的有机整合，需要在文本内容的基础上充分有机结合的丰富的多媒体形式。

（四）教育资源数据库

数据库模式被证明是专业出版最成功的数字出版模式。数据库一般面向机构用户，如图书馆、企业、科研机构等。数据库因其整体性和共享性特征，使得教育资源的大规模集合、大规模流通得以实现，但是数据库资源的开发难度较大、投入较高，因此数据库的使用一般也需要支付较高的费用，多为机构用户。人们常用的中国知网数据库、万方数据库、Springer、国家哲学和社会科学期刊数据库等都属于此类。

人类的传播大致经历了以下阶段：口语传播时代、文字传播时代、印刷传播时代、电子传播时代和互动传播时代。教育就是一个非常重要的传播过程，教育出版物是这个传播过程中的媒介之一。迄今为止，在教育传播过程中，以纸质为主要载体的传统纸质印刷出版物是教育传播的最重要媒介，印刷类的出版物是迄今为止最重要的教育媒介形态，但如今正遭遇数字出版的强大冲击，很可能不久的将来，数字出版将代替其成为更为主流的教育媒介形态。

新传播环境下教育出版物形态朝着多媒体化、多介质化、交互化、个性化、人性化的方向发展。这些形态之间并不是相互替代的关系，它们在各自保持独特性的情况下，也在各自不断调整着其形态本身。不断更新的传播方式和传播媒介也使知识传播在不断变革、更新。伴随着传播媒介的发展，教育的传播媒介也在不断革新，迎来了当今大数据背景下的数字学习时代。新技术、新媒介不断催生教育媒介的多样性，多形态的数字教育出版物也随之出现。而且，大数据时代，针对用户需求而细化出来的数字教育出版物将有着更加丰富的存在方式和运行模式。

二、出版物编辑选题与内容框架筛选的数据来源渠道

随着大数据在各领域的逐渐运用，数字教育出版物的编辑选题与内容框架筛选工作也要充分借助大数据的运用。大数据时代，对数据的运用基于大数据又高于大数据，借助数据挖掘技术和处理技术，在对数据的汇总基础上，对数据加以分析利用。从数字教育出版而言，通过对数据的充分搜集、汇总，并加以分析后，对数据所反馈出来的有价值的信息充分消化，合理运用，在结合数据的基础上充分发挥数字教育出版编辑的创新性思维，做到对数据所反映出来的知识进一步拓展和延伸。大数据的运用，通过数据的运用和分析，能够较为有效地帮助编辑们提炼出有效的、符合读者需求的编辑选题与内容框架，生产出高质量的数字教育出版物。

（一）利用大数据挖掘潜在目标群体的需求信息

大数据时代，编辑选题与内容框架筛选除了可以按上述传统渠道来源方式进行挖掘以外，更需要我们充分利用大数据的优势，在做好传统渠道来源的基础上，积极创新其他来源渠道，并做得更好、更全面，使编辑选题与内容框架更符合市场和读者的需求，做出质量更高的数字教育出版物。

1. 筛选有效潜在目标群体

针对潜在目标群体的需求信息搜集，如果数据量足够大，那就可以无限接近需求者的最终需求，所推出的数字教育出版物也就能取得更好的社会效益和经济效益，从而获取更大的成功。尤其是数字教育出版物，出现的时间较短，目前市场还处于研发、试验阶段，还没有达到全面推广使用的阶段。而且，数字教育出版物更多的是关乎学生等受教育者人生成长的重要读物，是出版物中的重中之重、慎之又慎的产品。不同的数字教育出版物，还要考虑到区域、学习阶段等差异性的存在，要充分结合用户的需求特征。因此，做好充分的调研工作，才能够进一步确保产品的成功。

数字教育出版物的潜在目标群体主要集中在学生群体、后续继续教育群体当中，由于教育的特殊性，如果涉及幼儿园、小学、初中、高中等年龄段的学生，学生家长群体同样拥有极大的话语权，因此对潜在目标群体的分析，也要尽可能地将这些人群包括进去。还有，教育工作者、相关研究者等群体都应考虑进去。

2. 对有效潜在目标群体实施调研工作

通过对有效潜在目标群体筛选后，我们基本圈定了对象。下一步就是要对潜在目标群体进一步细分，如上述的考研大军，人数庞大，但庞大的基数中可能又细分为不同的类别。例如，以省级单位的区域划分，以学校为单位的识别划分，以应届生、往届生的身份识别划分等。每个细分的类别又存在一定的差异性，如往届生对数字教育出版物中的网络课堂、数字资源库等材料需求一般要高于应届生，在价格承受能力上一般也强于应届生。通过抽样调查法，或者大数据累积起来的资源，以及其他行业内数据共享所获得资源信息，尽可能地分析得出共性，针对共性有方向、有目标、有市场地推出合适的数字教育出版物。

3. 密切关注网络互动空间的交流信息

数字教育出版物的编辑可以充分发挥意见领袖的作用，在一些相关的网络互动空间，如论坛、贴吧、博客等，可以发起有针对性的讨论，必要时还要主动引导相关的言论，倾听广大网友对数字教育出版物相关编辑选题与内容框架的意见反馈，从中归纳、提取有效信息，为数字教育出版物的编辑选题与内容框架工作服务。

（二）利用大数据挖掘拓宽编辑选题与内容框架筛选的数据来源

数字教育出版物的编辑选题与内容框架要符合市场和读者的需求，就必须尽可能地获得图书市场的信息和消费者诉求方面的信息。

1. 根据不同的网站排名及相关信息获取数据

对于数字教育出版物编辑选题与内容框架筛选工作而言，能较好地反映相关图书信息和读者需求信息的图书购物网站主要有淘宝、京东、卓越亚马逊、当当、中国图书、博库网等。上述相关的图书市场信息，可以在知名的Alexa网站上通过其相关排名查询间接得出。网站的排名情况、IP点击量，以及子站点的访问比例、页面访问比例、人均页面浏览量等数据都可以作为我们分析出版物的受欢迎程度的数据来源。

249

2. 通过社交软件实现信息共享

社交软件也叫社会化媒体，主要是基于互联网平台，可以方便快捷地实现信息交互功能，是虚拟的社交网络，如微博、微信等。传统社交一般都以"面对面的沟通交流""远距离的电话联络""书稿式的信件"等方式来进行，范围小、效率低。而基于互联网平台的社交软件，相比传统社交方式，范围广、效率高、速度快，尤其是有非常广泛的参与性，有大众传播的特点。通过进一步的分类，能更加清楚地知晓不同类型的教育出版物受众群体的兴趣爱好，从中也能获得相关的数字教育出版物选题信息与内容框架。

数字教育出版物编辑要主动利用社交软件建立业界"朋友圈"、微信公众号、微信群、微博等，及时更新自己想引导的话题，供群体参与讨论，并及时归纳、总结有效信息。

3. 依托个性化的互联网信息推送软件

当前，个性化的互联网信息推送软件的开发也采用了大数据技术，对这些个性化的信息推送软件APP等加以技术管理，通过后台技术对相应的浏览记录、点击率、停留时间等都可以做到统计分析，并可以根据不同的IP地址统计访问者的浏览频率，以此推算出访问者可能感兴趣的信息。个性化信息推送软件APP也可以根据用户的需求分类定期推送用户可能感兴趣的资料信息。例如，亚马逊网站登录个人账户后，就会出现"为您推荐"栏目，就是根据您的浏览记录推荐的商品。其他类似的销售网站都有这样一项功能。

另外，网站系统会根据用户的访问量和使用情况，自动生成一些排行榜推送过来，供用户选择，如亚马逊网站里的"Kindle电子书新品排行榜""安卓应用商店新品排行榜""经常一起购买的商品""购买此商品的顾客同时购买了"等，都是基于推荐功能的使用，用系统自动生成的方法主动采集和汇总大数据，然后对这些单个的个性化数据聚合在一起，形成有价值的"大数据"，以供使用。

通过这些数据反映出来的结果，可以在很大程度上体现出读者的需求，作为数字教育出版物的编辑，可以从这些数据中分析出自己的选题方向。

通过上述分析，互联网网站和个性化信息推送软件APP都有庞大的数据库，对数字教育出版物的选题信息与内容框架发掘有着重要的参考意义。通过对此类数据信息的搜集、整理、分析，可以很明显地反映读者的需求爱好，做有针对性的编辑选题与内容框架筛选工作。

4. 基于互联网信息上的链接资源

互联网上查看某信息时，大多会有链接功能，帮助用户搜寻到更多相关、可能感兴趣的信息资源。通过互联网的链接功能能够更快速、更高效地浏览诸多相似的信息，其主要是基于关键词、关键字段等的搜索链接而呈现。通过这些链接资源可以大大拓展知识面，不再局限于原来单个的信息源，同时为数字教育出版物的编辑选题与内容框架提供充实的参考依据和灵感启发。

三、数据挖掘技术在编辑选题与内容框架筛选中的应用

对信息进行分类处理与加工是在对所有能搜集到的信息经过初步的识别与提炼后，进行使其按不同类别聚合成有价值的分类汇总信息。当前，我们可以从教育出版物的数据中分析出数字教育出版物的相关信息。

（一）数据挖掘的功能设计

根据数据挖掘流程，我们对数据挖掘的功能设计如图10-1所示。通过设定计划的开展，寻找到数据源，开展数据采集工作，将数据采集的数据分别进入不同的子数据库存储，当数据采集达到指定程度后，开始建立数据模型，开展数据分析工作。对相关数据过滤，得出初步数据结果，并结合新的趋势信息的反馈，决定是否需要进行新一轮的数据分析或多轮的数据分析后得出数据分析结果。在此基础上，数据库的设计还应具备以下功能：① 数据库信息检索功能；② 数据库信息链接功能；③ 数据库信息推送功能；④ 数据库互动社区功能。

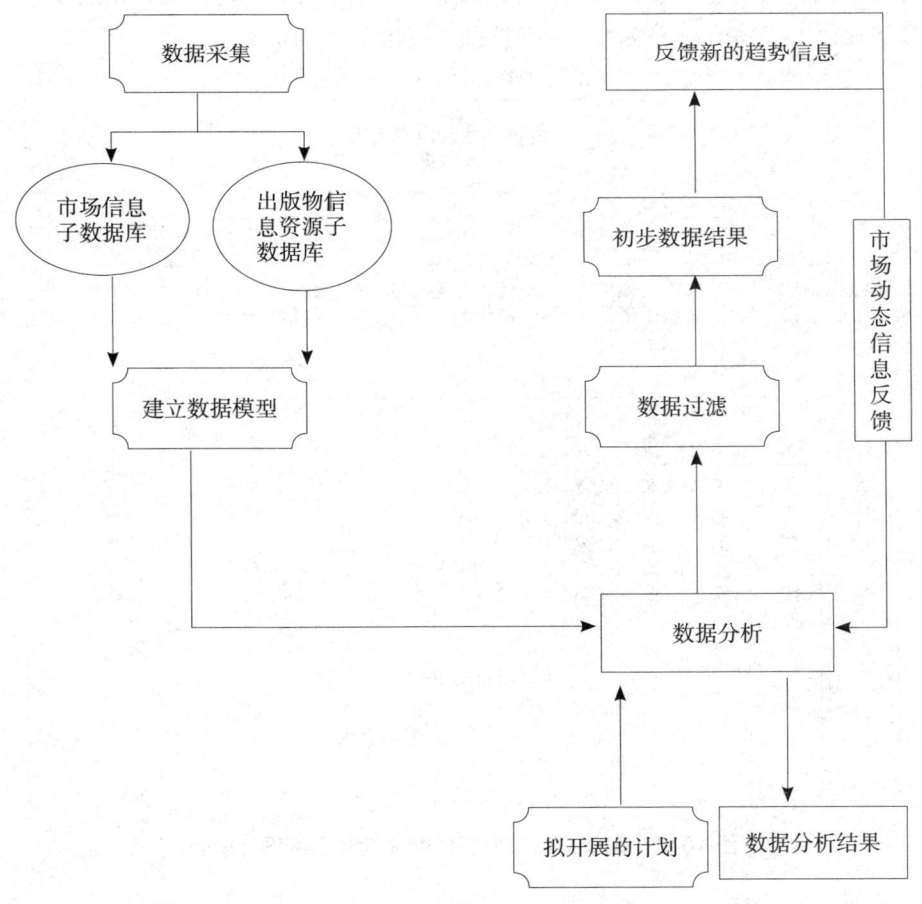

图 10-1　数据挖掘功能设计图

（二）编辑选题与内容框架筛选数据库各子模块的设计

1. 各子模块设计设想

数字教育出版物的编辑选题与内容框架筛选需要出版机构及时获取行业动态并相应地做出应对措施。市场销售情况、价格趋势、消费者购买情况、读者的阅读习惯和反馈等信息都是有用的信息，需要及时收集信息，并进行处理与分析，形成编辑选题与内容框架筛选的基础性信息。

同时，数字教育出版机构需要对已经发行的传统教育出版物和数字出版物的市场走势、消费者反馈、媒体评价、盈利情况等舆情信息充分把握。传统教育出版物的信息可以通过一些图书销售网站获取，然后利用大数据技术和数据挖掘方法从其中提取有价值的信息。另外通过数据挖掘技术，搜索、定位数字教育出版物的潜在受众，并确定其传播渠道，实现最终的销售。

为满足上述需求，数字教育出版物的编辑选题与内容框架筛选数据库应具备五个子模块，即传统数据提取渠道信息子模块、大数据渠道信息子模块、传统教育出版物信息存储子模块、数字教育出版物信息子模块、数据挖掘子模块。（图10-2）

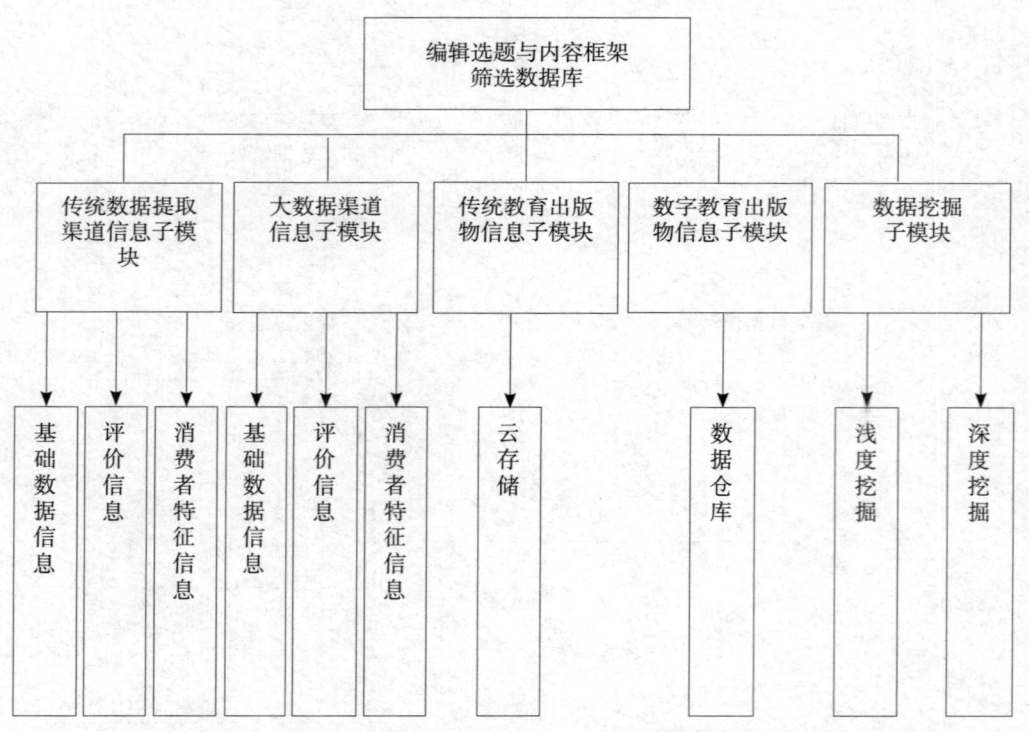

图10-2　编辑选题与内容框架筛选数据库设计模型

2. 同行业之间的群体沟通联系机制

与从事教育及编辑出版行业的相关人士进行交流可以获得有效而贴近实际的教育资源信

息，有助于编辑选题和内容框架的选择和行业群体之间沟通联系机制的建立，也就是我们常说的"朋友圈"的建立，利用大数据的优势可以使我们联系到庞大、广泛的同行业群体，使"朋友圈"的范围足够大，在这样足够大的"朋友圈"内沟通交流，从而获得数字教育出版物的选题和内容框架信息，并且这些信息应归入数据库当中作为素材。

（1）基于 QQ 管理群、微信朋友圈等平台工具的设想

QQ 管理群、微信朋友圈等在线社交工具是经过批准审核后才能加入的网络虚拟群体，朋友之间的互动与交流是半公开式的，只有通过允许加入的朋友才能互联联络，不是网络上的全公开式。这样可以保证能参与过来的"朋友"都基于数据分析后的跨界信息合作共享是有一定关联的、互为好友才可以加入的。数字化教育出版物的编辑要尽可能地多听取各方对出版物的意见和建议，尽可能多地参与到不同群体的讨论中去，获得更多的意见互动信息，并对相关意见和建议做出归类与整理，梳理出对数字教育出版物编辑选题与内容框架的有效信息。

（2）基于数据分析后的跨界信息合作共享

大数据的优势之一是能通过对庞大数据的分析，根据数据信息区分出不同的群体，如银行根据储户的金额分级管理，移动通信公司根据客户的消费将客户分类管理，航空公司通过对客户的航空里程分级服务，超市通过积分卡对客户实施分类营销，地产公司营销部门会根据潜在客户的年龄数据和收入数据有针对性地推销地产项目等，这些都是经过数据分析后而进行的群体细分。不同的群体对同一事物的看法大相径庭，因此在分级管理后，也强调跨界合作。在不同的群体之间，寻求信息合作、信息共享。数字教育出版物的编辑选题与内容框架筛选工作也要寻求数据的跨界合作，通过从其他渠道获取的数据信息，为数字教育出版工作服务。

四、商业化编辑选题与内容框架筛选数据库的实施设想

目前，大数据拥有者建立商业化的数字教育出版物编辑选题与内容框架筛选数据库也有着极大的优势。尤其是拥有用户需求信息数据的平台，如亚马逊、当当网、京东、淘宝网等，这些电子商务巨头都拥有强大的用户分析数据，而数字教育出版物编辑选题与内容框架的策划主要是针对用户需求分析，尽可能地满足用户需求，这些用户分析数据往往能更精准、有效地为数字教育出版物的成功定位。

（一）庞大而无限的大数据资源优势

目前，教育出版物的主要销售平台亚马逊、当当网、京东、淘宝网等电子商务巨头，其不仅拥有庞大的数据量，而且随着他们的持续运营，有源源不断的持续数据更新。对这些大数据的利用，不仅不会将这些数据的使用价值消耗掉，而且新数据源源不断地涌入，使大数据的应用与开发前景更可观。

相比图书馆的传统资源而言，当前上述大数据所有者所拥有数据是最为"时鲜"的，能贴切地反映当前的受众需求，这些"时鲜"的大数据优势可以作为大数据拥有者参与商业化

数字教育出版物编辑选题与内容框架数据库建设的重要基础。

（二）得天独厚的大数据处理技术优势

上述主要的大数据拥有者除了拥有庞大而无限的大数据资源优势外，还拥有目前最为先进的数据挖掘技术及数据处理技术，这都是发展大数据必不可少的技术性优势。通过数据挖掘，可以使数据源源不断地汇入、聚合，通过数据处理技术，可以使数据按要求分类、汇总，从而按要求体现出数据本身的真正价值。上述大数据拥有者对于分布式技术、云计算模式、云数据库应用技术等都有着得天独厚的优势，是目前其他潜在竞争者短期内难以突破的。

（三）无可比拟的商业运营经验优势

数字教育出版物编辑选题与内容框架筛选数据库的商业化开发，需要强大的商业运营经验和管理团队来实现其商业化运作，这些大数据的拥有者本身就是企业，而且在行业内经营多年，有着丰富的企业管理经验和人力资源优势，对于如何将数据库商业化、如何为企业赢得利润，让企业生存下来并取得长足发展，有着独到的优势。

第二节　大数据技术在铁路客运旅游平台的应用

通过对铁路客运旅游大数据平台总体架构、应用架构及技术架构的设计，根据业务需求与技术需求，对各个关键模块进行具体分析，最终得出合适的技术解决方案。

一、数据采集层

（一）数据源基本情况分析

铁路客运旅游涉及两大行业的多个信息系统，而两行业目前在数据共享上存在壁垒。若要解决此问题，需要分别从两个行业角度出发，根据需求分析和对两个行业数据资产现状调查结果来梳理两行业需要提供的数据内容。

结合大数据系统的业务需求，铁路在本系统需提供的数据主要集中在旅客服务系统、铁路客运营销辅助决策系统、客户服务中心桌面辅助系统、调度系统（TDMS）等，而这些系统需要提供的数据有列车时刻表信息、列车价格信息、列车早晚点信息、余票信息、出发站位置信息、候车室信息、检票口信息、车站布局信息、出站口位置信息、不同旅游地区的人数信息。

而在旅游方面涉及较为分散，包括酒店、餐饮、旅游景点等行业均需提供相关数据信息来支撑。旅游业需提供的数据有公交车的时刻表、票价信息、早晚点信息、不同城市地区的人数信息、不同旅游景点的人数信息、不同地铁站的人数信息、出租车的票价信息、出租车分布信息、旅游景点的基本介绍、门票信息、现有旅客信息、酒店的基本介绍、剩余酒店信息、房价信息、酒店位置信息、酒店等级信息、餐饮的基本介绍、消费价格信息、餐饮的位置信息、不同地区和旅游景点的天气基本信息。

根据业务需求及铁路信息系统的情况，对上述数据内容进一步梳理分析，而在数据采集部分最关键的就是根据数据类型的不同使用相对的数据采集方法。铁路客运旅游数据涉及多个子系统，数据类型多样，需要为各类数据找到适合该类型的数据抓取方法，从而确保数据抓取的准确性。

（二）数据采集层功能框架及关键技术

1. 数据采集层功能框架

数据采集层是铁路客运旅游大数据相关数据采集的唯一平台，它将对各业务系统中不同类型的数据统一采集处理，本层将为数据采集提供统一的接口和过程标准，并提供相应的数据清洗、转换和集成功能。

数据采集层将通过各种技术实时从相应的源数据系统采集所需要的数据信息，采集的数据将通过 ETL 技术进行清洗、加工等处理，最终到达数据存储处理层，形成铁路客运旅游大数据的核心数据。本系统的数据采集技术可以进行人工录入，从而解决了自动采集可能产生的数据损坏、缺失等问题，为满足人工录入数据的需求，本数据采集层还设计了表单设计、数据填报及上报处理功能。同时，在数据采集后为保证数据的准确性和一致性，本层具备审核校验功能，将会满足数据采集的流程定义、规则管理、审核处理，同时具有数据修正和数据补录功能。

2. ETL 数据采集

ETL 技术将是铁路客运旅游大数据系统数据采集部分的重点，本系统将根据不同的服务需求，通过多种合理数据抽取方法将服务所需源数据从相关的业务系统中抽取出来，这些被抽取出来的源数据将会在中间层进行清洗、转换及集成，最后加载到数据仓库中为最终的数据挖掘分析提供做准备，而 ETL 技术在数据采集的整个过程中起核心作用。

（1）数据抽取

铁路客运旅游大数据系统数据采集的第一步就是数据的抽取，在数据收取时，需要在满足业务需求的前提下，同时考虑抽取效率、相关业务系统代价等综合进行数据抽取方案的确定。根据铁路客运旅游大数据系统需要，本系统数据抽取方案应满足：

① 支持包括全量抽取、增量抽取等抽取方式。

② 抽取频率设定满足要根据实际业务需求。

③ 由于涉及子系统繁多，故数据抽取需要满足不同系统和包括结构化数据和非结构化数据在内不同数据类型的数据抽取需求。

（2）数据的转换和加工

从不同业务系统中抽取出来的数据不一定满足未来数据仓库的要求，如数据格式不一致、数据完整性不足、数据导入问题等，因为在数据抽取后有必要对数据进行相应的数据转换和加工。

根据铁路客运旅游大数据系统的数据实际情况，数据的转换和处理将分为在数据库中直接进行和在 ETL 引擎中加工处理两种方式。

① 在数据库中进行数据加工。铁路客运旅游相关的已有业务系统中有着很多结构化数据，关系数据库本身已经提供了强大的 SQL、函数来支持数据的加工，直接在 SQL 语句中进行转换和加工更加简单清晰；但依赖 SQL 语句，有些数据加工通过 SQL 语句可能无法实现，对于 SQL 语句无法处理的可以交由 ETL 引擎处理。

② 在 ETL 引擎中数据转换和加工。相比在数据库中加工，ETL 引擎性能较高，可以对非结构化数据进行加工处理，常用的数据转换功能有数据过滤、数据清洗、数据类型转换、数据计算等。这些功能就像一条流水线，可以任意组合。铁路客运旅游大数据系统主要需要的功能有数据类型转换、数据匹配、数据复杂计算等。

（3）数据加载

将转换和加工后的数据装载到铁路客运旅游大数据系统的目标库中是 ETL 步骤的最后一步，对于数据加载方案的制定，同样是在满足业务需要的前提下考虑数据加载效率。根据铁路客运旅游大数据系统需要，本系统数据抽取方案应满足以下条件。

① 支持批量数据直接加载到相关库。

② 能够支持大量数据同时加载到不同相关库。

③ 支持手动加载。当自动数据加载出现问题时，可以进行人工修正。

（4）异常监测

通过对 ETL 运行过程的监测，要发现数据采集过程中的问题，并进行实时处理，需满足以下功能。

① 支持校验点。若数据采集过程中因特殊原因发生中断，可以从校验点进行恢复处理。

② 支持外部数据记录的错误限制定义，同时将发生错误的数据记录输出。

二、主数据管理

为了解决数据的准确性、一致性等问题，主数据管理技术被企业信息集成。主数据管理是一个以创建和维护可信赖的、可靠的、能够长期使用的、准确的和安全的数据环境为目的的一整套业务流程，应用程序和技术的综合根据本系统的业务系统交叉、行业交叉的特点，本大数据系统在存储管理层与数据采集层增加主数据管理系统。

（一）主数据管理体系框架

主数据管理要做的就是从企业的多个业务系统中整合最核心的、最需要共享的数据（主数据），集中进行数据的清洗和丰富，并且以服务的方式把统一的、完整的、准确的、具有权威性的主数据分发给全企业范围内需要使用这些数据的操作型应用和分析型应用，包括各个业务系统、业务流程和决策支持系统等。

在进行主数据管理前，首先要进行主数据管理的体系构建。

（1）管理模式是铁路客运旅游主数据管理的核心内容，它决定了整个主数据管理的战略方向，为数据规划、组织结构、管理过程和主数据管理平台搭建提供了基础。

（2）数据规划：数据规划是主数据管理技术实现的基础，包括数据的编码、分类和属性。

（3）组织结构：对于主数据管理，需要建立一个特定的组织进行统一管理，首先需要一个平台进行负责组织、协调主数据平台的建设、应用和维护管理工作；其次各相关业务部门需要负责维护主数据或以主数据维护工单形式下达主数据维护任务，保证主数据的一致性、准确性、完整性和主数据记录更新的及时性。此外，各主数据使用部门需要按权限从主数据平台获取主数据。

（4）管理过程：在构建了组织机构，建立一套完整的主数据管理流程之后，从管理制度上针对主数据管理的流程进行责任人负责制。

（二）主数据规划

作为主数据管理的地基，数据规划为之后的主数据管理提供管理方向和技术基础。数据规划的工作整体分为主题域划分和数据规范编写。

1. 主题域划分

铁路客运旅游系统的服务对象即为旅客，故铁路客运旅游系统的主数据域划分可以从旅客角度出发，根据旅客出行需求划分主数据系统的主题模型，可以划分为旅客信息主数据、铁路服务主数据、旅游景点服务主数据、其他服务主数据。

（1）旅客信息主数据域。旅客作为旅行过程的全程参与者，此主体域可以包含旅客在旅游过程中所有场景都需要使用的相关基本信息，故此数据域应有的主数据有旅客主数据。

（2）铁路客运设备主数据域。铁路作为客运旅游的主要方式，此主数据域包括铁路客运设备类的数据，包括动车组信息主数据、车号信息主数据、车辆技术信息主数据等。

（3）铁路客运服务信息主数据域。除了铁路方面的设备信息，面向旅客还需要与其有关的主数据，包括票务信息主数据、车站餐饮服务信息主数据、车站位置信息主数据等。

（4）旅游景点主数据。旅游景点作为旅客旅游的目的地，故此主数据对旅游景点相关数据的存储与整合包括景点位置信息主数据、景点票务信息主数据、景点名称主数据等。

（5）其他服务主数据。在出行方式和旅行目的地之外，吃和住也在旅游过程中占据重要的一部分，故本主数据应包括酒店相关数据、天气相关数据以及餐饮数据的整合。

2. 主数据管理规范

在主数据域划分后，为了明确铁路客运旅游主数据的内容、数据类型、字段含义以及相应的业务管理行业（部门）以及维护方式，需要制定相关的主数据管理规范，从而为客运旅游主数据标准化和规范化奠定基础。

以铁路客运的客票主数据为例，进行主数据规范制定，规范中应包括字段代码、数据字段、字段定义说明、字段类型、业务管理行业（部门）、字段维护责任行业（部门）、维护方式。

（三）主数据系统逻辑架构设计

在基础运行环境层，对从底层的业务系统通过数据抽取、数据清洗、码段管理、数据生命周期管理等技术与业务流程，提供良好的运行环境；数据资源层，将需要的数据抽取到主数据管理平台中，按照不同的数据类型与需求，将这些抽取上来的数据分类放入对应的数据库中，比如公用基础编码数据库、主数据库、标准规范数据库、管理制度数据库、历史数据库；业务应用层，可以对存放在数据资源层的主数据进行管理，比如数据模型管理、变更管理、权限管理、数据管理、数据同步、系统管理；在数据交换层，通过 ESB 组件、MQ 组件、WebService 接口等对数据交换提供基础支持，促进用户访问层和业务应用层或者数据资源层的数据交换；用户访问层主要是提供各系统对主数据管理平台的使用功能，比如铁路客运领域系统、酒店系统、餐饮系统、气象系统、旅游景点系统。

在铁路客运旅游主数据系统中，前台用户可以对系统进行数据查询、数据下载，系统对其提供数据接口服务，用户可以进行报文查看、标准查看以及最新动态的查看。后台用户主要是对系统维护，提供包括报文管理、数据建模、编码管理、编码标准、统计分析、权限配置、系统配置、接口服务、内部消息等方面的功能。

从管理角度看，主数据管理体系的构建使得铁路客运旅游相关业务系统所用数据能够有统一的数据来源，同时保证了各行业间信息共享的时效性和一致性。从技术角度看，主数据管理机制实际应用较为灵活，能够适应多种 IT 架构，可以有效解决不同软件系统造成的系统复杂，同时能够节约成本。从旅客角度出发，主数据管理可以帮助相关服务行业的管理者提升服务质量，为旅客提供更加准确、便捷、全方位的旅行服务，提高旅行质量。

三、数据存储与处理层

铁路客运旅游大数据系统的核心就是通过对相关数据的高效、准确、实时分析，为旅客提供客运旅游的智慧化服务。要实现真正的智慧旅游，核心就是数据的存储处理部分，这也是整个大数据系统的核心部分。铁路客运旅游大数据平台将采用数据仓库与 HADOOP 系统相结合的混合搭配，数据仓库技术主要用于高效处理客运旅游相关的结构化数据，HADOOP 系统将用于旅行过程中所产生的半结构化及非结构化数据存储与处理，此种混搭架构可以满足铁路客运旅游所产生的各种类型数据，高效的处理也将为旅行者出行提供实时帮助。

（一）数据仓库设计

数据仓库技术在铁路客运旅游大数据系统中的主要任务，就是对结构化数据进行存储和对数据进行高质量的数据挖掘分析，为旅客提供支持。在大数据背景下，基于 MPP 架构的数据仓库系统可以有效支撑大量的，甚至是 PB 级别的结构化数据分析，对于企业的数据仓库以及结构化数据分析需求，目前 MPP 数据仓库系统是最佳的选择。一般情况下，数据仓库的设计步骤为数据模型设计、系统平台部署方式选型以及数据仓库架构设计。

1. 数据模型设计

假如把数据仓库比作一栋数据大楼，那么数据模型就是这栋大楼的地基。好的数据仓库建模不仅需要技术方面的灵活运用，更需要对业务需求相关方面有深入的了解，建模要更符合不同业务背景下的不同用户个性化需求，这样才能真正发挥数据仓库后续的分析价值。铁路客运旅游数据模型是链接各个铁路业务系统之间的桥梁，所有的业务标准和处理过程也存储其中，拥有一个完整的、稳定的、机动的数据模型将会为整个数据仓库的建设提供保障。

数据模型的建立过程分为两步。第一步为模型规划阶段，该阶段需要理解业务关系，确定整个分析的主题，进而对所分析的主题进行细化，并确定相关主题的具体边界，构建该系统的概念数据模型。第二步为设计模型阶段：一是物理数据模型设计，物理模型是数据仓库逻辑模型在物理系统中的实现，在本系统中包括对铁路客运系统和旅游业相关系统数据接口模型的设立，包括对系统表的数据结构类型、索引策略、数据存放的位置以及数据存储分配，以客运数据为例设计逻辑模型。

2. 系统部署方式

在数据仓库模型构建完成后，对于涉及数据量大、数据类型多的铁路客运旅游系统来说，因为不同旅客都有着自己个性化的需求，所以要以用户为中心，选择合适的数据仓库模式来满足铁路客运旅游要求。目前，数据仓库主要有三种部署模式：集中式数据仓库、分布式数据仓库和一系列的数据集市。相对应的部署方式为集中的数据中心、分布式数据集市以及中心和集市混合体系。

在铁路客运旅游数据仓库的部署上，需要先考虑如下条件：

铁路客运旅游系统的需求导向，不同的旅客在不同的旅行场景中对数据的要求不尽相同，对铁路客运旅游更强调以旅客出行需求为导向；

旅客分散且数量多，数据仓库要满足不同分散旅客的数据挖掘分析需求。

结合上述条件及数据仓库不同部署模式，本系统可采用以铁路为中心、其他行业为辅助的混搭结构，关键数据存放在集中式的铁路数据仓库中，一些业务分析、日常报表系统等非关键性数据则存放在其他行业的有关数据集市中。

3. 数据仓库与主数据系统关系

数据仓库将与主数据管理系统达到互补的作用，如数据仓库的分析结果可以作为补充信息传到 MDM 系统，让 MDM 系统更好地为客户管理系统服务。以铁路客运旅游大数据系统核心用户"旅客"的主数据模型为例，旅客的主数据模型可以分为三部分，先从主数据中我们可能得到：

（1）旅客基本信息：个人及公司信息、联系地址、旅客会员卡号、状态及累计里程等。

（2）旅客偏好信息：餐饮喜好信息、旅游档次信息、座位位置、级别偏好等。

除了以上两部分信息，数据仓库还可以为主数据管理系统提供更深入的对旅客分析的信息，从而提高服务质量，如旅客某时间段总旅行旅程、预定倾向、旅行方式倾向、出行方式等衍生信息。

（二）Hadoop 系统设计

Hadoop 系统对所有数据类型的数据都可以进行存储和快速查询，很好地弥补数据仓库对非结构化数据处理的劣势。从铁路客运旅游的实际需求出发，综合考虑成本、数据资源整合等问题，选择开源的 Hadoop 系统来满足所有相关数据的存储处理需要，从而实现铁路客运旅游大数据的集中式管理。

铁路客运旅游大数据系统中的Hadoop系统主要由以下组件组成：

1. MapReduce 分布式计算框架

在铁路客运旅游大数据Hadoop系统中主要提供计算处理功能，如文件的读写、数据库的计算请求。

2. Hive

Hive是基于Hadoop的数据仓库，Hive在铁路客运旅游大数据系统中通过类SQL语言的HQL帮助用户进行数据的查询使用。

3. Hbase 分布式列式数据库

Hbase为铁路货运数据提供了非关系型数据库，随时间变化的数据库表动态扩展，增加了系统计算和存储能力。

4. Pig 数据分析系统

Pig是基于Hadoop的数据分析系统，Pig可以为铁路客运旅游大数据系统提供简单的数据处理分析功能，帮助开发者在Hadoop系统中将HQL语言经过处理转化成经过处理的MapReduce进行运算。

5. ZooKeeper 分布式协作服务

ZooKeeper为铁路客运旅游的Hadoop系统提供多系统间的协调服务，保证系统不会因为单一节点故障而造成运行问题。

6. Flume 日志收集

Flume为铁路客运旅游大数据系统提供了一个可扩展、适合复杂环境的海量日志收集系统。

7. Sqoop 数据同步工具

Sqoop为铁路客运旅游大数据的数据仓库和Hadoop系统提供了桥梁，可以保证数据仓库和Hadoop之间的正常数据流动。

四、数据应用层

（一）功能架构

铁路客运旅游大数据系统最顶端为数据应用层，主要目的是通过各类数据分析、数据挖掘技术全方位发现数据价值，最终通过可以满足数据展示需求的数据可视化技术将分析结果在终端展示。

1. 表现层

表现层是数据应用层的最顶端，也是整个铁路客运旅游大数据的最顶端。它的实质其实就是为各类用户提供一个可视化的平台。本大数据应用系统将以旅客旅行需要为中心，同时满足相关企业内部需要和相关领域专业研究人员的使用，通过本层让各类用户直接感受整个系统提供的服务。

2. 应用服务层

表现层下面是应用服务层，本层的主要功能就是进行特定算法的数据分析，并为表现层提供一个 API。本层中包括以下接口和服务。

（1）外部数据导入 API：可以满足用户将外部数据导入系统中。

（2）算法编辑 API：满足技术人员对功能需求的算法进行写入，并可以让本层的算法与下层进行数据的交互。

（3）开放性算法导入 API：此接口可以满足外部自定义算法的写入需求。

（4）数据展示：为各类用户展现自己所需的数据展现需求，并且用户可以在自己的界面做一些简单的数据操作。

3. 应用支撑层

应用支撑层将与系统整体的架构的数据存储层，并作为基础为整个数据应用层提供基础支撑。应用支撑层为表现层和应用服务层提供支撑的基础能力。在本系统架构中应用支撑层主要提供了以下几个机制和引擎来为上层提供业务支撑。

（1）算法编译：对应用服务层编辑的算法进行编译，将算法转换为可编辑类型算法。

（2）数据与算法匹配：为了达到最好的可视化效果，需要用户将算法与所使用的数据进行合理映射，从而使算法能够对数据有相对应的展示。

（3）消息服务支持：本功能负责数据的导入与导出业务需求。

（4）表单服务支持：与消息服务类似，本功能将应用服务层编辑的算法通过表单交给服务器，也能反向满足用户对表单的调用需求。

（5）数据转换：将外部引入的无法直接使用的数据转换为系统内部可以使用的数据格式。

（二）数据应用

数据应用层最上端所面对的就是一个个实在的用户，本层的功能是以旅客的需求为核心作为引导设计，从功能需要角度来进行数据资源的分析及应用，本系统的设计理念就是以旅客为核心，同时满足其他管理人员和企业内部人员的工作需求，所以本系统的整体功能可以分为日常功能及个性化推荐功能。

1. 日常功能

系统应具备客运旅游相关的一般性功能，以满足旅客旅行过程中的常规性功能需求，如出行前的铁路客票信息、列车信息的提供，出发后目的地气象信息、目的地酒店信息，旅途过程中列车行驶信息、列车餐饮等商城信息，沿途旅游信息、铁路多式联运合作信息等。

2. 个性化推荐

通过决策树、聚类、神经网络等方法对数据进行高等级挖掘与分析，通过对大量历史数据信息的处理，构建符合需求的数据模型。主要目的就是满足旅客旅行全过程中的个性化需求，合理推荐旅行景点、出行线路、出行方式、天气、酒店、餐饮、特色产品的信息。例如，对旅客客流进行预测，通过对旅客历史同期购票数据进行分析，使用指数平滑法，预测出行时所乘坐列车的客流量。

五、数据质量管理体系

数据质量管理是指对数据从计划、获取、存储、共享、维护、应用、消亡生命周期的每个阶段里可能引发的各类数据质量问题，进行识别、度量、监控、预警等一系列管理活动，并通过改善和提高组织的管理水平使数据质量获得进一步提高。

数据质量体现相对应的数据服务满意程度。回到铁路客运旅游大数据系统初衷——服务旅客，从旅客角度出发，为其提供"智慧旅游"服务。所以，我们要研究铁路客运旅游的数据质量问题，就要考虑到其各个业务模块的具体需求，根据业务实际情况，判别我们应该具备的数据质量。比如，对客票基础数据、酒店基础数据、人流量监测数据、气象地质数据的质量分析，不同数据有不同的质量分析标准。

根据铁路客运旅游大数据的具体功能需要，本系统关注的数据质量问题应除了满足数据的完整性、唯一性、一致性、精确度、合法性、及时性之外，客运旅游大数据系统还应从旅客视角衡量数据质量，重视旅客对数据的满意程度，同时通过建立有效的数据质量管理体系来保障和提升数据的价值。

（一）数据质量管理体系框架

为保证铁路客运旅游数据质量管理的效果，本数据质量体系基于全面数据质量管理理论设计了如下体系框架。

组织架构：由于目前铁路总公司没有专门的数据质量管理的机构，加之数据质量管理是一个长期、持续性的过程，故有必要成立一个组织机构专门保证数据管理工作的进行。在这个组织内部，需要一个组长对整个数据质量管理小组的工作流程进行管理，要有数据分析员对相关数据的质量管理规则给出专业定义，并能够与数据所在部门进行深入工作。数据质量管理员在组织中主要进行执行工作，在数据质量管理战略下进行实际的数据质量监控工作，及时发现数据错误。

管理流程：在建立组织机构的基础上，建立一套完整的大数据质量监控流程是保证数据质量的前提。本数据质量管理流程基于美国麻省理工大学研究提出的全面数据质量管理理论进行设计，此闭环管理流程分别为数据修改监控流程、数据质量预警流程、数据质量算数流程以及数据质量报告流程。

1. 数据修改监控流程：当源数据系统、主数据或者数据仓库内的数据模型等发生变化时，将触发数据修改流程监控，本流程将会监测并记录这些数据修改，并实时更新相关的数据字典。

2. 数据质量预警流程：在数据流转过程中，若发生异常状态，将启动数据质量预警，数据管理员将根据预警内容量级决定是否进入数据质量处理流程。

3. 数据质量处理流程：当数据管理员认为预警量级达到针对性的数据处理时，将会进行数据质量处理，随后根据具体质量问题进行具体分析。

4.数据质量报告流程：根据前三个流程的数据质量管理工作，定期将相关内容由数据管理员汇总归纳为数据质量报告，从而实现对数据质量管理的闭环管理。

（二）数据质量管理系统技术架构

数据质量管理体系相关工作包括管理和技术两方面，在建立了数据质量管理小组并明确了管理流程后，必须有符合需求的数据质量管理系统进行技术支撑。元数据是描述数据的数据，对于数据来说，元数据就是数据的基因，当数据质量发生问题时，利用元数据就能更轻松地找到数据质量出现问题的环节，从而提高数据质量管理效率，所以元数据管理在数据质量管理系统中起着不可或缺的作用。

数据质量管理系统在技术上应按照体系结构划分为源系统层、存储层、功能层和应用层。

1.源数据层，本层包括数据质量管理原始数据的相关系统，包括铁路客运旅游大数据系统的数据仓库、Hadoop系统内的HDFS、业务系统、应用系统等。

2.存储层中主要包括两部分，一部分为元数据库，另一部分为数据质量规则库，本库主要有数据质量管理的质量规则、数量质量问题等相关信息。

3.功能层，本层主要是从存储层调用所需数据，进行相关数据分析，并将分析结果上传至应用层使用。其中包括元数据功能支持、数据质量检查功能和辅助管理。

4.应用层，本层位于整个数据质量管理的最顶端，在上面三层的支撑下，应用层将会进行具体功能的实现与展现，包括数据质量评估、接口问题分析、数据变更分析和指标一致性分析等。

参考文献

[1] 刘鹏. 云计算 [M]. 北京：电子工业出版社, 2010.

[2] 刘鹏. 云计算（第 2 版）[M]. 北京：电子工业出版社, 2011.

[3] 陆嘉恒. Hadoop 实战 [M]. 北京：机械工业出版社, 2011.

[4] 姚宏宇, 田溯宁. 云计算大数据时代的系统工程 [M]. 北京：电子工业出版社, 2012.

[5] 徐子沛. 大数据 [M]. 广西：广西师范大学出版社, 2012.

[6] 鲍亮, 陈荣. 深入浅出云计算 [M]. 北京：清华大学出版社, 2012.

[7] 徐晋. 大数据平台 [M]. 上海：上海交通大学出版社, 2014.

[8] 赵守香. 大数据分析与应用 [M]. 北京：航空工业出版社, 2015.

[9] 李天目. 大数据云服务技术架构与实践 [M]. 北京：清华大学出版社, 2016.

[10] 刘鹏. 大数据 [M]. 北京：电子工业出版社, 2017.

[11] 林子雨. 大数据技术原理与应用 [M]. 北京：人民邮电出版社, 2017.

[12] 周品. 云时代大数据库 [M]. 北京：电子工业出版社, 2017.